智慧管网
建设技术体系研究与应用

张希祥　杨玉锋　李　莉◎等编著

石油工业出版社

内容提要

本书从油气管网工程建设行业存在的实际问题出发,在分析智慧管网工程建设内涵特征的基础上,结合其他行业智能体系发展经验,构建了一套智慧管网工程建设理论体系框架。该框架以基础理论为指导,遵循科学的发展模式,制定合理的实施途径,通过技术体系、数据体系与标准体系的整合,围绕建设期数字孪生模型,逐步实施勘察设计、物资采购、工程施工及建设管理四大业务领域的智能化应用,最终实现油气管网工程高效、安全建设,交付优质、智能油气管网工程的总体目标。

本书可供从事油气管道工程建设、管理及研究的现场工程师、专业管理人员及工程技术人员参考。

图书在版编目(CIP)数据

智慧管网建设技术体系研究与应用 / 张希祥等编著.
北京:石油工业出版社,2025.5. -- ISBN 978-7
-5183-7202-7

Ⅰ.TE973-39

中国国家版本馆 CIP 数据核字第 2024F38D58 号

出版发行:石油工业出版社
    (北京安定门外安华里 2 区 1 号楼 100011)
    网 址:www.petropub.com
    编辑部:(010)64523736 图书营销中心:(010)64523633
经 销:全国新华书店
印 刷:北京中石油彩色印刷有限责任公司

2025 年 5 月第 1 版 2025 年 5 月第 1 次印刷
787×1092 毫米 开本:1/16 印张:18.5
字数:330 千字

定价:180.00 元
(如出现印装质量问题,我社图书营销中心负责调换)
版权所有,翻印必究

《智慧管网建设技术体系研究与应用》

编 写 组

组　长：张希祥　杨玉锋　李　莉

成　员：席治国　刘建武　杨黎鹏　李　睿　刘　硕　李其锐

　　　　蔡永军　富　宽　车荣杰　李明菲　刘宏业　杨宝龙

　　　　祁惠爽　张　强　刘建平　高海康　任　武　张　斌

　　　　石建成　程可心　吴　超　王亚楠　孙大微　汤　怡

PREFACE

传统的油气管道工程建设行业是典型的劳动密集型、资本密集型产业，多年来延续了粗放的管理建设模式，建设过程中信息源头不一、流转不畅，对工程建设"人、机、料、法、环"等要素的管控不到位，由此导致了效率低下、资源浪费甚至质量安全事故等诸多问题。

近年来，物联网、大数据、人工智能等新一代信息技术不断与传统行业融合，在能源、交通、建筑等各个领域掀起了智能化浪潮，智能电网、智能高铁、智慧城市等新业态相继涌现，深刻影响并改变了行业发展模式。在油气管道行业，智慧管网也在如火如荼地建设发展。在油气管网工程建设领域则集中体现在将这些新技术应用于各种不同类型的智能工地建设，以提高对施工的管控水平，但目前新技术多用于解决特定的工程问题，各技术系统全局整合程度不高，且没有形成基础的理论体系来指导智慧管网工程建设的发展。智慧管网工程建设行业发展是一个持续性、渐进性、长期性的历程，为推进行业系统有序、长远发展，十分有必要在研究智能工程建设体系特征基础上，建立一套涵盖智慧管网工程建设全过程的基础理论及体系框架，为智慧管网工程建设体系的发展提供指导。

工程建设领域的范围涵盖土木工程、建筑工程、交通工程及其他各类基础设施工程等。近年来，各行各业通过信息化、智能化技术赋能工程建设发展，初步形成了智能工程建设体系。本书在相关行业智能化工程建设技术调研分析的基础上，结合油气管网工程建设行业发展现状，提出了智慧管网工程建设理论及技术体系。在理论体系方面，从体系架构搭建入手，阐述了智慧管网工程建设的概念、内涵特征、理论基础及方法论，并指出整个体系是由技术、数据及标准体系有机融合的整体，提出了智慧管网工程建设的总体目标；在技术体系构建方面，详细阐述了油气管网数字化集成设计技术、油气管网施工智能化技术及工程建设一体化集成技术的发展成果,搭建了技术体系框架,总结了技术体系发展的四大领域、七个方向、N项智能应用及支撑平台。

本书编写过程中,国内外相关研究机构和有关专家学者就智慧管网建设内容相关定义等内容的确定提供了较大的帮助,在此表示诚挚感谢。

由于笔者认识及知识储备有局限性,难免有纰漏和错误之处,恳请读者批评指正。

目 录
CONTENTS

第1章 绪论 ·· 1

第2章 智慧管网建设理论及技术体系架构 ····································· 3
2.1 概述 ·· 3
2.2 智慧管网工程建设理论体系 ··· 21
2.3 智慧管网建设技术体系框架 ··· 73
2.4 总结与展望 ·· 114

第3章 油气管网数字化集成设计技术 ··· 115
3.1 概述 ··· 115
3.2 数字化集成设计发展趋势及理论分析 ································ 145
3.3 数字化集成设计 ··· 152
3.4 智能化设计 ·· 170
3.5 模块化设计 ·· 178
3.6 效果展示 ··· 183

第4章 油气管网施工智能化技术 ·· 189
4.1 概述 ··· 189
4.2 国内外现状及发展趋势 ·· 193
4.3 需求分析 ··· 197
4.4 建设目标和内容 ··· 200
4.5 技术路线和方案 ··· 205
4.6 边缘端数据采集典型配置方案 ·· 245
4.7 施工机械智能化典型案例 ·· 254
4.8 施工虚拟仿真及智能辅助决策技术 ···································· 258

  4.9 本章小结 ·· 261

第 5 章 油气管网工程建设一体化集成技术 ·································· 264

  5.1 概述 ·· 264
  5.2 需求分析 ·· 266
  5.3 集成系统应用 ·· 269
  5.4 本章小结 ·· 281

第 6 章 总结与展望 ·· 285

  6.1 智慧管网建设理论及技术体系架构 ································ 285
  6.2 油气管网数字化集成设计技术 ····································· 285
  6.3 油气管网施工智能化技术 ·· 286
  6.4 油气管网工程建设一体化集成技术体系 ························· 286

参考文献 ·· 287

第1章

绪 论

随着信息化和工业化的深度融合,以及物联网(Internet of Things,IoT)、大数据、人工智能等新兴技术的推广普及,工程建设行业正朝着全球化、专业化、高端化、智能化的方向发展。国家高度重视石油天然气行业核心竞争力的持续提升,明确要求油气行业要加快两化深度融合,加速信息化建设。

国家石油天然气管网集团有限公司(简称国家管网集团)致力于打造上游油气资源多主体多渠道供应、中间统一管网高效集输、下游销售市场充分竞争的"X+1+X"油气市场体系,提高油气资源配置效率,实现油气行业高质量发展,保障国家能源安全。国家管网集团现有在役长输管道约 9.37×10^4 km,占全国长输管道70%,业务范围覆盖全国31个省(自治区、直辖市),并计划在"十四五"期间,新建油气管道 2.9×10^4 km。

国家管网集团以企业数字化转型为契机,明确了打造智慧互联大管网、构建公平开发大平台、培育创新成长新生态的"两大一新"战略目标,致力于构建具备"全方位感知、综合性预判、一体化管控、自适应优化"能力的智慧互联大管网,让能源输送四通八达、安全平稳、高效智能。

在工程建设业务领域,国家管网集团践行新发展理念,全面推进"五化一创"工作,以技术和管理创新为引领,以"标准化设计、集约化采购、机械化施工、数字化交付、智能化运营"为核心,开创智慧互联大管网高质量建设新格局,开展了大量的工程建设方面的工作:

(1)组织开展《国家管网集团设计与工程建设准则》(PipeChina Design & Engineering Code,DEC)系列文件的编制,统一管道及储运设施的建设标准、技术要求、管理要求,有效指导管道及储运设施在项目前期、设计、采购、施工及竣工验收等阶段的各项工作。

(2)基于国家管网集团统一数字平台,打造"1+4"的智慧管网建设IT系统,建设部署数字化协同设计平台、供应链管理系统、工程一体化管控平台和工程及物料编码平台，覆盖工程建设各类业务，为数字化转型提供IT支撑。

组织开展"国家管网集团数字化协同设计平台""国家管网集团供应链管理系统""国家管网集团工程项目管理系统"等系统开发工作，利用统一工具，组织管道及储运设施的设计、采购、施工、项目管理的各项工作。

（3）由国家管网集团层面统一开展数据战略、治理规划和治理体系设计，各业务单元开展业务对象数据架构设计、数据质量设计、数据资产管理设计等工作，建立数据入湖规则，支撑各业务IT平台建设，保证数据同源、共享、精准、可靠，实现基于业务流的信息价值链的综合治理。

在工程建设领域持续推进高质量建设"智慧管网数据规范"体系，规划构建工程建设数据标准、资产完整性数据标准等150余项数据规范，打通各阶段数据链路，保证数据质量，提升共享效率，辐射全生命周期，全面夯实数字化转型数据基础，助力国家管网集团安全生产和高质量发展。

（4）组织新建、改扩建管道项目编制"智能管道设计专篇"，在专篇中，对管道智能化建设概述、数字化设计、采办智能化、施工智能化等方面均提出了建设要求，可有效指导管道及储运设施的智能化建设工作。

在新的管道建设时期，新一代信息技术与油气储运行业的两化融合，正在引发影响深远的产业变革，物联网、大数据、人工智能等技术的创新应用，促进企业向智能化迈进。聚焦创新驱动、实施科技赋能，推动油气储运工程建设数字化转型、智能化发展，是企业新时代发展的必由之路。

在此背景下，以国家管网集团已有工程建设成果为基础，进一步开展工程建设设计、采购、施工一体化集成技术体系和工程大数据分析、智能决策等方面的研究工作，解决管道及储运设施工程建设智能化技术应用、数据互通及一体化集成方面的问题，开创智慧互联大管网建设新格局，打造"智能建设"技术领域新高地，夯实工程建设高质量发展。

第 2 章
智慧管网建设理论及技术体系架构

2.1 概述

2.1.1 相关研究现状

2.1.1.1 油气管网建设现状

油气管网是国家战略性基础设施，油气管网建设是事关我国民生国运的关键性工程。新中国成立以来，中国油气管道建设行业经历了三个主要发展阶段：早期阶段，20 世纪 50 年代至 80 年代初的自力更生、艰苦创业；机械化阶段，20 世纪 80 年代中期至 90 年代末的引进技术、提升能力；数字化转型阶段，21 世纪初至今的自主创新、转型升级。经过半个多世纪的发展，我国已发展为全球第三管道大国，陆上 95% 以上石油天然气通过管道输送，惠及近 7 亿人口，初步形成了"北油南运""西油东进""西气东输""海气登陆"的油气输送格局，发展速度已经居于世界前列。我国大口径、长距离的油气输送管道已经遍布东北、华北、华东、西南等地区，基本上形成了横贯东西、纵穿南北的运输网络。截至 2021 年底，我国长输油气管道总里程达到 14.8×10^4 km，其中天然气管道里程 8.76×10^4 km，原油管道里程 3.13×10^4 km，成品油管道里程 2.91×10^4 km，根据《中长期油气管网规划》，到 2025 年全国油气管网规模将达到 24×10^4 km。未来一段时间，我国的油气输送管道建设将会进入一个快速发展的阶段。

在黄维和院士的《油气管道输送技术》著作中，将油气管道技术体系划分为五大类，分别为油气输送关键技术、油气储运关键技术、工程建设关键技术、运行维护关键技术和材料装备国产化关键技术。其中，将工程建设关键技术按照功能又划分为管道工程建设技术、大型储罐建设技术和地下油气储存设施建设技术。本书主要涉及管道工程建设技术。经过多年科技攻关和工程建设实践，中国管道工程建设技术取得长足进步，形成了一系列设计、施工、管道材料等技术创新成果。在设计方面，我国逐步建立了较为成熟的管道设计标准体系和技术体系，形成了强震断裂带、高山峡谷、江河湖海、多年冻土、沙漠戈壁等特殊地区的管道设计理论与方法，管道设计理念和设计技术全面提升，由传统的基于应力的管道设计逐渐发展为基于应变和可靠性的管道设计，多专业协同、数字化建模、云平台服务等现代化手段极大提升了管道设计效率和效果。在施工方面，管道焊接从传统手工焊和完全依靠人工施工逐渐发展到全自动焊机械化施工流水作业，建立了适应各种复杂地形的施工工法，形成了复杂地质条件定向钻、盾构、顶管等非开挖穿越技术。在国际上首次采用1422mm大口径、X80高钢级、12MPa高压力、$380×10^8 m^3/a$ 大输量参数组合设计建成中俄东线天然气管道工程，实现全自动焊接、全自动超声波检测、全机械化防腐补口等创新性施工技术的全面应用。在管道材料领域，建立了X70/X80钢管及管件从基础研究到工业应用的完整链条，实现了X80、OD1422mm钢管及管件的国产化，X80高钢级管道应用技术达到国际领先水平；在国际上首次批量生产X90、OD 1219mm×16.3mm 的螺旋埋弧焊管和直缝埋弧焊管；试制研发了X90、OD 1524mm×20.3mm 螺旋埋弧焊管，并形成非金属管道、复合增强管道成套技术；开发了大应变钢管变形控制系列应用技术，实现X70、X80大应变钢管国产化；成功研制站场低温环境（−45℃）用高等级钢管、弯管及三通，并成功应用。

2.1.1.2 智慧管网的发展现状

近年来，随着物联网、大数据、人工智能等新技术的兴起，智能电网[1]、智能高铁[2]、智能制造[3]、智慧城市[4]等智能、智慧产业发展迅速，我国管道行业也诞生了智慧管网这一概念并逐渐成为公认的管网发展方向。一些学者和管道企业积极开展了对智慧管网的研究与探索，一些智能技术逐步应用到管网建设运营中，但目前学术界尚未就智慧管网的建设形成普遍认同的路线。国家管网集团成立后，高度重视智慧管网的发展，致力于统一智慧管网建设规划，为构建智慧互联大管网提供了可能。

2.1.1.2.1 建设背景

（1）行业的特点及发展瓶颈。

油气管网工程点多线长，处于开放的社会环境中，属地自然环境和社会环境的变化时刻影响着油气管网的安全，部分因素的发生偶然性很强、运行风险高、管理难度大，事故时有发生。传统的建设生产模式存在管理效率低、人工成本高、技术决策风险大等瓶颈，迫切需要转变生产管理方式，降低运营成本，提升发展质量。《中华人民共和国安全生产法》《中华人民共和国环境保护法》的修订和《中华人民共和国特种设备安全法》的施行，体现了国家对油气管网设施安全重视程度日益提升，行业监管更趋严格。

油气管网工程建设企业多年来延续了粗放的管理建设模式，对工程"人、机、料、法、环"的管控不到位，质量安全事故时有发生。油气管网运营企业通常采用环保、安全、工艺等多方面协同的管理模式，在处理复杂事项时易因管理职责和权限界定不清而导致存在管理盲区和职责交叉。各职能部门通常以自上而下的方式进行指令传递，横向交流和沟通不足，使得组织、协调任务繁重，整体效率不高。油气管网工程在建设及运营过程中产生了大量数据，但不同业务部门和生产环节共享信息量有限，使得数据质量难以保证且时效性差，同时产生大量"沉睡"数据库和信息孤岛，未能形成发现规律、拓展认识领域的有效逻辑链条。油气管网工程作为技术、信息密集型产业，需要考虑如何使技术真正服务于建设与生产，由于缺乏高效整合分散技术力量和智力资源的统一平台，大量的预测和判断依靠专家或管理经验，导致决策管理风险高。近年来，通过技术创新与应用，油气管网建设方及运营管理信息化程度有所提高，但仍需依靠大量的人力、物力再投入来支撑，随着规模的不断扩大，投资及运营成本居高不下。

（2）国家政策推动。

近年来，新一代信息技术的高速发展掀起了世界范围内的智能化热潮，我国也积极出台了一系列政策措施，鼓励相关产业智能化发展。

2011年4月工业和信息化部、科学技术部、财政部、商务部、国有资产监督管理委员会联合印发《关于加快推进信息化与工业化深度融合的若干意见》，提出把智能发展作为信息化与工业化融合长期努力的方向，推动云计算、物联网等新一代信息技术应用，促进工业产品、基础设施、关键装备、流程管理的智能化和制造资源与能力协同共享，推动产业链向高端跃升。

2015年7月4日，国务院印发《关于积极推进"互联网+"行动的指导意见》，随后国家发展和改革委员会、国家能源局、工业和信息化部联合下发的《关于推进"互联网+"智慧能源发展的指导意见》指出，鼓励煤、油、气开采、加工及利用全链条智能化改造，实现能源绿色、清洁和高效生产，增强功能灵活性、柔性化，实现能源高效梯级利用和深度调峰，加快能源生产监测，管理和调度体系的网络化改造，以互联网手段促进能源供需高效匹配，运营集约高效。

2016年3月1日，国家发展和改革委员会、国家能源局及工业和信息化部联合下发《关于推进"互联网+"智慧能源发展的指导意见》，提出促进能源和信息深度融合，构建有机、高效、低成本、可持续、可调控的能源互联网体系，推动能源领域供给侧结构性改革和能源革命。同年12月29日，国家发展和改革委员会、国家能源局印发《能源生产和消费革命战略（2016—2030）》，提出要全面建设"互联网+"智慧能源，促进能源与现代信息技术深度融合，推动化石能源开采、加工及利用全过程智能化改造。

2017年7月8日，国务院印发《新一代人工智能发展规划》，规划中确立了"三步走"目标：① 到2020年，人工智能总体技术和应用与世界先进水平同步；② 到2025年，人工智能技术与应用部分达到世界领先水平；③ 到2030年，人工智能理论、技术与应用总体达到世界领先水平。

2017年10月30日，国务院常务会议审议通过《深化"互联网+先进制造业"发展工业互联网的指导意见》，指出工业互联网通过系统构建网络、平台、安全三大功能体系，打造人、机、物全面互联的新型网络基础设施，形成智能化发展的新兴业态和应用模式，是推进制造强国和网络强国建设的重要基础，是全面建成小康社会和建设社会主义现代化强国的有力支撑。

2017年国家发展和改革委员会发布的《中长期油气管网规划》指出，到2025年我国将新建油气管道10万多千米，达到 $24 \times 10^4 \text{km}$，同时该规划将"提升标准化、智能化水平"作为未来发展的重点。

2019年中国政府工作报告中将人工智能升级为"智能+"，打造工业互联网平台，拓展"智能+"，为制造业转型升级赋能。同时要促进新兴产业加快发展，深化大数据、人工智能等研发应用，培育新一代信息技术、高端装备、生物医药、新兴能源汽车等新兴产业集群，壮大数字经济。2019年3月19日中央全面深化改革委员会审议通过了《关于促进人工智能和实体经济深度融合的指导意见》，明确指出要促进人工智能和实体经济深度融合，要把握新一代人工智能发展的特点，坚持以市场需求为导向，以产业应用为目标，深化改革创新，优化制度环境，激发企业创新活力和内生动力，结合不同行业、不同区域特点，探索创新成果应用转化的路径和方法，构建数据驱动、人机协同、跨界融合、共创分享的智能经济形态。

（3）行业转型需要。

目前，物联网、大数据、云计算等智能化技术已经在医疗、电力、交通等各行各业得到广泛应用，管道行业也在积极探索智能化、智慧化建设。我国油气管网的信息化技术经过十几年发展，数字化技术逐渐趋于成熟，智能化技术也层出不穷。从管道企业信息化发展趋势来看，智能化、智慧化已经成为当前业界公认的油气管网信息化管理建设方向。但长期以来，我国管道建设比较分散，中国石油天然气集团有限公司（简称中国石油）、中国石油化工股份有限公司（简称中国石化）、中国海洋石油集团有限公司（简称中国海油）以及其他管道企业各自建设了管网体系，各企业对于油气管网的建设和规划各不相同，对于智能管道及智慧管网建设的理解更是各有特色，难免出现重复建设和理念冲突。在此形势下，国家管网集团于2019年12月9日在北京正式成立，其成立是深化油气体制改革和国资国企改革的重要举措，有利于提高油气资源配置效率，促进油气行业高质量发展，促进管网互联互通，进而提高基础设施运行效率，降低终端用户用气成本，保障国家能源安全。

国家管网集团的主要职责是负责全国油气干线管道、部分储气调峰设施的投资建设，负责干线管道互联互通及与社会管道联通，形成"全国一张网"，负责原油、成品油、天然气的管道输送，并统一负责全国油气干线管网运行调度，定期向社会公开剩余管输和储存能力，实现基础设施向所有符合条件的用户公平开放等。

2020年国有资产监督管理委员会发布《关于加快推进国有企业数字化转型工作的通知》，落实习近平总书记关于推动数字经济和实体经济融合发展的重要指示精神，促进国有企业数字化、网络化、智能化发展，提升产业基础能力和产业链现代化水平。

国家管网集团作为工业领域新的"国家队"，发挥先发优势，积极实施数字化转型，推进油气产业结构变革，并力争成为实践数字经济、平台经济的领军者。国家管网集团围绕建设世界一流油气管网公司战略目标，提出构架大业务、大党建、大监督、数字化四大体系，全面提升公司治理能力和专业化管理水平，打造智慧互联大管网、构建公平开发大平台，培育创新成长新生态的总体发展目标。鼓励国家管网集团各部门、所属企业都积极开展智能管道建设工作探索。

2.1.1.2.2　内容概述

（1）概念。

目前，智慧管网尚未有统一概念，下文列出了中国管道行业提出的几种

"智能管网"或"智慧管网"的概念。

① 智能管网是指利用传感器、嵌入式处理、数字化通信和 IT 技术，将管网信息集成到管道运营公司的生产管理流程及系统，使管网可观测（能够监测所有主要设备的状态）、可控制（能够控制所有主要设备的状态）并具有智能化特征（可自适应并实现智能分析策略），从而建设形成安全、环保、节能、经济、供需平衡的管网系统。

② 智能化管道系统是实现智能管网管理的手段和载体，其集成管道和站场的所有信息，以油气管道为基础，以通信信息平台为支撑，以智能控制为手段，实现"油气流、信息流"的一体化融合，是坚强可靠、经济高效、清洁环保、统一合作、友好互动的现代油气管道信息系统。

③ 智慧管网是在标准统一和数字化管道的基础上，以数据全面统一、感知交互可视、系统融合互联、供应精准匹配、运行智能高效、预测预警可控为特征，通过"端+云+大数据"体系架构集成管道全生命周期数据，提供智能分析和决策支持，利用信息化手段实现管道的可视化、网络化、智能化管理，具有全方位感知、综合性预判、一体化管控、自适应优化的能力。

④ 智慧管网是在标准统一和管道数字化基础上，通过智能传感器的部署，精准感知运营状态和内外部环境；通过泛在感知储、运、建、管、维等阶段的能量流、资金流、物流、业务流形成海量的数据和知识；构建基于大数据和知识图谱的分析计算模型，提升人机对话水平，在多目标决策中能够统筹全局智能辅助决策，支撑管网安全输送和高效运营。

⑤ 智慧管网是充分利用信息技术和人工智能技术，在尽可能减少管网运行中人的体力和智力活动的前提下，实现对管道状态的全面智能感知和自主分析计算，具备对管网运营各类生产需求和异常事件的自主决策和处置能力，能够对管网的安全和运行状态做出快速、灵活、准确的判断和响应，实现管网全生命周期安全环保水平最高和运营效益最优的目标。

以上定义都强调了信息技术对于智慧管网的重要赋能作用，通过数据感知、传输、集成及分析，最终实现不同程度决策的目的，使管网运行更加安全、环保、可靠、高效。但是现有的智慧管网的概念是否具有实用性和可操作性，管道行业尚未给出定论。

（2）国家管网集团发展举措。

国家管网集团智慧管网总体设计目标：基于数字孪生体及工业互联网平台建设，采用物联网、大数据、云计算、人工智能等新兴技术，实现油气管网

"全数字化移交、全智能化运营、全业务覆盖、全生命周期管理",构建具备"全方位感知、综合性预判、一体化管控、自适应优化"能力的智慧互联大管网。

国家管网集团为了促进智慧管网建设提出了如下发展举措:围绕"智慧互联大管网"战略目标,开展智慧管网理论、线路及站场感知、大数据分析与应用、管网知识体系、智慧管网标准等技术攻关,致力于突破管网全方位感知、数据挖掘利用及管网智能综合决策等关键技术难题,形成智慧管网建设运营核心技术和标准体系。统筹推进管道传统基建和数字基建,建成油气流、数据流、信息流互联互通的"全国一张网",形成具备泛在感知、自适应优化能力的管网基础设施;建成与实体管网精准映射、同生共长的数字管网,实现管网基础设施在物理和虚拟世界的数字信息协同、感知控制协同以及知识智能协同。逐步建立以数据和知识为核心的数字化、智能化、平台化管理体系,使管网安全水平和运行效率实现跨越式发展。

(3)总体架构方案。

智慧管网尚未形成普遍认可的总体架构,以下资料仅为其中一种方案概述。

通过智慧管网数字孪生体的构建及应用,固化数据标准形成数据模型,同时支撑工业大数据分析和机理模型应用,并在此基础上逐步完善知识网络,形成数据层和知识层,作为智慧管网技术方案的内核。向下集成以物联网系统和工业控制系统形成的感知层,向上集成各专业领域应用组件群形成的应用层,形成智慧管网总体架构。

智慧管网的数字孪生体是实体管道在信息系统中的高精度数字映射,以数字平台作为载体,构建数字孪生体的数据模型、机理模型,并与各信息系统业务管理功能逐步融合实现管理体系的固化完善。

通过管道物联网全面感知管道、设备、工艺各种运行参数,并在数字平台实现多物理量、多尺度、多业务场景的过程仿真,实现实体管道运行状况在数据中心的精准再现。

在此基础上支持生产过程各环节的风险识别、故障诊断、多目标分时段全局优化的在线运行,实现管网运行各环节仿真优化结果指导实体管道建设运营业务优化。

以数字孪生体为内核构建的工业互联网实现各种内外部信息系统集成和数据交互,包括与管道物联网、数据采集与监视控制(Supervisory Control And Data Acquisition,SCADA)系统实现管理和生产执行的集成,与资产完整性管理平台、工程项目管理平台、生产运行应用、企业资源规划（Enterprise Resource Planning，ERP）系统、设备设施管理系统实现生产经营管理业务链贯通和信息交互。

数字孪生体关键技术可支持"全数字化移交、全智能化运营、全业务覆盖、全生命周期管理"目标实现，保障油气管网本质安全和卓越运营。全面感知管道线路、站场等关键业务领域动态数据，将采集的数据传输到数据中台；基于数据中台建立数字孪生体和知识库两个智能化平台，在资产管理、生产运行等信息系统中部署关键业务智能化应用，从科技、标准等方面建立智慧管网支撑体系，联合上下游企业、监管机构等打造能源生态。

为支撑智慧管网能力形成，需要全面应用物联网、数字孪生、大数据、人工智能等技术，并对现有信息系统功能进行提升和架构改造，解决现有信息系统功能应用相互孤立、数据无法有效共享的问题，按照感知层、数据层、应用层、决策层重构形成融合统一的总体架构（图2.1）[5, 6]。

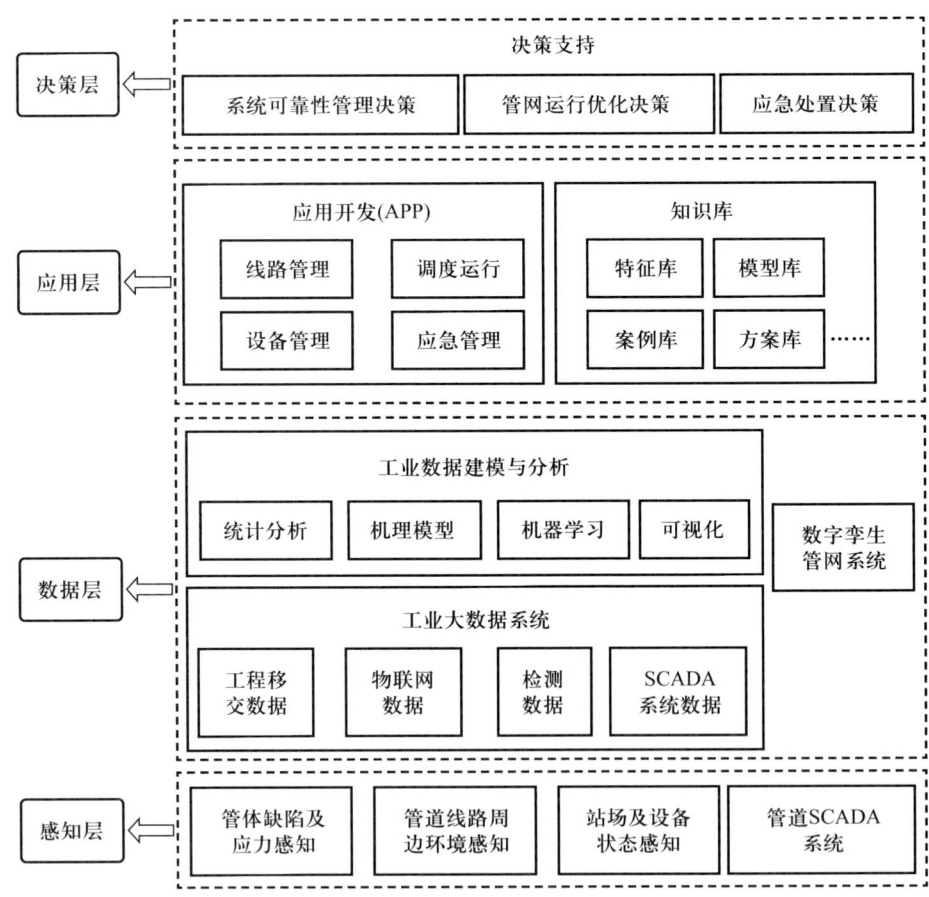

图 2.1　智慧管网云平台基本架构

感知层：建立全面监测管道本体、周边自然环境、站场设备、工艺状况的物联网系统，实时监测油气管网运行工况。

数据层：构建及应用智慧管网数字孪生体，集成物联网及 SCADA 系统数据，与机理模型和大数据分析结合实现运行趋势预测和潜在风险发现。

知识层：利用知识图谱技术构建覆盖油气管网管理及技术的知识网络，使用人工智能技术发掘隐性知识实现知识图谱动态更新，与管理体系结合支持科学决策。

应用层：对现有信息系统架构解耦并逐步实现通用功能组件化，业务功能按业务链形成专业应用群，进而与知识网络、数字孪生体融合实现管理体系全面固化。

决策层：根据外部环境和内部运营状况变化，为各业务领域各层级用户动态定制数据和知识集合，并通过智能推荐等技术提供方案建议，支持专业、综合决策。

2.1.1.3 国家管网集团工程建设现状

从目前已知的智慧管网建设规划及方案来看，所涉及的主要为运营维护期内容，几乎不包含工程建设期内容。本研究认为智慧管网工程建设期的内容也是智慧管网构建的重要组成部分，十分有必要进行系统研究。本节重点分析国家管网集团工程建设（设计、采购、施工）发展现状。

2.1.1.3.1 设计现状

国家管网集团在 2020 年 9 月底完成资产划拨，现接管三大石油公司管道资产。在管道设计方面国家管网集团主要依靠外部管道设计院来完成。目前，管道设计领域主要分为线路设计、站场设计及设计管理三大方面内容，并且开始探索以构建静态数字孪生体为载体的全数字化交付内容。

在线路设计方面，国内各大设计院普遍建立起了线路设计平台，可以在一定程度上实现多专业数据共享，实现数字化提资及校审。在选线方面采用卫星影像与人工选线相结合的方式，部分设计院开发了野外踏勘及路由自动比选系统。在线路出图及模型开发方面，普遍采用基于 AutoCAD、ArcGIS、Skyline 开发的线路三维设计平台。

在站场设计方面，各管道设计院主要依托鹰图公司 SP 平台和 AVEVA 公司 Diagram 平台两大设计平台进行相关设计工作。通过对平台的定制化开发，致力于满足专业数字化集成设计需求，实现智能 PID、仪表自控逻辑等系统设计，与三维配管、布线、设备安装一体化协同，实现数字化编码、数据流贯通、智能化建模、三维可视化及数字化移交等功能。

在设计管理方面，管道设计院的设计管理平台大多为模块化定制开发、集成式应用方式，以流程管控为核心，以成果文档管理为载体，以项目管理过程可追溯为目标，主要功能需求包括项目管理、异地协同、文档管理，并兼顾知识管理平台。

目前，国家管网集团按照"两大一新"战略目标，正在进行数字化协同设计平台的建设工作，致力于实现对设计过程的全面管控和资产数字化的转型。数字化协同设计平台的发展目标是为工程建设数字化转型提供支撑，助力国家管网集团全面数字化转型；具体发展定位是固化"五化一创"体系建设成果，推进标准化成果的应用，实现工程建设设计标准、过程、成果的平台化管理，实现数字化设计原生数据成果的交付，提高设计及技术管理水平，实现以数字孪生体模式的竣工交付及数据交互，为智慧运营提供支撑。

2.1.1.3.2 采购现状

国家管网集团采购系统目前仍处于重构整合期，所属企业基本建立了招标采购分级管理体制，绝大部分企业设立招标、采购归口管理部门，但采购模式不尽相同，需要进一步整合。

在采购方式层面，工程采购一般采用公开招标方式，也有少量情况使用竞争性谈判或单一来源谈判采购。原中国石化下属单位均委托内部招标代理机构，使用中国石化招标交易管理平台。招标结束形成合同协议并完成采购相关审批后，流转到合同系统。原中国石油下属单位以委托内部招标代理机构为主，也存在委托外部招标代理机构的情况。委托外部招标代理机构时，对招标公告发布、中标候选人发布、专家抽取等关键环节实现管控。工程服务招标与合同未集成。

在采购平台方面，原中国石化下属单位的工程服务招标使用统建的电子招标交易管理平台（与物资的电子招投标平台是两个不同的系统）。生产检维修服务和其他服务如物业、劳务外包等采购无统一系统，如管道储运公司使用自建的综合业务管理系统管理生产检维修服务，销售华中分公司使用办公自动化（Office Automation，OA）系统管理关键环节的审批。原中国石油下属单位委托内部招标代理机构的服务采购与物资招标一样，都使用电子招投标平台，且该平台支持工程、服务招标采购和非招标采购。业主单位在中国石油招标门户发布招标公告，并使用电子招投标平台抽取专家。

在工程合同管理方面，由业务部门发起合同申请，大部分工程、服务类合同由企业管理部负责，按照招标确认的结果进行签订。原中国石化企业工程、服务招标结果可直接关联合同系统进行合同签订。

在质量管理层面，目前各单位都已建立质量管理相关的制度及流程，包括质量异议处理、质量索赔管理、质量问题跟踪与改善等，并通过监造商开展物资生产的监造管理。各单位质量管理的关注环节包括：下达采购订单时确定质量控制模式、工厂生产过程的监造管理和出厂验收测试、现场验收或到货验收的验收测试、安装调试投运质保阶段的质量问题反馈改善和质量索赔，同时希望设备运行评价应用于供应商管理和采购环节。

在物流管理层面，目前各单位的物流方式包括汽运、铁路运输、快递、站队或施工单位自提等。物流提供方包括供应商和第三方物流，无自建物流。通过与第三方物流签订合同提供物流服务，用于内部库房间物资转储及内部配送。目前无统一系统支撑合同履约及物流跟踪管理，不能与供应商或物流系统协同，无法有效跟踪物流状态和建立到货提醒机制。

在仓储管理层面，各下属单位都设置有仓库，并根据所属企业层面及二级单位分别设库。由于单个工程项目预测不准确、设计变更、储备定额设置不合理、工程剩余物资退回等历史原因造成前期库存量较大，主要包括应急物资、生产物资、项目剩余物资等。大部分单位通过本单位平衡利库执行公司范围内部的物资调剂，有少量公司间的调剂业务，线下通过签订销售合同实现。部分单位应用代储代销业务降低库存、减少库存资金占用。

在结算管理方面，采购部门按照合同约定进行结算，其合同付款流程如图 2.2 所示。根据实际入库金额或工程阶段通知供应商开具发票并接收发票。工程类付款依据包括签订的合同以及验收单、发票付款申请单。付款申请审批通过后，财务部门进行付款。财务部门根据收到的银行水单进行付款/收款状态的跟踪。目前大部分单位在合同系统发起付款申请。

在供应商、承包商管理方面，主要包括准入管理、日常管理、动态管理、评价管理。供应商管理实现了与采购交易环节的协同，其管理流程如图 2.3 所示。其中，承包商统一管理、供应商/承包商评价、协同等方面仍有较大提升空间。

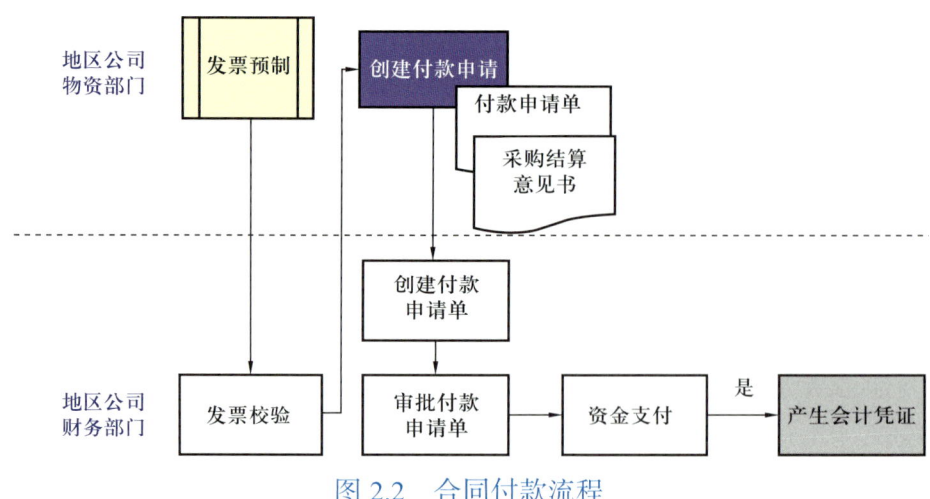

图 2.2 合同付款流程

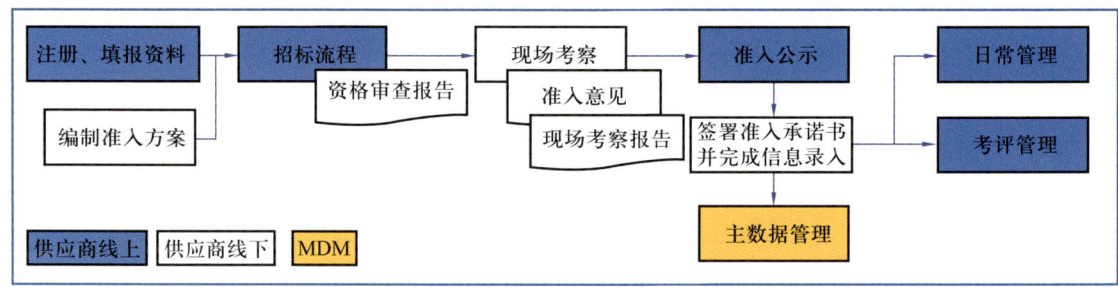

图 2.3 供应商管理流程

国家管网集团深入分析采购现状及面临的建设任务，积极借鉴典型企业的先进经验，深入发掘供应链价值优势，充分依托工程建设项目，打造"全面协同、开放生态、智慧运营、敏捷高效"的现代供应链，切实强化招标集中管控，大力推行集约化采购，全力推进国产化进程，加快数字化转型发展，通过专业化运营和赋能型管理，持续提升供应链效率和效益，支撑大业务体系合规高效运行，全面助力国家管网集团高质量发展。

目前国家管网集团工程部启动了供应链保障规划及供应链管理系统一期建设工作。供应链管理系统作为供应链保障规划的平台支撑，对保障规划进行了全面的需求分析，按照急用先行分期实施的原则，制定了供应链体系搭建方案。"十四五"信息化规划确定信息化建设以业务主线为导向，拟计划建设供应链管理系统作为一体化全融合应用的重要组成部分。规划中明确建设目标为全面应用数字化手段建立端到端的智慧供应链体系，构建国家管网集团供应链平台，实现智能采购电子化、数字物流网络化、全景质控可视化。实施计划分为两期：

（1）2021—2022 年：建设智能采购、数字物流应用，实现物资采购、物流跟踪，初步实现全景质控管理，数字驱动型场景化采购；实现全程线上招投标和监管、电商平台产品智能化推荐和自动下单，供应商管理协同和合同生命周期管理；以大数据分析支撑采购最优策略制定和更新，促进产业链一体化整合。

（2）2023—2024 年：全面建立并贯通端到端的智慧供应链体系，接入第三方供应链金融服务。

2.1.1.3.3　施工现状

国家管网集团刚刚跨入油气行业国家队行列，所属企业、人员分别来自三大石油公司和省网公司，工程组织形态、项目管控模式、运营机制、管理传统各有特色，项目管理资源配置不均衡，重组整合后正在完善，尚未形成与行业地位、企业定位相适应的工程建设项目管理工作体系。目前，国家管网集团建立了"集中管控、分级管理、建管融合、行业监督"的工程建设体制和"重点项目集中建设、中小型项目分散建设"的工程建设模式。

目前，管道施工技术水平快速提升，扎实推进智能管道建设，已在中俄东线等项目开始实施智能工地、项目管理助手、视频监视、工况监控等技术，进一步向"管道数据由零散分布向统一共享、风险管控模式由被动向主动、运行管理由人为主导向系统智能、资源调配由局部优化向整体优化、管道信息系统由孤立分散向融合互联"的目标迈进，工程实体质量整体受控，虽然建立了国家管网集团质量管理体系，但尚未建立可操作、可测量的质量测量指标和考核评价程序，资产重组后的质量安全文化存在一定差异，质量安全理念、管理基础、管控水平不尽相同。

通过 2020 年 10 月国家管网集团正式运营以来工程质量安全检查结果统计来看，工程质量管理问题主要集中在合规管理问题、质量安全体系问题、施工图设计文件问题、不按施工图及标准施工、关键设备未进行计量检定、施工过程质量安全管理问题、焊接工艺执行性问题、成品保护问题、应急预案编制与培训问题、关键工序未完工影响投产问题，其中，比较突出的质量问题是施工过程质量管理问题、不按施工图及标准施工、合规管理问题、关键工序未完工影响投产问题，分别占比 36%、24%、18%、13%。

为了解决施工管理的诸多问题，国家管网集团规划并开展了工程项目管理系统两期建设，一期项目主要是通过现有系统的迁移、融合和调整，解决过渡期各移交工程项目数据采集、项目管理的迫切需求，形成各类工程项目管理业务功能方案，为二期项目建设奠定基础。二期项目主要按照国家管网整体信息规划和业务管理模式，紧密围绕"落实全数字化移交、建设业务大平台、深化智能化应用"三大需求，以数字化为手段，随工程建设同步完成实体、人机具和业务过程的全要素数字化，打造以数据为驱动力的数字业务，实现工程建设流程化、流程数据化、数据形象化。通过数字化赋能，全面支撑油气管道、液化天然气（Liquefied Natural Gas，LNG）接收站、油库和储气库工程项目一体化协同管控，尽快实现提高工程质量、提升工作效率的近期目标。目前，一期工作已经完成，正在进行二期工作。

2.1.1.3.4 信息系统现状

国家管网集团正在开展多个信息化项目的建设工作，涵盖基础网络、数据中心、云平台、生产管理、经营管理、办公管理、资产完整性管理等领域。数字化协同设计平台、供应链管理系统及工程项目管理系统将会按照国家管网集团总体规划，在基于未来建设的数字平台基础之上，按照数字平台的建设规定，融合既有的资源设施来有序开展建设。

国家管网集团数字平台整体设计遵循全面协同、云化服务、开放生态、智慧运营、敏捷高效、安全可控等六项原则，整合内外部能力，积累数字资产，使能效率提升，确保数字化体系先进性和开放性，保障平台安全可信以及核心技术自主可控，构建层次分明、功能清晰、架构统一的数字平台，输出"资源共享化、架构标准化、数据融合化、能力服务化、应用场景化"五大能力。数字平台的总体架构如图 2.4 所示。

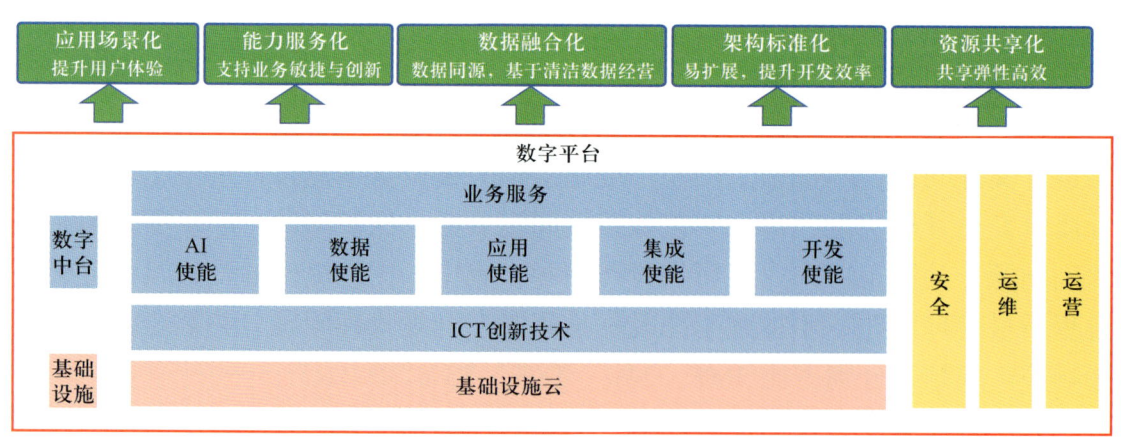

图 2.4 数字平台基本架构

目前数字平台基础设施包括IT硬件、操作系统和芯片等基础资源,通过云平台提供云基础服务:云管理服务、计算服务、存储服务、容器服务、网络服务、数据库服务和灾备服务。数字中台包括信息与通信技术(Information and Communications Technology,ICT)创新技术、融合使能和业务服务:ICT创新技术定义了AI、视频、大数据、IoT、融合通信、地理信息系统(Geographic Information System,GIS)以及区块链,它们共同作为平台ICT通用技术能力;融合使能包括AI使能、数据使能、应用使能、集成使能和开发使能;业务服务从各领域中整合公共服务、能力、组件和数据等内容,从而构建起管网数字资产,将其作为平台能力予以开放。数字平台整体技术功能如图2.5所示。

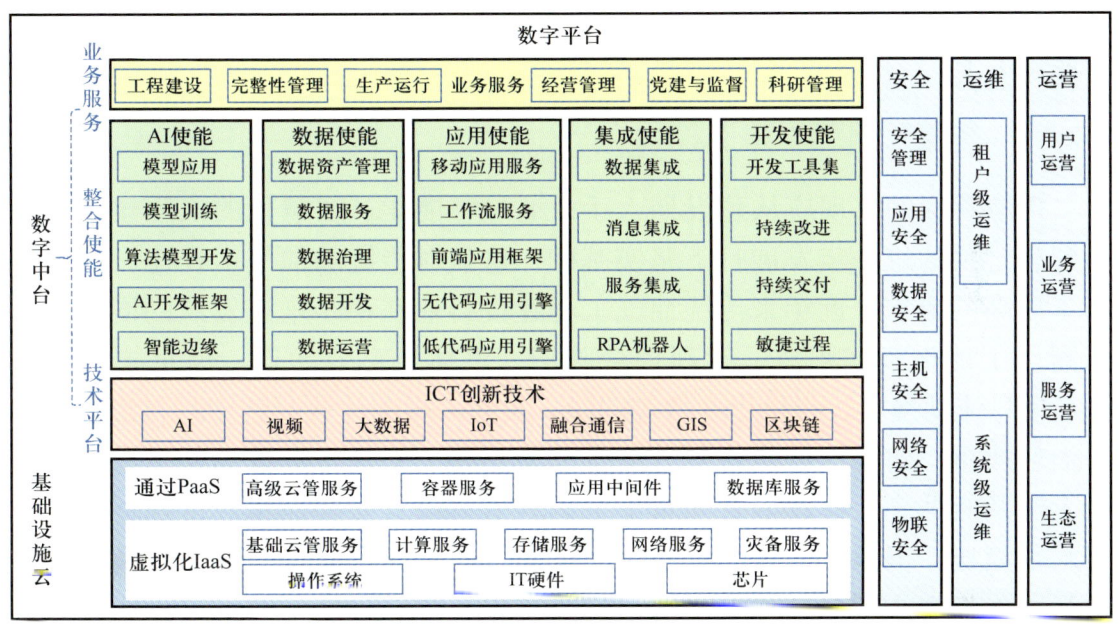

图 2.5 数字平台技术功能视图

2.1.1.4 需求分析

通过目前油气管网工程建设现状及国家管网集团正在着手建设的设计、采购、项目管理平台的建设情况,可以看出油气管网智能工程建设产业应用需求是呈现快速上升趋势的,目前所做的工作基本都是为了满足基本应用需求,而理论和体系的建设却相对滞后,主要体现在以下五个方面。

(1)工程建设全业务链条的信息流尚未打通,消除信息孤岛、贯通数据流程的机制尚未明确。

（2）通过新一代信息技术驱动工程建设能力提升的机理尚不明确，未来智能工程建设模式下的业务应用场景尚不清晰。

（3）集成全产业链条的各类异构建设资源，实现其协同工作的机理尚不明确，物理建造过程与虚拟建造过程的双向同步与交互作用机制尚未建立。

（4）指导推广实施智能工程建设模式的策略、方法与路径尚不清晰，并且缺乏科学的实施成效评价机制。

因此，按照国家管网集团"大业务体系"的建设要求，需要加强对智慧管网工程建设的顶层设计与规划，从数字化集成设计、智能化采购和智能化施工全流程入手，对工程设计、采购、施工技术体系进行全面分析，充分融合新一代信息技术，构建工程建设智能化理论与技术体系，全面提升管道工程建设的智能化水平。

2.1.1.5 智慧管网工程建设模式

智慧管网的实现应从建设期入手，通过智能化、智慧化的工程建设升级为智慧管网的进一步发展打下坚实基础，这就对传统的油气工程建设行业提出了更高的要求。近年来传统油气工程建设行业在稳步增速发展的同时，也暴露出了建设模式粗放、管理理念陈旧、整体生产效率低、信息技术应用少、信息流动慢、智能化程度低等问题，具体表现为建设过程中材料浪费和能源消耗严重、建设项目参建各方信息沟通不畅、处理事务效率低下、有效信息无法及时共享、建设方式和施工工艺的落后等，与其他相近传统行业的发展水平相比，仍然存在很大的差距。虽然，目前很多油气管道建设企业开始重视在工程中应用信息技术来协助解决工程及管理问题，但由于整体技术水平的落后和缺乏专业技术指导，使油气管道建设行业转型发展比较缓慢。在新一代信息技术不断更新和行业间技术交叉融合的背景下，传统建设行业面临着巨大的转型压力，迫切需要寻求一种更加高效、系统化、智慧化的发展模式。

在新一代信息技术与油气工程建设行业结合发展的思路指导下，虽然新的工程建设模式和建设理念不断被提出（智能化施工、虚拟建设、智能采购、智能工地、数字化移交都是涌现出的新技术结合模式），但工程建设勘察设计、物资采购、工程施工各阶段信息尚不能无阻碍流通，更不能向运营期有效递延。因此，近年来，很多学者专家和企业致力于改变油气工程建设阶段信息孤立分散、尚未融合互联的现状，实现工程数据由零散分布向统一共享、风险管控模式由被动向主动、资源调配由局部优化向整体优化变革，进而实现工程建设"提质、增效、降本及风险可控"，全新的油气工程"智慧建设模式"呼之欲出。本研究认为智慧管网建设模式必须包含以下特点：一是面向工程全生命周期，包含规划、设计、采购、施工和运行维护全过程，面向管道工程的全参与方和全要素；二是利用新一代信息技术对管道工程建设活动进行智能化赋能；三是实现管道工程全产业链的整合升级与信息协同；四是促进建设过程的能效提升与资源利用；五是交付高效、环保、可持续的智能化管道工程产品与服务。目前行业内关于智慧建设领域的研究仍在初步开拓阶段，理论和技术的研究成果不足，使得智慧管网建设模式不能真正推广应用于实际工程。本研究在现有研究成果的基础上，进一步探索智慧建设领域的研究空白，并借助科学的方法以及相关理论去探究"智慧管网建设技术体系"的构建，以及实现智慧管网建设模式在油气工程建设实践中的应用。

2.1.2　研究目的

（1）总结智慧管网建设技术发展的现状、重点和趋势。

通过查阅文献、开展技术交流等方式，全面调研国内外油气行业和其他相近行业智慧建设技术发展现状，从勘察设计、物资采购、工程施工及技术集成等方面全方位入手，总结研究重点、发展趋势，为深入开展智慧管网建设技术体系研究提供客观的理论依据。

（2）建立智慧管网建设相关的理论和技术体系。

为了进一步完善和推广应用智慧管网建设模式，需要对智慧管网建设理论与技术体系进行系统性的建设。本研究在深入研究油气工程行业发展趋势、智慧管网建设模式及工程实践案例的基础上，进一步完善智慧管网建设理论与技术体系，提出可行的应用体系组成和实现方法，为现代油气工程项目建设和管理提供指导。

2.1.3　研究意义

2.1.3.1　理论意义

（1）丰富智慧建设相关的理论。

在如今信息化潮流的冲击下，传统建设模式已经无法完全满足人们对于高生产效率、高复杂性、高智能化建设的需求，油气工程建设行业面临着生产模式全面革新的挑战。而这一全新的建设模式——智慧建设，仍然没有完整的理论指导和架构说明。本研究提出的智慧建设技术体系，借鉴了前人的研究思路，对目前智慧建设领域理论体系研究方面的空缺内容进行了补充，为智慧管网建设模式发展提供一定的理论基础。

（2）丰富智慧建设相关的技术系统。

当前针对新兴技术的研究以单一信息技术的工程应用实例说明居多，而多种信息技术在工程应用中的方式也以平行应用为主，较少出现技术集成的应用方式。然而智慧管网建设模式的实现，依赖于信息技术在工程项目上的集成应用。技术应用的过程相对抽象，需要相关的技术实施体系来对智慧管网建设模式下的整体技术运用和功能实现进行界定和解释。本研究结合当前技术研究情况和智慧建设具体内容，以发展的观点来设计技术系统，为智慧建设技术应用研究提供新的思路。

2.1.3.2　现实意义

（1）改进目前工程建设模式和促进油气工程建设行业现存问题的解决。

智慧建设理论和技术体系的研究和完善，切合当前油气工程建设行业信息化发展潮流，能够推动智慧管网建设模式的全面发展，提供新兴信息技术在油气工程建设行业的集成发展思路，促进建设工程全生命周期综合管理，实现建设工程全过程信息高效地采集、流通、处理、应用等，推动油气建设工程参建各方协同智能办公，能推动建设企业和相关政府部门重视智慧管网建设模式、加大技术创新研发，优化建设工程的产业结构和建设过程，减少人力、资源、环境成本，推动油气工程建设行业的整体转型。

（2）推动智慧管网建设模式在工程实践中的应用。

智慧建设理念的出现和发展，为油气工程建设行业注入了全新的活力，但是由于目前智慧管网建设模式缺乏完整的理论指导和技术集成应用体系，使得智慧管网建设模式仅停留在理论阶段，很难在实际工程上展开应用。本研究提出的智慧管网建设理论及技术体系对智慧建设整体架构和技术系统进行了详细说明，通过将智慧建设体系应用于实际工程项目，实现智慧建设理论落地于实践、为智慧建设推广发展增添可信度、为行业内智慧管网建设模式应用与发展提供借鉴，为智慧管网建设模式在实际工程中的推广应用提供一定参考。

2.2 智慧管网工程建设理论体系

2.2.1 智能工程建设体系的发展

目前为止，国际上并没有严格区分"智能"与"智慧"，但在国内学术界一般认为"智慧"是"智能"的升级版。智能化是指在网络、大数据、物联网和人工智能的支持下，能够主动满足人们各种需求的事物的属性。《中国大百科全书》指出智能一般具有以下特点：一是具有感知能力，即具有能够感知外部世界、获取外部信息的能力，这是产生智能活动的前提条件和必要条件；二是具有记忆和思维能力，即能够存储感知到的外部信息及由思维产生的知识，同时能够利用已有的知识对信息进行分析、计算、比较、判断、联想、决策；三是具有学习能力和自适应能力，即通过与环境的相互作用，不断学习积累知识，使自己能够适应环境变化；四是具有行为决策能力，即对外界的刺激做出反应，形成决策并传达相应的信息。具有上述特点的系统则为智能系统或智能化系统。智能系统能力的高低是由系统数据信息采集、传输、存储、分析、展示及判断决策能力的高低所决定的。

随着新一代信息技术与各产业的深度融合，智能高铁、智能电网、建筑行业智能建造、智能制造等行业工程建设板块都进行了智能化升级与改革，对相关定义、内涵及特征进行了界定，对相关技术及应用展开了研究。

2.2.1.1 智能高铁工程建设

中国国家铁路集团有限公司（简称中国铁路）目前已经建成世界上规模最大的高速铁路网，并融合应用云计算、大数据、物联网、移动互联、人工智能等新技术开展了铁路数字化、智能化建设。依托京张（北京—张家口）高铁、京雄（北京—雄安）城际铁路等重大工程，通过深入开展智能高铁的理论和应用研究，在顶层架构设计、关键技术创新、基础平台建设、工程示范应用等方面取得了重大突破[7]。

2.2.1.1.1 智能高铁定义

智能高铁是广泛应用云计算、物联网、大数据、人工智能、机器人、下一代通信、北斗卫星导航、建筑信息模型（Building Information Modeling，BIM）等新技术，通过对铁路移动装备、固定基础设施及相关内外部环境信息的全面感知、泛在互联、融合处理、主动学习和科学决策，高效综合利用铁路所有移动、固定、空间、时间和人力等资源,实现铁路建设、运输全过程、全生命周期的高度信息化、自动化、智能化,打造更加安全可靠、更加经济高效、更加温馨舒适、更加方便快捷、更加节能环保的新一代铁路运输系统。

2.2.1.1.2 智能高铁技术体系

智能高铁体系架构包括技术体系、数据体系和标准体系三个组成部分,兼顾稳定性和未来的可扩展性。

智能高铁技术体系框架从技术层面,面向大系统全生命周期整体效能最优目标,遵循"模数驱动+轴面协同"管理理念,对智能建造、智能装备、智能运营、基础平台的核心要素、关联关系等进行整体设计。基于分类分层设计原则,自上而下划分为三个板块、十个领域、18个方向、N项创新、1个平台,具体如图2.6所示[8,9]。

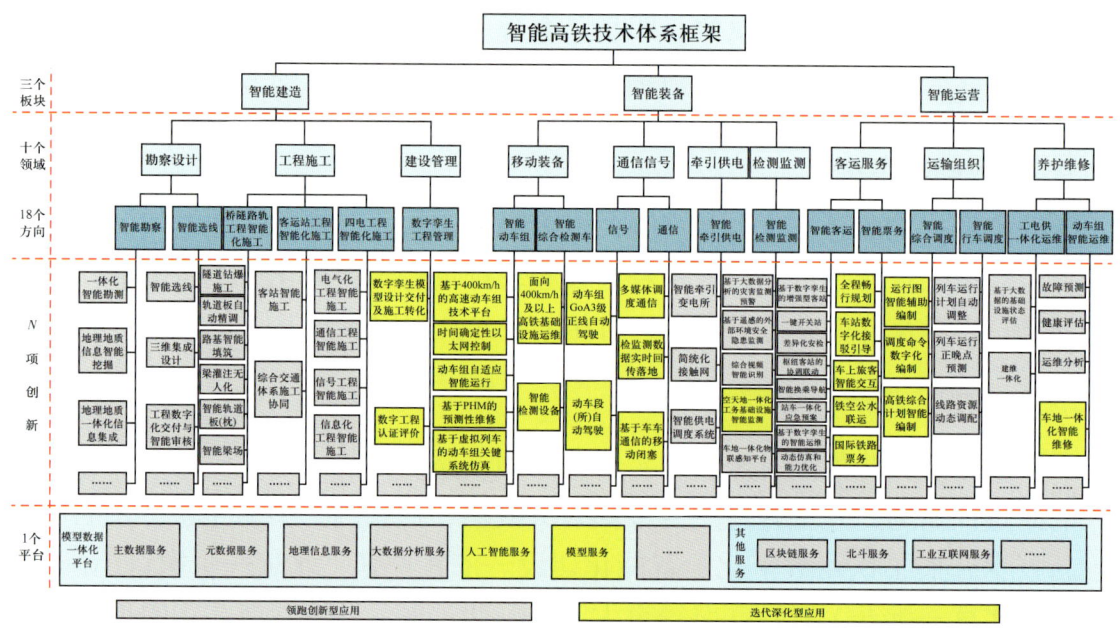

图2.6 智能高铁技术体系框架

2.2.1.1.3 铁路工程智能建造

高铁智能建造围绕铁路工程建设过程中"人、机、料、法、环"等要素,以BIM+GIS技术为核心,促进物联网、云计算、移动互联网、大数据、人工智能等新一代信息技术与先进的工程建造技术相融合,通过综合运用自动感知、智能诊断、协同互动、主动学习和智能决策等手段,提升工程设计及仿真、工厂化加工、精密测控、自动化安装、动态监测的信息化、数字化、智能化水平，实现高速铁路建设全方位、全专业、全天候的安全质量进度管控及高效智能的施工管理，为设计、施工、运维全生命周期管理提供数据支持。涉及勘察设计、工程施工、建设管理三大领域六个方向，如图2.7所示。

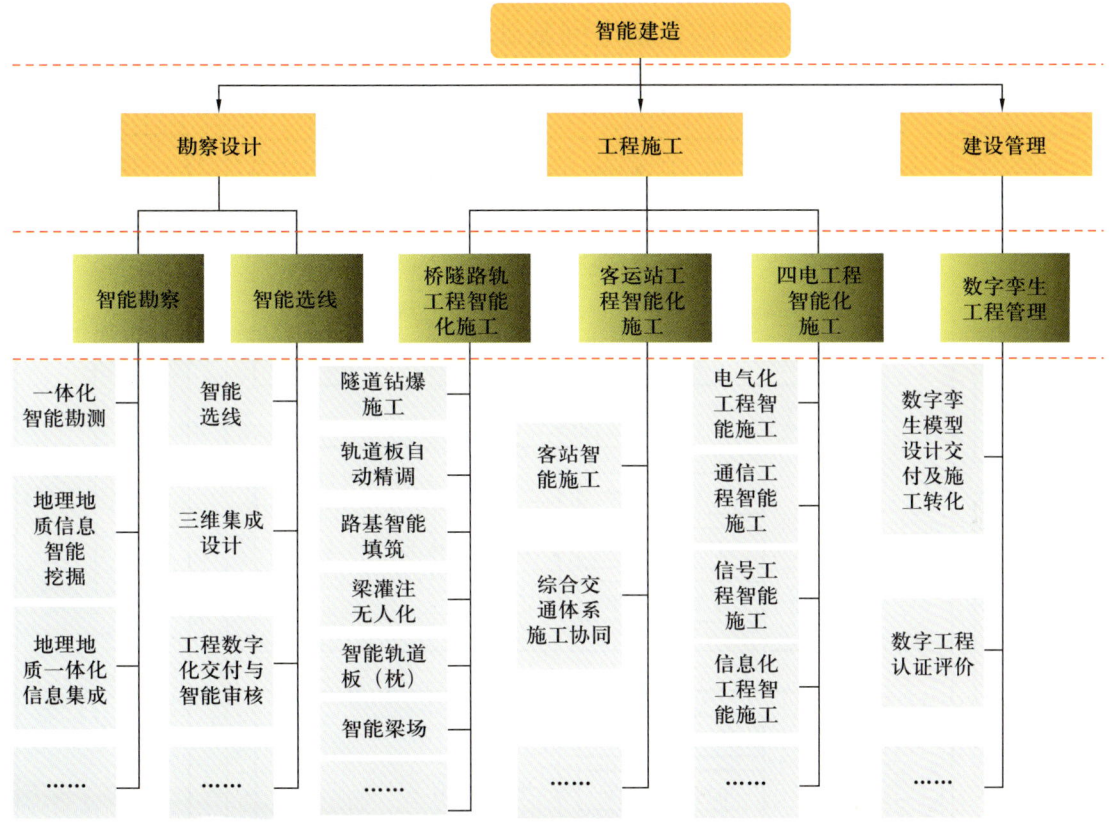

图2.7 高速铁路智能建造技术体系

2.2.1.2 智能电网工程建设

国家电网有限公司（简称国家电网）于2009年5月正式提出了建设"坚强智能电网"的公司战略，对坚强智能电网内涵特征、体系架构、关键技术开展了系列研究[10, 11]。2019年，国家电网进一步提出"建设具有中国特色国际领先的能源互联网企业"的战略目标，指出能源互联网（能源互联网＝坚强智能电网＋智能电力物联网）是智能电网的高级发展阶段[11-13]。

2.2.1.2.1 智能电网定义

我国的智能电网是以坚强网架为基础，以信息通信平台为支撑，包括电力系统的发电、输电、变电、配电、用电和调度各个环节，覆盖所有电压等级，实现"电力流、信息流、业务流"的高度一体化融合，是坚强可靠、经济高效、清洁环保、透明开放、友好互动的现代化电网。

2.2.1.2.2 智能电网体系

坚强智能电网的体系架构包括电网基础体系、技术支撑体系、智能应用体系和标准规范体系四个部分，如图 2.8 所示。

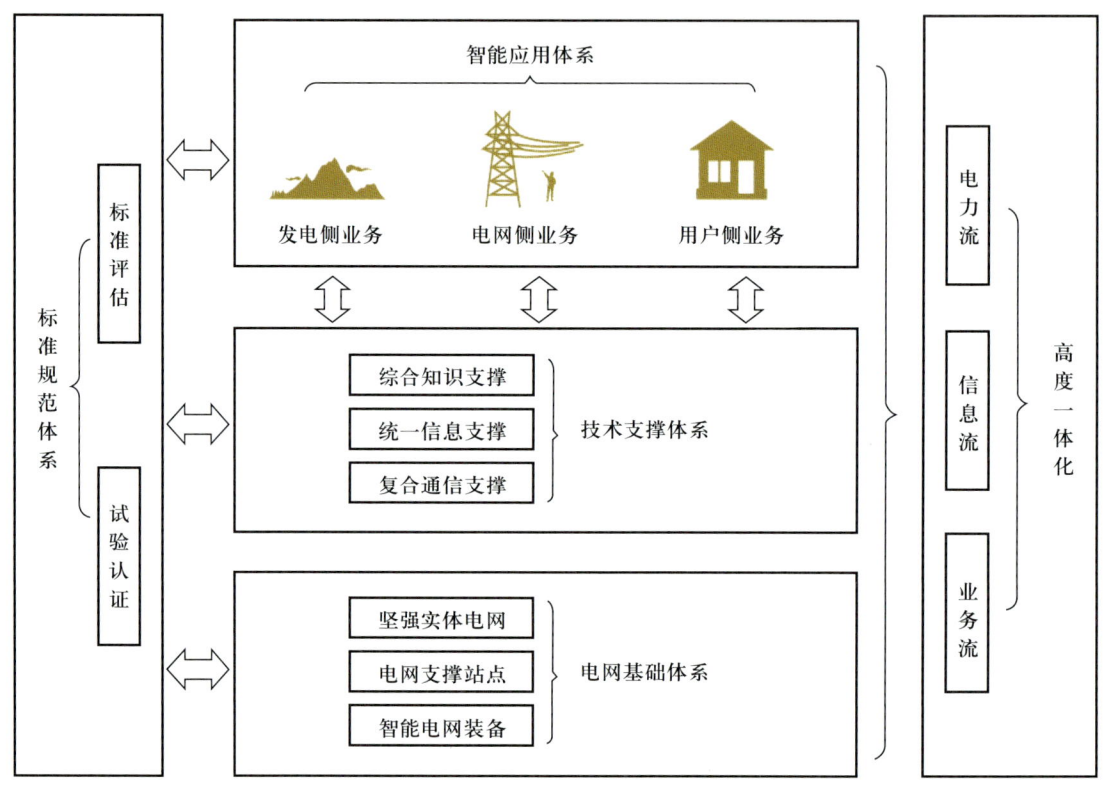

图 2.8　智能电网体系架构

2010 年，国家电网制定并发布了《坚强智能电网技术标准体系规划》，其框架如图 2.9 所示。该标准体系由八个专业分支、26 个技术领域、92 个标准系列和若干具体标准构成，形成了一个具备系统性、逻辑性和开放性的层级结构的技术标准体系。2019 年，国家电网又组织开展了新一代智能电网关键技术领域标准化工作，进一步升级或修订现有标准，同时梳理新的标准化需求，确定重点行动计划[14]。国家电网以技术标准规范和指导技术体系的发展，但关于智能电网技术支撑体系的研究并没有形成清晰的、成体系的研究成果。

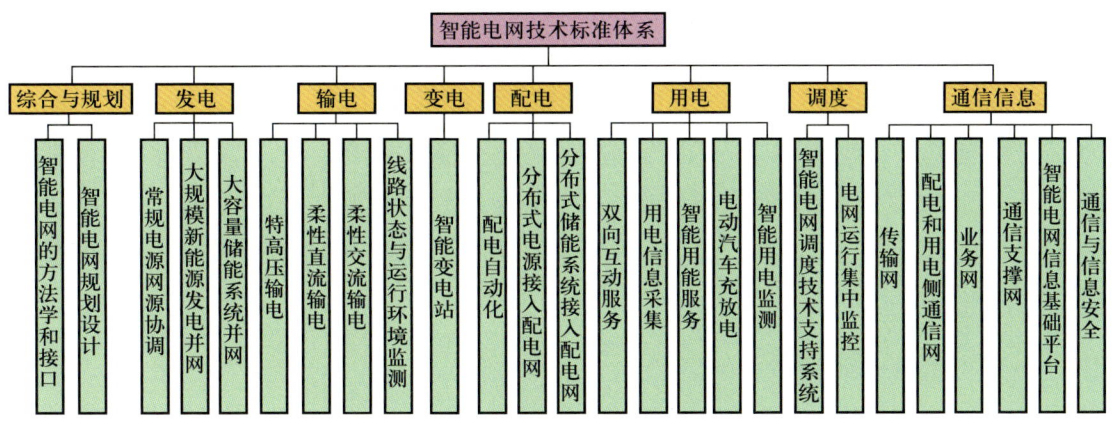

图 2.9　智能电网技术标准体系框架

2.2.1.2.3　电网工程智能建设

在坚强智能电网体系中并没有包含建设期智能化相关内容，但不可否认的是电网的智能建设也是智能电网体系的重要组成部分。在国网经研院的牵头带动下，通过多年建设，逐步建立起电网信息模型（Grid Information Model，GIM）和相关数字化设计平台，形成了企业内部数字化框架体系[15]。电网信息模型（GIM）是以电网工程各专业的参数化信息作为基础，进一步吸取地理信息数据，并结合输变电工程特点，通过信息化建模技术、数字化协同设计，实现输变电工程的三维可视化和信息共享（图 2.10）。国家管网集团同时加强对物联网技术的进一步研究和应用，推进三维数字化评审、三维模拟化施工、可视化施工管理、可视化物资采购供应管理、在线监测可视管理等应用平台建设，推动电网公司的数据流和业务流融合。

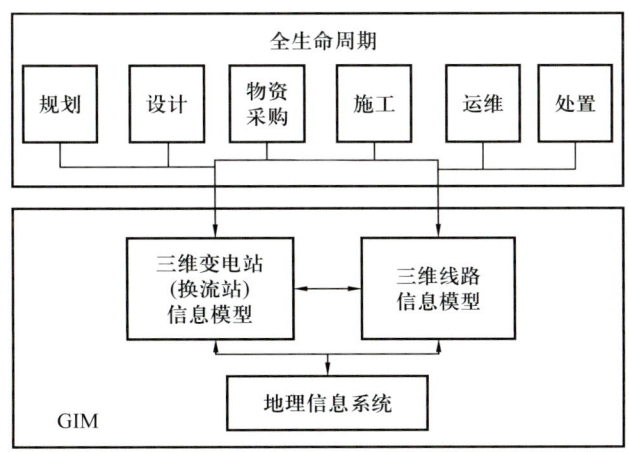

图 2.10　智能电网 GIM 框架

2.2.1.3 建筑行业智能建造

在此章节智能建造指建筑工程领域的智能建造体系。建筑行业界一般认为"数字建造""智能建造""智慧建造"是一脉相承的,"智慧建造""智能建造"得益于数字化和智能化技术的发展,由"数字建造"衍化而来。目前尚未论述"智能建造"和"智慧建造"区别,仅仅是说法不同,下文将以"智能建造"为例论述。

2.2.1.3.1 智能建造概念

"数字建造""智能建造""智慧建造"是在工业化和信息化深度融合的背景下发生的,智能建造的内涵和理论体系越来越受到学者的关注。行业内出现大量智能建造的单点应用场景,但学术界对智能建造的概念内涵讨论较少。表 2.1 为相关学者对智能建造的定义[16-19]。

表 2.1 智能建造相关概念

序号	学者	定义
1	Li Jia Wang	"智能建造"理念要求施工企业在施工过程节约资源、提高生产效率,用新技术代替传统的施工工艺和施工方法,以实现项目管理信息化,促进建筑业可持续发展
2	Andrew De Wit	智能建造旨在通过机器人革命来改造建筑业,以削减项目成本,提高精度,减少浪费,提高弹性和可持续性
3	丁烈云	智能建造,是新信息技术与工程建造融合形成的工程建造创新模式,通过规范化建模、网络化交互、可视化认知、高性能计算以及智能化决策支持,实现数字链驱动下的工程立项策划、规划设计、施工生产、运维服务一体化集成与高效率协同
4	毛志兵	智能建造是在设计和施工建造过程中,采用现代先进技术手段,通过人机交互、感知、决策、执行和反馈提高品质和效率的工程活动
5	毛超	智能建造是在信息化、工业化高度融合的基础上,利用新技术对建造过程赋能,推动工程建造活动的生产要素、生产力和生产关系升级,促进建筑数据充分流动,整合决策、设计、生产、施工、运维整个产业链,实现全产业链条的信息集成和业务协同、建设过程能效提升、资源价值最大化的新型生产方式
6	尤志嘉	智能建造是一种基于智能科学技术的新型建造模式,通过重塑工程建造生命周期的生产组织方式,使建造系统拥有类似人类智能的各种能力并减少对人的依赖,从而达到优化建造过程,提高建筑质量,促进建筑业可持续发展的目的

从以上定义可以看出，目前学术界对智能建造的定义尚未达成统一，但所涉及的内容主要有五个方面：一是新技术对建造活动进行智能化赋能；二是面向规划决策、设计、生产、施工和运维全过程，面向建筑业的全参与方和全要素；三是实现建筑产业链的整合与协同升级；四是促进建设过程的能效提升与资源利用；五是交付更安全、更高质量、更绿色节能的建筑产品。

2.2.1.3.2 智能建造体系

丁烈云在《数字建造导论》中总结了数字建造体系框架，体系框架涉及建造技术、建造方式、企业经营和产业转型等多个方面的内容，如图 2.11 所示。该体系框架以"三化"（数字化、网络化、智能化）和"三算"（算据、算力、算法）为特征的通用技术为底层技术支撑，在通用技术基础上融合形成工程多维建模与仿真、基于工程物联网的数字工地（厂）、工程大数据驱动的智能决策支持及自动化、智能化工程机械四项关键技术，从而克服碎片化、粗放式工程建造方式的弊端，实现工程全生命周期的业务协同，促进工程建造产业层面的转型升级，最终向用户高效率地交付以人为本、智能化的绿色可持续工程产品与服务。

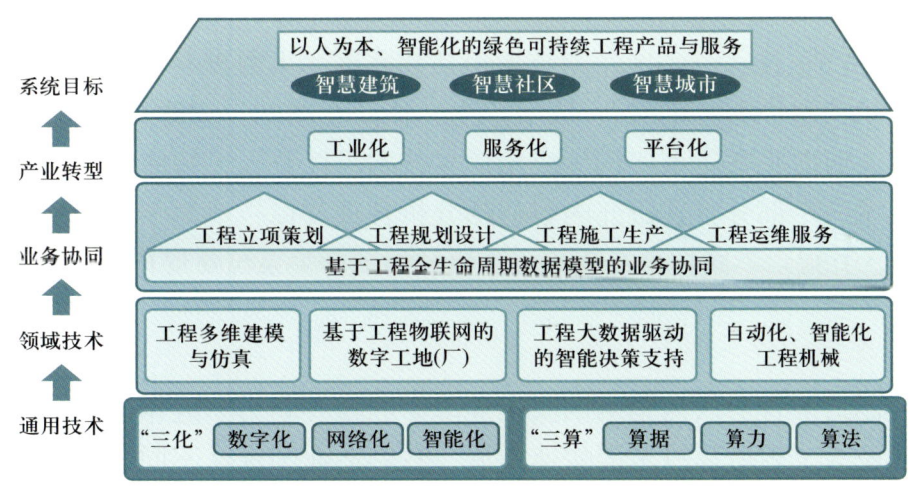

图 2.11 智能建造框架体系

尤志嘉等构建了一种智能建造理论体系框架，以明确该领域的研究目标、范围与内容，并识别潜在的研究方向。该理论体系框架以智能建造系统作为实现智能建造模式的技术载体，将智能建造研究内容划分为 11 个关键子领域，分别为基础理论、支撑技术、管理机制、参考架构、工作机理、集成方案、业务场景、运行机制、实施路径、核心目标及评价机制，如图 2.12 所示。

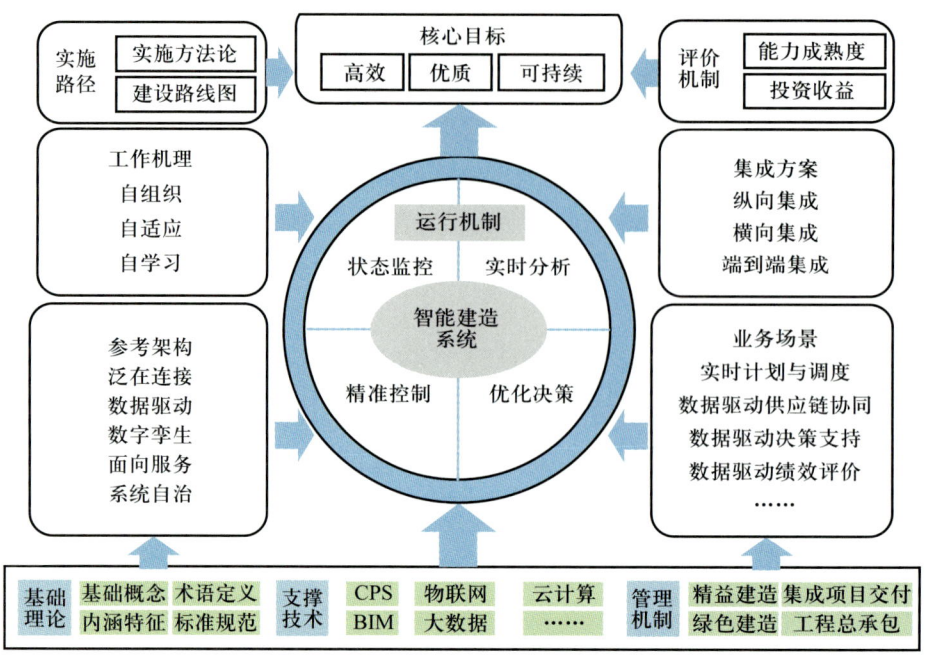

图 2.12 智能建造理论体系框架

尤志嘉等通过该体系研究总结了智能建造系统的支撑技术，包括"一项核心技术+多项使能技术"。一项核心技术即信息物理系统（Cyber-Physical Systems，CPS）技术；多项使能技术包括物联网、大数据与云计算等基础支撑技术，建筑信息模型（BIM）、数字孪生、移动互联网、三维重建、虚拟现实、增强现实、面向服务体系架构等应用信息技术，以及人工智能与建筑机器人等智能化技术三个部分。其研究内容包括分析各项支撑技术对于智能建造模式的赋能作用，并揭示不同技术在建筑施工领域的耦合关系与集成化应用发展趋势。

2.2.1.4 智能制造

智能制造被普遍认为是第四次工业革命的核心动力。近年来，随着新一代信息技术及人工智能等技术的快速发展，各制造业国家从不同角度提出了各自的智能制造战略规划，德国工业4.0、美国工业互联网、中国制造2025都属于该范畴。智能制造可以理解为工厂车间中的智能工程建设，因此智能制造体系建设研究对于智能工程建设体系研究有重要的参考价值。

2.2.1.4.1 智能制造概念

关于智能制造的概念和内涵，国内外政府部门、研究机构及学者有多种定义，表2.2列举了一些具有代表性的定义[20-22]。

表 2.2 智能制造相关概念

序号	发布地区	来源	概念内涵
1	日本、欧洲、美国	智能制造国际合作研究计划	一种先进的生产系统,即能贯穿整个制造过程,将智能活动和智能机器有机结合,并灵活地整合了从订货、产品设计、生产到销售的整个制造过程
2	美国	智能制造领导联盟(Smart Manufacturing Leadership Coalition,SMLC)发布智能工艺制造:操作和技术路线图	一个集成的、知识型、善用模型的企业,其所有操作行为是明确的,且应用最优信息和广泛的性能指标来有预见地执行
3	美国	SMLC发布"实施21世纪智能制造"报告	能够实现先进智能系统(Advanced Intelligent Systems,AIS)强化应用、产品需求动态实时响应、生产过程以及供应链网络实时优化的制造。从原材料进口到产品交付市场,智能制造能够覆盖制造业的全部过程,它创造了一个横跨产品、操作以及商业系统的知识密集型环境,连接了工厂、分拨中心、企业以及整个供应链
4	美国	通用电气公司(General Electric Company,GE)发布工业互联网:突破智慧和机器的界限报告	将工业革命带来的机器、机组、物理网络,与智能设备、智能网络和智能决策等互联网革命成果相融合,称为"工业互联网"。"工业互联网"的概念与智能制造在本质上是共通的
5	德国	工业4.0小组发布保障德国制造业的未来:实施工业4.0战略举措的建议	指出将物联网和服务应用到制造业正引发第四次工业革命,即工业4.0。企业在未来将建立覆盖全球的网络,并且把企业的机器、网络化系统以及生产设施全部融入信息物理系统中,这将从根本上改善覆盖生产生命周期全过程的工业过程。因此,工业4.0的本质包括将CPS技术集成应用在制造业和物流行业中,还包括将物联网和服务技术应用到工业生产过程,这将对商业模式、价值创造以及工作组织等领域产生影响
6	美国	学者库夏克《智能制造系统》	虽然智能制造尚没有一个被普遍接受的定义,但可以将智能制造理解为利用网络物理系统、物联网、云计算、面向服务的计算、人工智能和数据科学等技术,将当今和未来的制造资产与传感器、计算平台、通信技术、数据密集型建模、控制、仿真和预测工程集成在一起。一旦实施,这些相互重叠的概念和技术将使制造业成为下一次工业革命的标志。智能制造具有六大支柱,分别是制造技术和流程、材料、数据、预测工程、可持续性、资源共享和网络化

续表

序号	发布地区	来源	概念内涵
7	中国	《智能制造科技发展"十二五"专项规划》	面向产品和生产的全生命周期,实现了无处不在的感知条件下的信息制造。现代传感技术、自动化、网络化技术以及人工智能等技术是智能制造得以出现和发展的基础。智能制造是信息技术与智能技术的深度融合,通过智能感知、人机交互以及智能决策执行等技术,实现了包括设计、制造过程以及设备等流程的智能化运用
8	中国	《2015智能制造试点示范专项行动实施方案》	以新一代信息技术为基础,覆盖设计、生产、管理、服务等产品全生命周期,具有信息深度自我感知、智能优化自我决策、精确控制以及自我执行等先进制造工艺、系统和模式的总称。它以工厂为载体,以关键制造环节为核心,以端到端数据为基础,以网络互联为支撑,可以实现产品开发周期缩短、运营成本降低、生产率及产品质量提高、对资源和能源的消耗减少等优点
9	中国	《智能制造发展规划(2016—2020年)》	智能制造是建立在新一代信息通信技术以及先进制造技术相互融合的基础上,并涵盖诸如设计、生产、管理、服务等活动环节,具有自我感知、自我学习、自我决策、自我执行、自我适应等功能的新型生产模式
10	中国	路甬祥	智能制造是一个人机一体化智能系统,这个系统包括人类专家和智能机器两个组成部分,通过人与智能机器合作,实施分析、判断、决策等制造过程的智能活动。进而扩展以及部分替代人类专家的脑力活动。它更新并扩展了制造自动化的概念,使之具有灵活性、智能化和高度集成化
11	中国	学者安筱鹏《工业4.0与制造业的未来》	新一轮产业革命的本质是智能制造生态主导权之争,无论德国的工业4.0还是美国的工业互联网,其本质都是智能制造。从广义上讲,智能制造不仅指智能制造装备,还包括产品的智能化、装备的智能化、生产方式的智能化、管理的智能化以及服务的智能化
12	中国	制造强国战略研究项目组	新一代信息技术与制造技术的融合,具有感知信息、决策优化、控制执行等功能,面向产品全生命周期的制造系统,目的在于高效、优质、敏捷地制造产品并服务用户。智能制造包括以下几个方面的内容:制造装备、设计过程、加工工艺、管理以及服务的智能化
13	中国	黄群慧	智能制造是基于大数据、物联网等新一代信息技术与制造技术的集成,能自主性地动态适应制造环境变化,实现从产品设计制造到回收再利用的全生命周期的高效化、优质化、绿色化、网络化、个性化等优化目标的制造模式,包括智能生产、智能产品、智能服务等广泛内容

国内外关于智能制造的相关概念界定有以下共性：一是突出了物联网、大数据、人工智能等新一代信息技术与制造业实体的结合；二是强调智能制造是覆盖原材料、设计、生产、物流、销售、回收等全产业链和全生命周期的过程；三是将最终目标界定为能发挥最大生产力、实现网络化实时优化制造、缩短制造周期、提升产品质量、降低能耗等。

2.2.1.4.2 智能制造体系

智能制造涉及的流程众多，相关技术层出不穷，需要通过标准化工作来提供可参考的模型，进行体系建设工作，以更好地解决实施过程中可能面临的问题。很多国家和组织均提出了其智能制造路线图，打造了智能制造体系架构。

（1）美国国家标准及技术协会（National Institute of Standards and Technology，NIST）发布的《智能制造系统现有标准体系》中基于（Automation Research Corporation，ARC）咨询团队的协同制造管理模型，以及企业与控制系统集成国际标准 ISO/IEC 62264 所定义的企业控制系统集成的层次模型，将智能制造的系统从四个维度进行定义（图 2.13）：一是产品，产品的生命周期管理包括产品设计、工艺设计、生产工程、制造、使用和服务、废弃和回收六个阶段，标准分类则从该过程中的建模实践、产品模型和数据交换、制造模型数据、产品目录数据和产品生命周期数据管理五个角度进行分类；二是生产系统，典型的生产系统生命周期分为设计、制造、调试、运营和维护、退役和回收五个阶段。支持生产生命周期活动领域的标准按生产系统模型数据和实践、生产系统工程、生产系统维护和生命周期数据管理进行分类；三是业务，制造业的价值链管理涉及供应商、生产活动和客户，智能制造生态系统模型将此业务周期分为计划、采购、制造、交付与反馈五个环节，此维度下的标准按照这五个环节进行分类；四是制造金字塔，该维度下的标准为 ISA 95 模型中企业层、制造运作管理层、监控与数据采集层、设备层和交叉层所涉及的标准。

（2）德国标准化学会、德国电气工程师协会及德国电工委员会发布了工业 4.0 参考体系架构，从以下三个维度来定义工业 4.0（图 2.14）：一是类别，将技术按照功能进行分层，包括资产、集成、通信、信息、功能和业务；二是生命周期与价值链，以生命周期与价值链为视角，描述典型工业要素从虚拟类别设计到实例生产及维护的全生命周期过程；三是层次结构等级，旨在描述工业 4.0 中各系统的层次结构等级。基于企业与控制系统集成国际标准 ISO/IEC 62264 中的层级描述，工业 4.0 体系架构抽取出现场设备、控制设备、工作站、工作中心、企业最为关注的系统等级，同时为满足工业 4.0 对产品服务和企业协同的要求，补充了产品和互联世界。

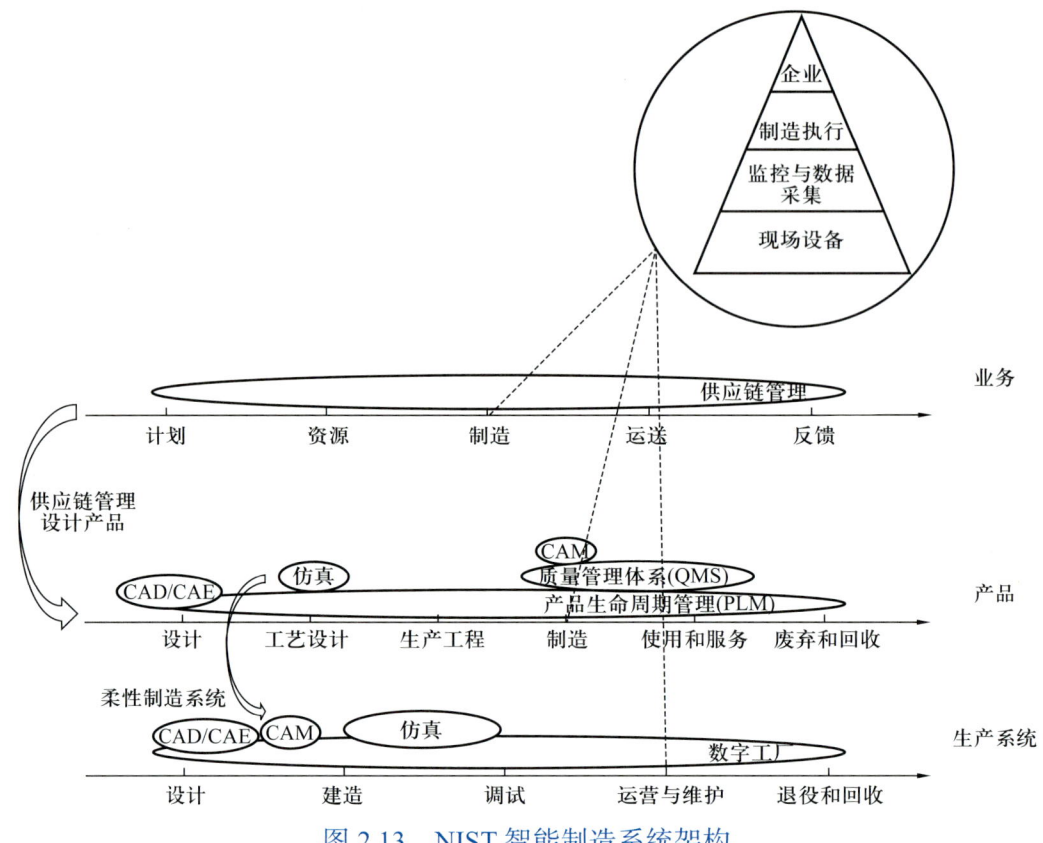

图 2.13 NIST 智能制造系统架构

图 2.14 工业 4.0 体系架构

（3）中国工业和信息化部与国家标准委员会发布了《国家智能制造标准体系建设指南（2015版）》，其中提出了智能制造体系的基本架构模型，如图2.15所示。智能制造系统架构从生命周期、系统层级和智能特征三个维度对智能制造所涉及的要素、装备、活动等内容进行描述，明确了智能制造的标准化对象和范围。这三个维度如下：一是产品生命周期，依次为设计、生产、物流、销售与服务；二是系统架构，依次为设备层、单元层、车间层、企业层与协同层；三是价值链，依次为资源要素、互联互通、融合共享、系统集成与新兴业态。

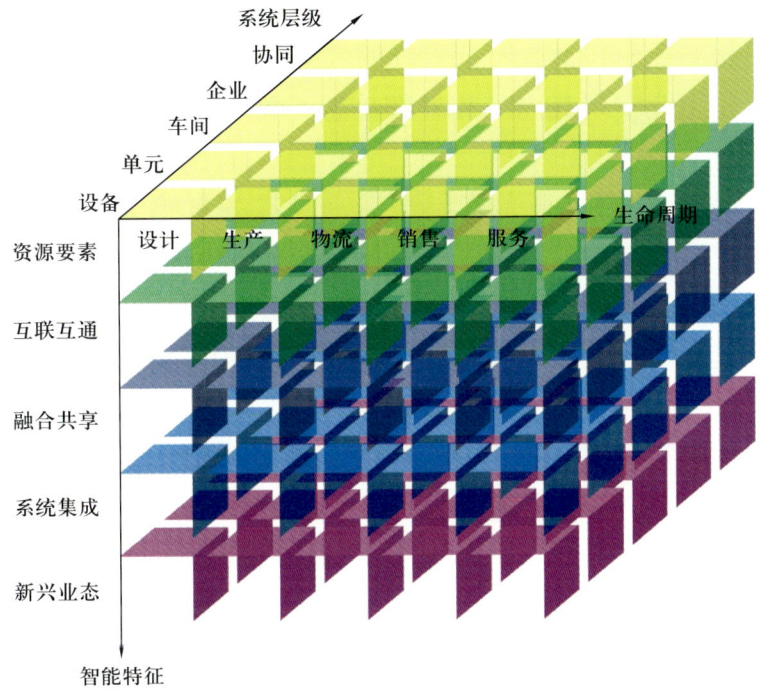

图 2.15　智能制造系统架构

① 生命周期。生命周期涵盖从产品原型研发到产品回收再制造的各个阶段，包括设计、生产、物流、销售、服务等一系列相互联系的价值创造活动。生命周期的各项活动可进行迭代优化，具有可持续性发展等特点，不同行业的生命周期构成和时间顺序不尽相同。

a. 设计是指根据企业的所有约束条件以及所选择的技术来对需求进行实现和优化的过程；

b. 生产是指将物料进行加工、运送、装配、检验等活动创造产品的过程；

c. 物流是指物品从供应地向接收地的实体流动过程；

d. 销售是指产品或商品等从企业转移到客户手中的经营活动；

e. 服务是指产品提供者与客户接触过程中所产生的一系列活动的过程及其结果。

② 系统层级。系统层级是指与企业生产活动相关的组织结构的层级划分，包括设备层、单元层、车间层、企业层和协同层。

a. 设备层是指企业利用传感器、仪器仪表、机器、装置等，实现实际物理流程并感知和操控物理流程的层级；

b. 单元层是指用于企业内处理信息、实现监测和控制物理流程的层级；

c. 车间层是实现面向工厂或车间的生产管理的层级；

d. 企业层是实现面向企业经营管理的层级；

e. 协同层是企业实现其内部和外部信息互联和共享，实现跨企业间业务协同的层级。

③ 智能特征。智能特征是指制造活动具有的自感知、自决策、自执行、自学习、自适应之类功能的表征，包括资源要素、互联互通、融合共享、系统集成和新兴业态等五层智能化要求。

a. 资源要素是指企业从事生产时所需要使用的资源或工具及其数字化模型所在的层级；

b. 互联互通是指通过有线或无线网络、通信协议与接口，实现资源要素之间的数据传递与参数语义交换的层级；

c. 融合共享是指在互联互通的基础上，利用云计算、大数据等新一代信息通信技术，实现信息协同共享的层级；

d. 系统集成是指企业实现智能制造过程中的装备、生产单元、生产线、数字化车间、智能工厂之间，以及智能制造系统之间的数据交换和功能互联的层级；

e. 新兴业态是指基于物理空间不同层级资源要素和数字空间集成与融合的数据、模型及系统，建立的涵盖了认知、诊断、预测及决策等功能，且支持虚实迭代优化的层级。

通过对比可以发现，以上智能制造体系有以下共性：一是都设置了系统层级维度，将系统分为几个层级，协同发展；二是在各个维度都有生命周期的维度，涉及设计、生产、维护等全生命周期，这也是时间维度；三是都总结了智能制造各个要素，各要素各类别全面统筹。

2.2.1.4.3 智能制造理论体系架构

刘强[21]在总结过去智能制造发展历史、理论和实践研究成果的基础上，形成了一个智能制造理论体系架构，该理论体系架构旨在以功能架构模型描述构成智能制造理论体系的各个组成部分，明确各部分的主要内容及其相互关系。该体系架构由八个模块构成：理论基础、技术基础、支撑技术、使能技术、核心主题、发展模式、实施途径和总体目标。如图 2.16 所示，他分别阐述了体系架构中的总体目标、核心主题、支撑技术和使能技术四大模块的具体内容，讨论了推进和实施智能制造的基本原则和技术路线，展望了未来制造的新形态和新特征。

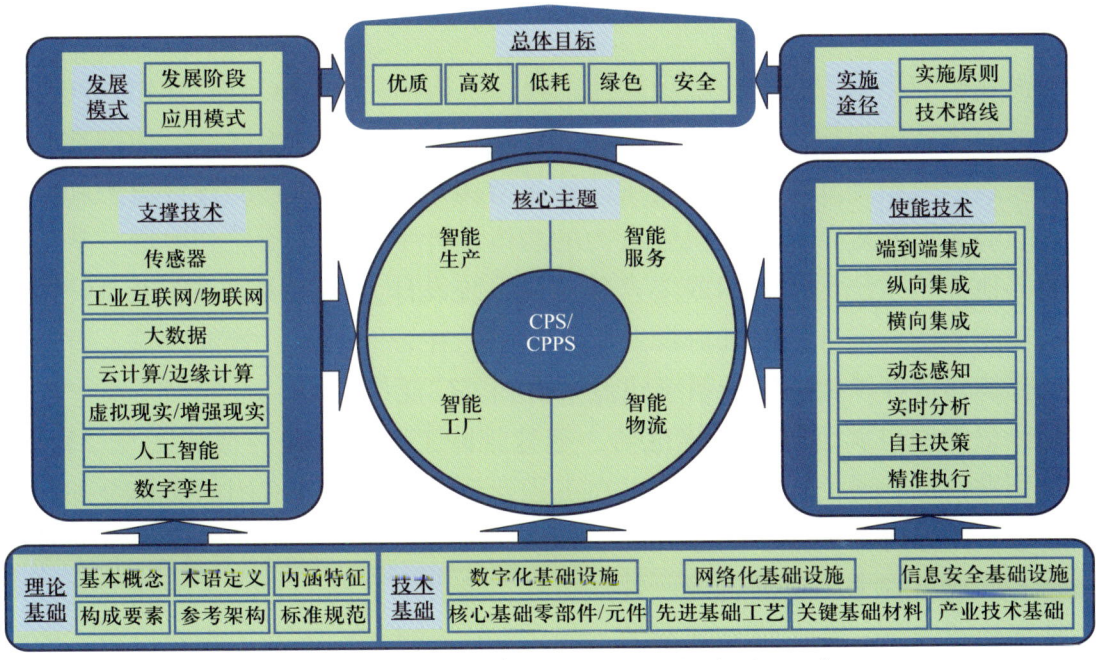

CPPS—信息物理生产系统（Cyber Physical Production Systems）。

图 2.16 智能制造理论体系架构

2.2.1.5 智能工程建设内涵特征总结

从以上关于各行业智能工程建设的定义及特征可以看出，虽然各行业对智能工程建设的认识尚未统一，但所涉及的内容主要有五个方面：

（1）强调新一代信息技术（物联网、云计算、移动互联网、大数据、人工智能等）对工程建设活动的赋能或使能作用。

（2）智能化、智慧化建设贯穿工程建设全生命周期，包含规划、设计、采购、施工全过程，建设成果与运行维护期无缝衔接。

（3）在数据及模型驱动下实现信息流与业务流的融合，并支持系统自主优化决策。

（4）面向工程建设的全过程、全要素和全参与方，致力于实现行业产业链的整合与协同升级，促进工程建设过程的能效提升与资源利用。

（5）围绕工程建设质量、进度与成本的控制，以提升工程质量、效率、效益等为最终目标。

2.2.2 理论体系架构构建

2.2.2.1 理论体系架构概述

国际标准化组织在《系统和软件工程 架构描述》（ISO/IEC/IEEE 42010—2011）中将系统架构定义为：系统在其环境中的基本概念或属性，体现在其元素、关系以及设计和进化的原则中。体系架构作为一种重要的设计思想和方法论，能够为大型复杂系统提供强有力的总体设计手段，从顶层到底层、从整体到局部地优化系统内部各组成要素并进行系统设计，从而实现系统及系统组件间的功能协调、标准统一和资源共享，目前已在智能制造、智能高铁、智能电网、智能建造等领域的复杂系统建设中得到了广泛应用。

智慧管网也属于复杂系统范畴，智慧管网工程建设的"智能"与"智慧"不是先进信息、通信、自控等技术在工程建设各专业独立应用的简单叠加，而是通过不同建设环节、不同业务领域、面向工程生命周期不同阶段系统的集成融合，形成更安全、质量更好、效率更高、集成度更高的CPS。智慧油气管网的规划和建设是一个系统且复杂的工程，在这一过程中需从工程建设源头确立统一的发展原则和理念，指导工程建设的顺利开展，交付高质量的智慧工程成果。行业对油气管网智能工程建设的认识是一个不断发展、逐步深化的过程，当前迫切需要在总结过去智能工程建设发展历史、理论和实践研究成果的基础上，形成一个智慧管网工程建设理论体系架构，该体系架构旨在从多个功能维度描述构成智慧管网工程建设体系的各个组成要素，明确各要素的主要内容及其相互关系，做到各子系统间、子系统与整体间的协调，从而为智慧管网工程建设的发展提供总体蓝图及顶层设计。根据工程建设实际进行分析，智慧管网工程建设理论体系架构构建的必要性主要包括以下三个方面：

（1）智慧管网工程建设的发展离不开现有的油气管网工程建设基础，研智慧管网工程建设体系架构对于引导智慧管网工程建设的发展与完善，提高既有各类资源的利用率，避免重复研究和开发具有重要意义。

（2）智慧管网工程建设理论体系架构能够定义智慧管网工程建设体系的建设范围和发展蓝图，确立了技术体系、数据体系和标准体系，能够为智慧管网工程建设的发展战略和技术路线图的制定等提供指导。

（3）智慧管网工程建设理论体系架构为管网工程设计、采购、施工及工程管理等方面的建设提供了一个指导性文件，便于统一认识和系统协同，保障体系建设的兼容性、可控性、可互操作性，提高智慧管网工程建设在时间、空间上的一致性和灵活性。

2.2.2.2　构建原则

智慧管网工程建设体系架构应遵循先进性、可选代优化性、开放性、可互操作性、可定制性、可维护性、安全性等原则。

（1）先进性：智慧管网工程建设体系架构应当符合国际先进技术的发展方向，能够代表油气管网建设领域先进水平，能够满足国家管网集团智慧管网建设发展的需要。

（2）可选代优化性：现代技术的更新迭代速度越来越快，新技术应用也越加广泛，智慧管网工程建设体系架构应能集成应用不断出现的新技术，满足不断变化的需求，确保各组成系统向更高级阶段优化升级。

（3）开放性：智慧管网工程建设体系架构应具有开放性，能够在标准统一的情况下与外部系统融合互联、信息交换，同时提高自身系统性能。

（4）可互操作性：智慧管网工程建设体系是由多个系统构成的复杂信息物理系统，各子系统间存在着大量的信息交互和流程交互，因此智慧管网工程建设体系架构必须确保系统的可互操作性。

（5）可定制性：智慧管网工程建设体系架构应能根据不同领域用户的需求灵活定制，增加需要的板块，删减冗余板块，提高体系架构的适应性，提高体系运行效率。

（6）可维护性：智慧管网工程建设体系是一个复杂且开放的系统，在系统运行过程中难免出现故障，因此在制定体系架构时必须考虑到系统的可维护性。

（7）安全性：安全是工程建设需要重点控制的要素之一。体系架构设计中应考虑物理、网络、数据、应用等层面的安全需求。

2.2.2.3 理论体系架构

行业对智慧管网工程建设目标、内涵、特征、关键技术和实施途径等的认识是一个不断发展、逐步深化的过程，当前迫切需要在总结过去油气管网智能工程建设的发展历史、理论和实践研究成果的基础上，形成一个智慧管网理论体系架构。该理论体系架构旨在以功能架构模型描述构成智慧管网建设理论体系的各个组成部分，明确各部分的主要内容及其相互关系，从而为体系的进一步深化研究和实践提供框架和指导。

基于对行业内外发展成果的总结和研究，本研究提出了智慧管网建设理论体系架构，如图 2.17 所示，该体系架构由理论基础、业务智能应用、技术体系、数据体系、标准体系、实施途径、发展模式和总体目标八个模块组成。

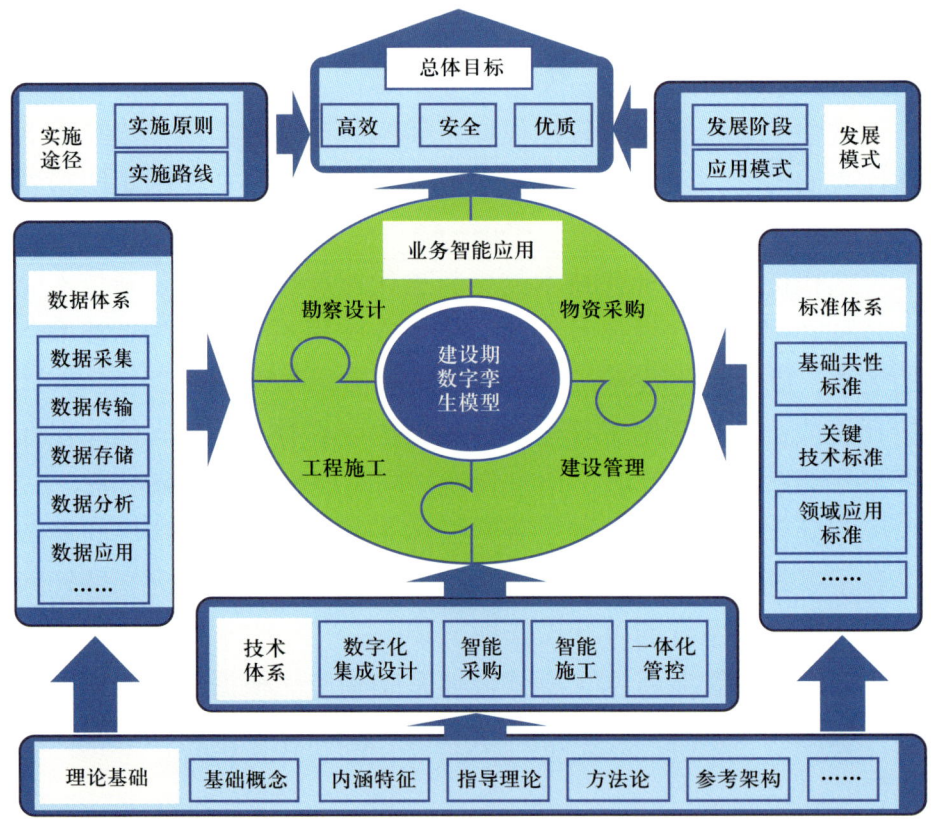

图 2.17　智慧管网建设理论体系架构

该理论架构总体逻辑为：在基于模型的系统工程方法的指导下，以建设期业务为导向，进行技术体系、数据体系与标准体系三大体系建设，在此基础上，围绕建设期数字孪生模型，使勘察设计、物资采购、工程施工及建设管理四大领域业务的智能应用与实施途径、评价机制的制定等内容相配合，最终实现油气管网工程高效、安全建设，交付优质智慧管网工程的总体目标。

2.2.3 理论基础

智慧管网工程建设体系理论基础部分是体系最基础的部分，主要用于阐明智慧管网工程建设的概念内涵、范畴、基本原理等，涉及基本概念、内涵特征、指导理论、方法论、参考架构等一系列内容。

2.2.3.1 基本概念

2.2.3.1.1 概念的构建方法

参考其他行业智能工程建设内涵，本研究认为智慧管网工程建设实质是对油气工程建设行业和全产业链的智慧化升级和数字化转型，涉及全产业链生产要素、生产方式、生产关系的重构和转型，这种转型既包含技术转型又包含管理转型，重构和转型过程包括了工程学、管理科学、通信工程、计算机科学等多个交叉学科。为了构建智慧管网工程建设理论及技术体系，首先需要明确智慧管网工程建设的概念，本研究采用了针对多学科交叉知识体系的定义方法来明确智慧管网工程建设的概念。根据该方法可确定智慧管网工程建设包含了多个概念平面，这些概念平面共同提供对智慧管网工程建设知识体系的全面理解。具体步骤如图 2.18 所示。

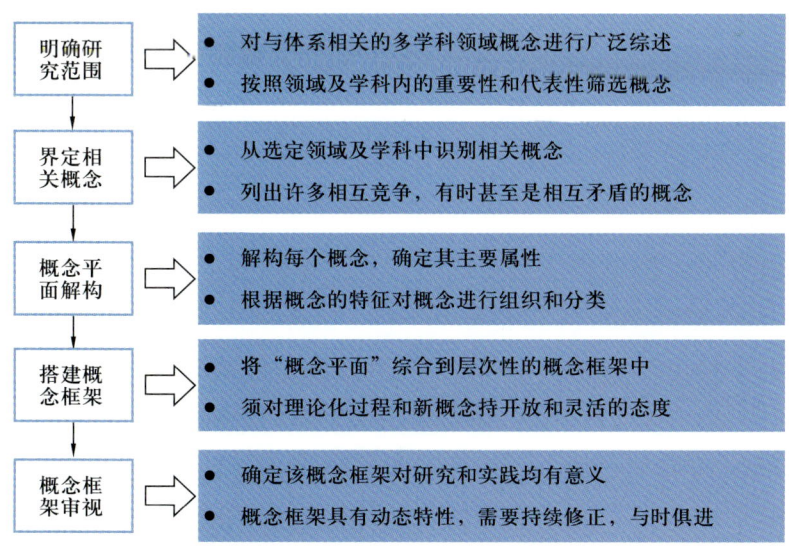

图 2.18 概念框架搭建步骤

（1）第一阶段，明确研究范围。

工程建设行业是一个涉及范围广泛的行业，要对工程建设智能化发展有一个清楚且客观的评价与认识。这个目标的实现依赖于资料收集，资料收集范围必须是全面和完整的，并且应该有清晰的发展脉络以确保数据收集的有效性。所用手段是对工程建设智能化多学科领域相关文献、工程实例、涉及公司、技术发展脉络等全方位调研。这必须从对多学科文本的广泛审查开始，对从业人员、专家和来自不同学科的学者的工作进行调查，这些学科调研的工作重点是围绕有针对性、有选择性的技术来开展的，最终可绘制有关工程建设领域的多学科文献图谱。然后，对多学科文献资料进行广泛的阅读和分类，其目标是筛选资料，并根据学科和每个学科内技术的重要性和代表性等级对其进行分类。这个过程最大限度地提高了调查的有效性，并确保每个学科每项技术可以有效代表工程建设智能化领域的重点内容。

（2）第二阶段，界定相关概念。

从选定的学科和技术领域中识别和命名概念。这个阶段的目标是重新审查选定的代表性技术领域，并发现概念。其结果是形成一系列相互竞争，有时甚至相互矛盾的概念体系。一般来说，概念可从文献中直接摘录，但也要辨别概念的发展历程，以便明确概念所处的技术框架。

（3）第三阶段，概念平面解构。

解构概念并分类。这个阶段的目的是解构每个概念，识别其主要属性、特征、假设和作用，然后根据概念的特征以及它们在本体论、认识论和方法论上的作用对它们进行组织和分类。这个阶段的结果是一个包含四个部分内容的表格。第一个部分包括概念的名称，第二部分包括对每个概念的描述，第三部分根据其本体论、认识论或方法论的作用对每个概念进行分类，第四部分给出了每个概念的参考文献。

（4）第四阶段，搭建概念框架。

首先需要整合概念，目标是整合与一个新概念有相似之处的概念。这一阶段大大减少了概念的数量，并将概念的数量控制在能够合理处理的程度。然后，需要对这些概念进行重组，目标是将概念合成到一个新的概念框架中。对于概念体系的形成过程和新概念的出现，研究过程必须做到开放、包容和灵活。这个过程是反复进行的，是一个总结再总结的过程，直到形成一个有意义的具有普遍性的价值概念框架。

（5）第五阶段，概念框架审视。

首先验证所形成的概念框架，验证所提出的框架及其附属概念是否对该领域的研究和实践有意义，该概念框架是否为不同学科在研究管网工程建设智能化方面提供了合理的理论依据。验证需要广泛收集不同研究领域的意见与反馈，在此基础上重新思考体系结构。一个代表多学科现象的概念框架总是动态的，可能会根据新的见解、评论、文献等进行修正。由于概念框架是多学科的，这个概念应该对这些学科有意义，并扩大其对具体现象的理论视角。

2.2.3.1.2 智慧管网工程建设的概念

（1）概念范围。

① 工程建设活动范畴：规划—设计—采办—施工—竣工。本研究所指油气管网工程建设范畴包括了规划、勘察设计、采购、设备生产、物流仓储、施工安装、检测检验、竣工验收、试运营及管理活动等。基于上述业务范围开展的相关生产活动，称为工程建设活动。建设活动是生产要素和生产方式的有机融合，其中生产要素包含"人、机、料、法、环"等，生产方式包括生产力（生产工具）与生产关系（管理方式）。本研究从不同阶段（规划—设计—采办—施工—竣工）来构建智能工程建设的概念平面。

② 新技术应用范畴：信息化、数字化、智能化。罗兰贝格在分析时下150个新兴科技的基础上总结出最能引导行业变革的八大技术分别是物联网、人工智能、机器人技术、3D打印、增强现实、虚拟现实、无人机和区块链。由此可见信息化、数字化、智能化新技术与传统工业化技术相结合，促进了工程建设模式的转变。

（2）概念界定。

目前各行业对智能工程建设的定义尚未达成统一，但基于前文定义，可总结出智能工程建设强调的内容主要有五个方面：

① 强调新技术对工程建设活动的赋能作用。

② 智能化、智慧化建设贯穿工程建设全生命周期，建设期成果与运行维护期无缝衔接。

③ 在数据及模型驱动下实现信息流与业务流的融合。

④ 面向工程建设的全过程、全要素和全参与方，致力于实现行业产业链的整合与协同升级。

⑤ 以管控工程质量、进度、成本等为最终目标。

（3）总结概念。

根据上文提及的方法，本研究提出的智慧管网工程建设概念为：智慧管网工程建设是在信息化与工业化高度融合的基础上，利用新技术对油气管网建设过程各项业务进行赋能，推动工程建设活动的生产要素、生产力和生产关系升级，促进油气管网工程数据流与业务流的充分融合，实现勘察设计、物资采购、工程施工直到竣工交付的工程全周期、全链条的一体化集成管控，以保障工程建设高效、安全，交付优质的智慧管网工程为最终目标的新型智慧建设模式。智慧管网概念设计图如图 2.19 所示。

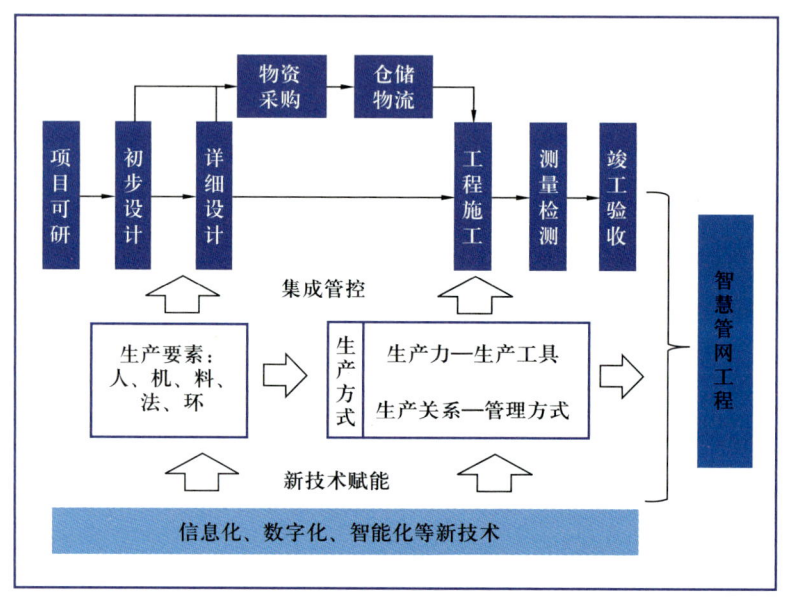

图 2.19　概念示意图

2.2.3.2　内涵特征

本研究认为智慧管网工程建设具备技术赋能、数据驱动、持续优化和价值提升四大内涵特征。

2.2.3.2.1　业务导向

充分考虑工程建设全过程、全要素、全参与方业务需求，以业务为智慧化建设导向，满足各级用户业务管理需求；确保信息化和业务需求的有效衔接，通过满足业务需求，在创新生产经营管理模式、优化资源配置、提高工作效率等方面充分发挥重要价值。

2.2.3.2.2 技术赋能

技术创新是产业升级的关键，以新技术为建设全过程赋能是实现传统油气工程建设模式向智慧管网建设模式转变发展的重要支撑条件。以技术应用为核心的智慧管网建设模式强化了工程建设过程设计阶段的重要性，通过工程多维度建模与仿真等关键技术构建并优化油气工程模型，提前对施工过程进行模拟；通过工程物联网技术对采购、施工阶段的数据实时采集反馈，实现动态管控；通过工程大数据驱动的智能决策技术实现数据挖掘，优化工程建设过程的决策；通过自动化、智能化的工程装备及一系列相关技术提高施工效率、提升资源利用水平，并加强施工过程质量安全进度的管理。

2.2.3.2.3 模数驱动

将技术作为智慧管网工程建设的支撑，基于模型并通过大数据、物联网、人工智能等关键技术对工程建设各阶段数据进行收集、传输、分析、处理和决策是智慧管网工程建设的核心内容之一。以建设过程的数据为核心，打造基于模型的系统工程，对资金、材料的投入和消耗、建设流程和工程进度及成本等信息的全面感知与集中控制，能够为工程建设各阶段的决策与执行提供支持。以数据和模型为驱动，可实现工程建设全过程、工程建设全生产要素和工程建设利益相关方的协同。

2.2.3.2.4 持续优化

以技术为支撑、数据为驱动的智慧管网工程建设与传统工程建设相比，不仅仅局限于传统工程建设技术的改进和革新，更是建造业务流程、全过程管理等方面的持续优化。通过技术运用和数据传输，智慧管网工程建设使得设计和施工阶段联系更加紧密，能够精准把控各建设环节，优化建造业务流程。结合大数据、人工智能等相关技术，实时掌握人员、材料、机具的相关情况，辅助管理人员进行分析和决策，优化工程过程的管理。以数据平台支持工程建设项目利益相关方的跨地域在线工作，优化工程建设各方的协同工作模式。

2.2.3.2.5 价值提升

智慧管网工程建设聚焦建设全过程的建设与管理，涉及建设方式的优化和建设理念的更新，也是"产品＋服务"模式的升级。围绕数据要素核心，通过工程建设技术、工程建设流程和工程建设管理方式的优化和革新，能够提高工程建设精准度、提升施工生产效率和资源利用率、减少能耗，从而提升企业自身成本效益。同时，智慧管网工程建设聚焦工程建设过程的革新更是建设理念的提升，不仅有助于实现安全、优质、低碳和高效的建设目标，更能为用户提供绿色可持续的个性化、智能化工程产品与服务，丰富和拓展工程建设服务价值链，实现工程的持续增值。

2.2.3.3 指导理论

系统论、控制论和信息论（简称"三论"）在第四次工业革命的进程中产生了举足轻重的影响，从原理上讲"三论"是一个相互促进、彼此影响的整体。"三论"从理论层次为研究动态问题、复杂系统问题提供了认识工具，为一切行为目的的系统性工程找到了解决问题的有效途径。

系统论：将油气管网工程视为一个整体，以寻求解决工程系统与各组成要素之间相互关系的模式、原则和方法。通过调整系统结构，协调各要素关系，使系统达到优化目标。

控制论：控制论强调的是在输入与输出之间建立细致联系的过程。通过对信息的及时处理及反馈，形成闭环控制，调节系统的突出矛盾，维持整个工程建设系统的稳定和正常运转。

信息论：通过建立实时感知、双向互通的信息系统，支撑油气管网工程建设各环节信息的横向流通、纵向流通及端到端流通。通过数据流将工程建设系统各要素相结合，驱动系统的正常运转。

2.2.3.3.1 系统论

系统论是研究系统的结构、特点、行为、动态、原则、规律以及系统间的联系，并对其功能进行数学描述的新兴科学。系统论的创始人是贝塔朗菲，标志系统论诞生的论文是发表于 20 世纪 50 年代的《一般方法论》。该论文强调任何系统都是一个有机的整体，而不是各个部分的机械组合或简单相加，系统的整体功能是各要素在孤立状态下所没有的性质。系统中各要素不是孤立地存在着，每个要素在系统中都处于一定的位置，起着特定的作用。要素之间相互关联，构成了一个不可分割的整体。要素是整体中的要素，如果将要素从系统整体中割离出来，它将失去要素的作用。

系统论的基本思想是把研究和处理的对象看作一个整体来对待，以寻求解决整体与部分之间相互关系的模式、原则和方法。系统论的核心思想是系统的整体观念。系统论的任务，不仅在于认识系统的特点和规律，更重要的还在于利用这些特点和规律去控制、管理、改造或创造一个系统，使它的存在与发展合乎人的需要，研究系统的目的是调整系统结构，协调各要素关系，使系统达到优化目标。随着时代的发展，对系统论的认识也在不断丰富，其运用的领域也越来越广，在初期它仅仅运用在自动控制的设备上，而如今无论是在自然科学前沿还是在社会科学领域，无不在运用系统论的原理。

魏宏森、曾国屏[23]以系统论的整体性原理、层次性原理、开放性原理、目的性原理、突变性原理、稳定性原理、自组织原理、相似性原理在总体上阐述了一切系统所具有的普遍共性，揭示了系统方法论的基本图景。

（1）整体性原理。

系统论的核心思想是系统的整体观念。整体性原理定义了系统本身的存在，即定义了分隔系统内外的边界。系统之所以称为系统，是因为其体现出了事物作为一个整体的特性。

系统由要素组成，但不总是要素的简单集合（系统与集合的区别是，系统不仅包括要素的存在，还包括要素间的关系）。整体与部分的关系，可分为两大类：线性关系和非线性关系。线性关系中，整体可以认为是元素的简单叠加，后者是前者的简单集合。但是需要注意的是，线性关系只存在于假设或简化的分析中，绝对的线性是不存在的，相反，世界是处于普遍的非线性中的。非线性系统中，整体不仅是元素存在的叠加，还会因为元素间关系的改变，对外体现出不同的作用。

整体与部分的概念又是相对存在的。整体与部分是可以互相转化的，将什么定义为整体，什么定义为部分，完全取决于我们的研究对象。

整体性体现在三个方面：① 整体的性质不是要素具备的；② 要素的性质影响整体；③ 要素性质之间相互影响。

系统中各要素不是孤立地存在着，每个要素在系统中都处于一定的位置，起着特定的作用。要素之间非线性相互关联，构成了一个不可分割的整体。要素是整体中的要素，如果将要素从系统整体中割离出来，它将失去要素的作用。系统存在一个相对稳定的边界来保持自身在上级环境中的独立性。

（2）层次性原理。

层次性原理指由于组成系统的诸要素的种种差异（包括组合方式上的差异），从而使系统组织在地位和作用、结构和功能上表现出等级秩序性，形成了具有质的差异的系统等级，层次概念就反映这种有质的差异的不同系统等级或系统中的等级差异。层与层之间，存在着广泛的联系，不仅在相邻上下层之间有相互影响，相互制约，而且在多个层次之间也有着频繁的相互联系，相互作用。

层次性的划分具有多样性，例如按质量、时间、空间、运动状态进行划分。具体如何划分，取决于研究的重点。不同层次具有不同功能，与层次的结合强度有关，与层次的结构有关。一般而言，低层次的要素之间具有较大的结合强度，而高层次系统的要素之间的结合强度则要小一些。要素间结合强度较大的系统具有更大的确定性。反之，要素之间结合强度较小的系统则具有较大的灵活性。确定性与灵活性之间存在天然的矛盾。

系统层次性体现了系统发展的连续性和阶段性的统一。系统层次性是纵向的等级性，按照横向揭示系统分法的是类型性。一定的类型可以纵跨多个层次，一层里面也可能包含多个类型。层次性和类型性是研究系统结构和组织性的两个维度。

（3）开放性原理。

系统论强调有机关联的思想，这不仅表现在系统内部诸因素的相互关系、系统是一个有机的整体上，而且表现在系统与周围事物的关系上。开放性原理阐述了系统边界的模糊性。系统边界内外的关系，既不是非此即彼、彼此隔离的，也不是彼此不分、水乳交融的，而是根据各个系统的个性，有条件、有筛选地和环境进行物质、能量、信息的交换。系统与其外部环境之间的有机关联，使得系统具有开放的性质，即系统与周围环境存在着物质的、能量的、信息的交换。这种物质的、能量的、信息的交换，表明了系统与周围事物的复杂联系，同时也表明了系统存在的条件性和条件的复杂多样性。这些都是与唯物辩证法的普遍联系观和条件论相一致的。开放的系统具有广泛的适用性。系统的开放性特征要求在分析问题解决问题的时候，一定要注意系统与所处环境的复杂联系，在抓住事物内部矛盾的同时，也不忽视外部矛盾即外因的作用。积极利用外部条件、努力创设理想的环境，推动事物向好的方面发展，开放思维能有效地防止形而上学孤立地看问题的习惯，具有重要现实意义。

（4）目的性原理。

目的性原理指组织系统在与环境的相互作用中，在一定的范围内其发展变化不受或少受条件变化或途径经历的影响，表现出某种趋向预先确定的状态的特性。

系统的目的性与开放性相联系，由于系统是开放的，通过系统与环境的物质、能量和信息的交换，使得系统受到环境的影响，从而该系统得以影响环境，并在一定意义上对环境的实际情况做出反应、调整。系统对于环境的输入必须做出反应，并且又要把自己的对于环境的反应输出给环境，从而影响环境。

从系统与环境之间的相互作用类型，可以把系统分为单因果系统与目的系统。单因果系统假设系统与环境的作用是线性的相互作用，而且正是系统内部线性的相互作用成了系统与外部线性相互作用的根据。与此相反，目的系统则是系统与环境之间存在着复杂的非线性相互作用的系统，这种复杂的非线性相互作用体现为系统的负载反馈机制的建立，当环境在相当大的范围内向系统进行不同的输入时，系统能够通过自身的反馈调节机制来应对不同的环境影响，表现出自主性，自稳定、自协调，从而产生出相同的或基本相同的输出，使系统仍然保持设定的发展方向。

从系统的发展变化来看，系统的目的性一方面表现为系统发展的阶段性，另一方面又表现为系统发展的规律性。规律性是指目的性的最终指向必符合系统发展的基本原理（如熵增、平衡），但不能笔直地走向这个目标，阶段性是指系统在发展过程中的不连续性。

系统的发展既有确定性方面，也有不确定性方面。如果只看见系统发展的确定性方面，就会落入机械论之中，即片面的机械决定论。反过来，如果认为系统的发展完全是不确定，则又会落入绝对偶然论，最终失控。

目的性原理阐述了系统在时间维度上的基本运动特征。目的性原理表明随着时间变化，任何系统都呈现出某种坚定不移的、顽固的趋向，只是具体趋向的状态因系统而异。这就意味着系统的运动在宏观上呈现出时间结构上的稳态。围绕系统相对于目标稳态的趋近、振荡或偏移，以及系统趋向目标稳态的具体路径中的连续变化和飞跃，便能够建立起关于渐变、突变和稳定态的理论。

（5）突变性原理。

系统突变性原理指系统通过失稳从一种状态进入另一种状态是一种突变过程，它是系统质变的一种基本形式。

系统之中的突变包括两层含义，一是要素层面的突变，包括要素结构和运动状态的改变；二是系统层次上的突变，指系统通过失稳，从一种组织状态变成另一种组织状态。

对于系统要素的突变，从系统整体上可以看作个别要素对于系统稳定的总体平均水平的偏离。这样的偏离得到系统中其他要素的响应时，子系统之间的差异进一步扩大，从而加大了系统的非平衡性。当它得到整个系统的响应时，涨落被放大，整体系统一起行动起来，使得系统发生质变，进入新的状态。相应的，系统层次上的突变指系统通过失稳从一种组织状态变成另一种组织状态，这实际上是系统整体上的质变。突变论中的突变，指的是系统层次上的突变。突变使得系统发生了对称破缺，从而有了多种发展方向。

（6）稳定性原理。

稳定性原理指在外界作用下开放系统具有一定的自我稳定能力，能够在一定范围内自我调节，从而保持和恢复原来的有序状态，保持和恢复原有的结构和功能。系统的稳定性，首先是一种开放中的稳定性。只有开放系统才有机会从系统引入负熵，从而保持自身稳定。可见，系统的稳定离不开与环境的物质、能量和信息的交换，因此，稳定性也是动态的稳定性。静止的孤立系统只会走向混沌的热平衡态。

系统的稳定性与整体性和目的性相互联系。从控制论来看，三者都与系统的负反馈有关。系统的稳定性绝非绝对意义上的稳定，任何时候、任何条件下，系统之中总是存在涨落的，这表明系统的稳定性总是不完全的。当系统中局部的不稳定得到放大，超出了系统在原先条件下保持自身稳定的条件，系统整体上失稳，从而进入新的稳定态。系统中的不稳定因素，既可以是破坏性的消极因素，也可以是使系统演化的积极因素。一味地为稳定而稳定，系统无法发展；而不顾稳定，一味强调发展，最后也只会制约发展，破坏发展。

（7）自组织原理。

自组织原理指开放系统在系统内外两方面因素的复杂非线性相互作用下，内部要素的某些偏离系统稳定状态的涨落可能得以放大，从而在系统中产生更大范围、更强烈的长程相关，它们自发组织起来，使系统从无序到有序，从低级有序到高级有序。

自组织表示的是以系统内部的矛盾为根据、以系统的环境为条件的系统内部以及系统与环境的交叉作用的结果。只有开放系统才能有自组织。系统的自组织常常与系统的自发运动相联系，自组织包含自发运动的意思，同时还强调了这种自发运动过程是一种进化和优化过程。从一种组织状态自发地变成另一种组织状态，是系统的自组织。

自组织的形成是由开放系统内部的随机涨落被放大导致的，是子系统中随机涨落与非线性关系共同作用的结果。

自组织原理阐述了系统运动变化的内在动力。它指出了系统成型的根本原因，系统向更高级稳态发展的核心机理，因而也就揭示了系统运动所不同于其他物理运动的本质。没有自组织运动，系统从一开始就不可能诞生。自组织运动还是系统成型后从小规模向大规模、从低级有序向高级有序发展的必然形式。

（8）相似性原理。

相似性原理指系统具有同构和同态的性质，体现在系统的结构和功能、存在方式和演化过程具有共同性，这是一种有差异的共性，是系统统一性的一种表现。

系统具有相似性，最根本原因在于世界的物质统一性。系统的相似性，不仅仅是指系统存在方式的相似性，也指系统演化方式的相似性。系统内结构也有自相似性，即系统局部在结构、功能上和系统整体的相似。系统的相似性是相对的，是在相似和差异的对立统一之中的相似性。相似不是等同，有相似程度大小的区别。系统的相似性，不仅限于系统实体意义，也可以指关系意义的相似性。

一个系统既是一个独立的整体，同时又是高一层次的子系统。整个客观世界就是一个层次分明、等级森严的超大系统。系统工程是从整体出发合理开发、设计、实施和运用系统科学的工程技术。系统工程根据总体协调的需要，综合应用自然科学和社会科学中有关的思想、理论和方法，对系统的结构、要素、信息和反馈等进行分析，以达到最优规划、最优设计、最优管理和最优控制的目的。

2.2.3.3.2 控制论

控制论同系统论一样也是一门新兴的横断学科，并且与系统论、信息论联系密切。控制论在美国科学家维纳发表《控制论》一书后迅速发展，并逐渐渗透到人类活动的所有领域，几乎涉及科学技术的所有门类。控制论是研究各种系统控制和调节一般规律的科学。控制论的发展经历了经典控制论、现代控制论和大系统控制论。在应用中也形成了工程控制论，生物控制论，社会、经济控制论，人工智能和智能控制等分支理论，其中工程控制论是我国科学家钱学森首创的，他第一次把控制论推广到工程技术领域。

控制就是按给定的条件和预定目标，对一个过程或一系列事件施加影响。系统工程一般都是有若干个可能的状态，控制的实质就是在各种可能状态中选择一种。从信息角度看，控制是获取信息、处理信息和利用信息，调整系统的结构以实现系统所追求的目的的过程。所以信息是控制的基础，而控制论就是对信息的处理利用进行研究。控制的作用就是要使系统可能的状态数减少，即降低不确定性，从信息角度看控制就是输入信息，使系统有序性增加。

控制实现需要三个条件：一是被控制对象必须存在多种发展变化的可能性，这就是说我们要改变系统的状态，那系统必须是可以改变的，即存在多种发展变化的可能性，否则就无法进行控制；二是目标状态在各种可能性中是可选择的，如果所确定的目标状态在系统发展变化的可能性空间中是无法选择的，那就谈不上控制，同时该目标必须包括在此可能性空间之中，否则也无法实现控制的目标；三是具备一定的控制能力，这种控制能力是指创造条件改变系统可能性空间的能力。如果不具备一定的控制能力，即使系统有向目标状态转化的可能，但由于缺乏必要的条件，也不可能把这种可能性变为现实性。

目前控制论主要向着两个纵深方向迅速扩展，正在形成大系统理论和智能控制。控制论强调的是在输入与输出之间建立细致联系的过程，核心是对误差处理的算法。由于不确定性的存在，控制论由诞生开始，解决的就是连续性的细微调整与最终实现控制的目的间建立联系的问题，其手段主要是反馈，对于稳态控制，需要的是负反馈，而跃迁和放大需要的是正反馈。

在工程中控制论的运用无处不在，简单地控制一个反馈就可以实现，而复杂的控制却是反馈的嵌套和嵌套的嵌套，并且输入和输出的数量和关系也可以嵌套，而如此复杂的控制关系和控制过程的集合就形成了系统。

系统论和控制论思想的区别可以理解为，前者讨论的是宏观目的间的关系，后者讨论的是微观过程如何实现。而将这两种认知紧密结合，并在两种理论间融会贯通的就是信息。从本质上说无论输入还是输出都是信息的载体，而思考和反馈的过程，从本质上讲也就是信息处理的过程。

2.2.3.3.3　信息论

信息论的出现源于信息的复杂性，美国数学家香农从本质上解决了信息在流动过程中量的控制与容错之间的关系。信息论是研究信息的本质及度量方法，以及信息的获得、传输、存储、处理和变换般规律的科学。最初信息论是为解决通信中的编码问题提出来的，随着现代科学技术的发展，信息论的概念和内容已大大丰富，其基础理论和实际应用都取得了巨大的进展，已经历了狭义信息论、一般信息论和广义信息论的不同阶段，并将继续丰富发展。

信息的根本特性在于它的表意性，它倾向于信息是事物属性，是相互联系和作用的表征。信息是对真实世界的各种现象和客体进一步认识的依据。如果获得了系统的某些信息，就能认识信息所反映对象的某种属性，也就消除了系统对象的某种不确定性。

现代信息科学和信息技术在信息论研究的基础上，对信息的研究已大大深化，目前已发展成一门新的科学，称为信息科学。这是跨越信息论、控制论、系统论、系统工程、仿生学、计算机和人工智能等学科的边缘综合科学。它的理论基础是信息论和控制论。其技术途径是仿生学和人工智能，其技术工具和手段是计算机、传感器和各种通信设备；系统论则为它提供了系统理论和方法，为如何达到最优状况找到了途径。信息技术是指运用信息科学原理和方法与信息发生作用的技术，是有关信息的产生、检测、交换、存储、传输、处理、显示、识别、提取、控制和利用的技术。其中最重要的是传感技术、通信技术和计算机技术，这些都是新技术革命的主导性技术，代表了新技术革命的主流和方向。

2.2.3.3.4 "三论"对智慧管网工程建设体系的指导作用

系统论、控制论和信息论从不同侧面反映客观世界的变化。信息论研究的是如何认识信息和度量信息。而系统论和控制论是研究如何利用信息，系统论是利用信息来实现系统最优化，控制论是利用信息来实现系统的有目的最佳控制。它们都用到系统、信息和控制等概念，三者关系极为密切。"三论"还在继续发展中，还远未成熟，但有一点是肯定的，它们已成为现代科学技术的生长点，为研究动态问题、复杂系统问题提供了新的认识工具，为一切行为目的的系统性工程找到了解决问题的有效途径。

如前文所述，智慧管网建设体系构建是一个系统性工程，用系统论、控制论和信息论有机结合的理论指导智慧管网建设体系构建符合客观性、科学性的要求。下面将从系统、控制和信息三个方面梳理智慧管网体系建设的内部结构与关系。

（1）系统层面。

各行各业都存在着不同种类的多种应用规则和方向的系统。系统是模块单元和关系所构成的整体。系统是有动态平衡属性的，当内外部环境发生变化时，系统需要相应变动，以应对新的变化，这是系统发展所必需的优化过程。系统优化是对系统进行分析、改造以及升级的综合描述，是系统发展问题的核心。由于系统具有整体性，部分损坏将导致整个系统瘫痪，而查找问题、维护、优化等都需要消耗大量的人力、物力和时间成本，因此将系统划分为多个独立的模块单元进行工作具有极大的正向作用。系统在注重总体的同时，其组成与各个独立模块单元之间的连接发展也至关重要。系统强调的为主体，模块单元则注重局部。因此，集成是系统构建的关键。集成是一个系统模块单元间建立相互关系的过程，模块单元集成在各个行业中都有重要的应用。研究者将多模块单元串联用于系统可靠性评估，并获得了良好的成效。系统与模块单元是相互依存的，在发展过程中需要以系统带动模块单元，同时也要利用模块单元推动系统发展。系统发展模式则是要突出系统的作用，利用系统来带动模块单元。模块单元技术的提高有利于系统的发展，但它并不一定都能够解决系统存在的问题。换言之，即使不全部应用最先进的技术也可以达到系统的整体目标，技术应用应符合系统整体发展现状，注重系统运行效率。在生产过程中，很多高端产品的加工都不一定是高度自动化的机器人来实现的。采用系统发展模式，不仅能达到系统目标，还能推动模块单元技术的发展。模块单元推动模式则是要突出模块单元的作用，以模块单元推动系统。通过对各个独立模块单元的优化发展，在一定程度上能够提高系统的整体水平，推动系统的发展。当然，在对独立模块单元技术的选择上，应优先考虑与系统关联性强、重要程度高的模块单元技术。智慧管网建设体系是一个多层次、多要素、多功能的复杂系统，是新一代信息技术与前沿科技系统在工程建设领域应用的集中体现。智慧管网建设实施系统是应用的主体，但目前的智慧管网建设模式没有统一的实施系统。从系统角度来看，整个智慧管网体系是一个系统，智慧管网建设体系是其中的子系统（模块单元）。智慧管网建设体系也可以看作是一个系统，设计、采购、施工体系是其中建立动态关系的模块单元（子系统），一体化集成体系则是关联设计、采购、施工体系的关系。智慧管网建设体系各部分内容不是孤立存在的，而是相互依存的。系统中各模块单元（设计、采购、施工）都有明确的逻辑关系，任何一个部分都不能单独存在。体系中的各项技术要素都在整个体系特定位置上发挥着特定的作用，这样就组成了一个多层级的高关联度的智慧管网建设体系。考虑到智慧管网建设的系统和模块单元的复杂性和不明确性，仅以系统发展模式或者模块单元推动模式进行智慧管网建设模式的推广不能取得满意的效果。因此，可以将系统发展和模块单元推动两种方式相结合，将系统发展模式的思路用于指导智慧管网建设体系的搭建，将模块单元推动模式的思路用于指导智慧管网建设体系各功能层主要技术的工程实践应用。借助智慧管网建设体系对模块单元技术进行界定、分层，以各模块单元技术的实践应用来推动整个系统的完善、发展。

智慧管网建设体系并不是一个封闭、孤立的系统，体系必须与周围环境及其他系统进行物质的、能量的、信息的交换，才能维持该体系的正常运转。因此，智慧管网建设体系必须建设成为一个开放的系统，能够广泛吸纳外部环境信息，满足各建设方和工程运营期的需求，同时对外部建设条件及时反应，对外部条件变化表现出广泛的适应性。

智慧管网建设体系建立在广泛吸纳新理论、新技术、新方法的基础上，是一个与时俱进的动态性体系。一方面，智慧管网建设体系的技术结构及应用逻辑不是一成不变的，它是随时间变化调整的；另一方面，智慧管网建设体系作为开放系统始终处于物质、能量、信息的交换、流动中，这种流动不是一种失衡的变化，而是一种维持体系动态平衡、执行体系各项功能的动态平衡。

将智慧管网建设体系作为一个有机整体看待，在体系内部，具有符合油气工程建设行业实际需求的结构和层次。设计、采购和施工作为系统层次，必须通过合理的结构（一体化集成）有机结合在一起，使得体系数据信息流畅传递，效率和质量不断优化。合理的结构不是一蹴而就的，而是通过不断优化及试验完成的，应用最新技术手段和处理方法调理系统的层次结构，协调整体与单元、单元与单元之间的相互关系，使系统整体得到最优化调整。

（2）控制层面。

无论是传统油气管道工程建设行业还是智慧化应用都需要通过控制实现系统的各项功能，在控制层面，智慧管网建设在生产、设备及安全等方面都需要控制的介入。

① 生产控制。油气管道工程建设过程具有劳动力集中、施工复杂性高、高危作业多等特点，油气管道工程建设安全事故也时常发生，油气管道工程建设生产的安全问题需要投入大量精力和物力去防控。保障生产过程中人员生命安全，防止意外发生，可以借助物联网技术等信息技术，对工作区域情况进行实时监控、人员信息实时追踪、设备设施的状态诊断和安全管理、材料堆放管理与高空防坠、生产环境的危险预警等，同时对安全装备和智能系统的研发增强硬件防护能力，在实现建设模式智慧化的同时，也大大提高生产风险防控水平。

② 安全控制。在信息时代背景下，信息化产品和信息技术被广泛应用到工程建设过程中，信息安全问题越来越受到油气管道工程建设行业人士的重视。安全管控是智慧管网建设体系的重要部分。通过采取有效的技术和管理手

段，联合软件开发单位共同建立保障智慧架构运行的信息安全体系，对架构体系的物理层、网络层、系统层、外联层、通信层、数据层等进行全面的安全技术防护，提供身份认证、访问权限、工作权限、加密技术、完整性保护、预警机制、内容安全、响应恢复等支持。

（3）信息层面。

信息技术在智慧管网建设体系的应用可以从横向和纵向两个角度说明。信息技术的横向集成：运用各类信息技术，将石油建设工程全生命周期生产和管理中所产生和需要的信息流、物质流以及技术流紧密地融合在一起，建立一个能够满足各个参建方工作需求和高度智慧化、信息化的建设模式。信息技术的纵向集成：借鉴制造业发展历程并结合油气管道工程建设业应用新兴信息技术的现状，可以把信息技术在建设中的应用分成五个阶段：第一阶段是单项信息技术协助解决工程具体问题，这是信息技术在工程建设上的最初尝试，利用多项信息技术为解决某一问题提供便利；第二阶段是多项信息技术协助解决工程具体问题，随着信息技术的多元化应用，人们开始将多项较成熟的信息技术应用于对口的工程问题中，并取得了不错的应用效果；第三阶段是多项信息技术交叉应用于工程项目，改变单项技术只发挥单项作用解决单一问题的现状，开始将信息技术交叉互补，以解决更复杂的工程问题，深化信息技术应用；第四阶段是多项信息技术集成应用于工程项目，将多项信息技术串联在一起形成一个成熟的"技术块"能集中解决工程某一阶段的问题，形成多个"技术块"来服务于工程各个阶段；第五阶段是成熟的信息技术体系服务于油气管道工程建设行业，将一个个成熟的"技术模块"连接到一起，共同发挥作用，搭建一个成熟的体系，能够服务于整个石油建设工程项目，进一步推广能够服务于整个油气管道工程建设领域。

智慧管网建设模式下整个石油建设工程项目的信息流通方式，是以云端平台为主要载体。云端平台作为现场实测和办公产生信息的聚集地，通过云端平台能够实现各个参建方之间的信息在相应权限下共享、互通，通过云端平台能够将工程项目最直接、最基础的现场信息完整地传输、呈现给用户；同时云端平台也是信息汇集的"中转站"而不是终端，建设项目云平台作为该建设项目完整信息的载体，借助信息手段与其他监管云平台互联互通，实现监管信息透明化。一方面，各参建方不仅能通过云端平台来读取和处理现场的实测数据、图像等，同时能直接在云端平台打开对应的外联应用软件完成正常的专业工作，并将工作阶段性成果数据存储在平台上，或者直接在计算机中完成专业工作，将工作成果上传至平台。另一方面，云端平台不仅能存储和传递建设项目全生命周期的实测数据和影像等信息，还能存储各个参建单位的工作数据和文档等信息，且服务于各个参建单位的平时工作。信息流通也是智慧管网建设体系最基础的技术应用，只有完成了数据信息的正常流通，才能打通智慧管网工程建设体系的关键节点。

2.2.3.4 方法论

2.2.3.4.1 基于模型的系统工程方法

钱学森提出的从定性到定量综合集成方法可视为基于模型的系统工程（Model-Based Systems Engineering，MBSE）思想的萌芽。该方法主要是针对非线性的复杂大系统而提出的系统工程方法，当定量分解已无法描述系统时，需要专家的定性经验判断与建模仿真的定量评估相结合来开展系统研究。该方法强调借助计算机技术的建模仿真实验来辅助专家的判断，因此可算作 MBSE 思想的萌芽，只是当时的计算机技术水平和建模方法尚未发展到能够支持完整的 MBSE 的地步。MBSE 方法步骤如图 2.20 所示。

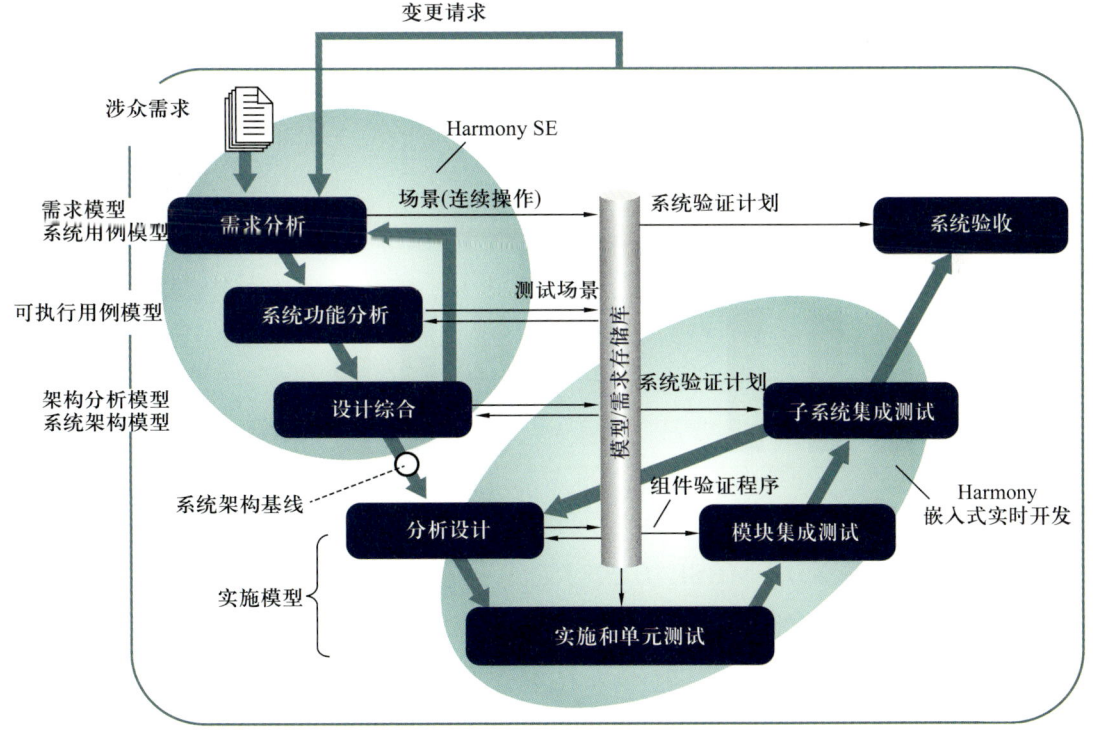

图 2.20　MBSE 方法步骤

（1）MBSE 的定义。

基于模型的系统工程（MBSE）是一种形式化的方法，用于支持与复杂系统的开发相关的需求、设计、分析、验证和确认。该方法支持从设计阶段开始并持续贯穿于开发和后续的生命周期阶段的系统需求、设计、分析、验证和确认活动的形式化建模应用。MBSE 与传统的系统工程相比，最主要的区别是其贯穿于全生命周期的技术过程的形式化建模。

（2）MBSE 的要素。

MBSE 汇集了三个概念：模型、系统思维和系统工程。

① 模型。MBSE 方法中对于模型的认知在以下方面十分契合智慧管网工程建设中数字孪生模型的构建及应用理念：a. 以模型为中心：建设期数字孪生模型（建设期业务模型、几何模型、数据模型、仿真模型），如图 2.21 所示。b. 模型动态更新：从业务需求出发，设计期开始构建，随工程建设进展，不断动态更新。c. 模型支撑业务：设计集成化、采办施工状态可视化、模拟仿真、智能辅助决策。

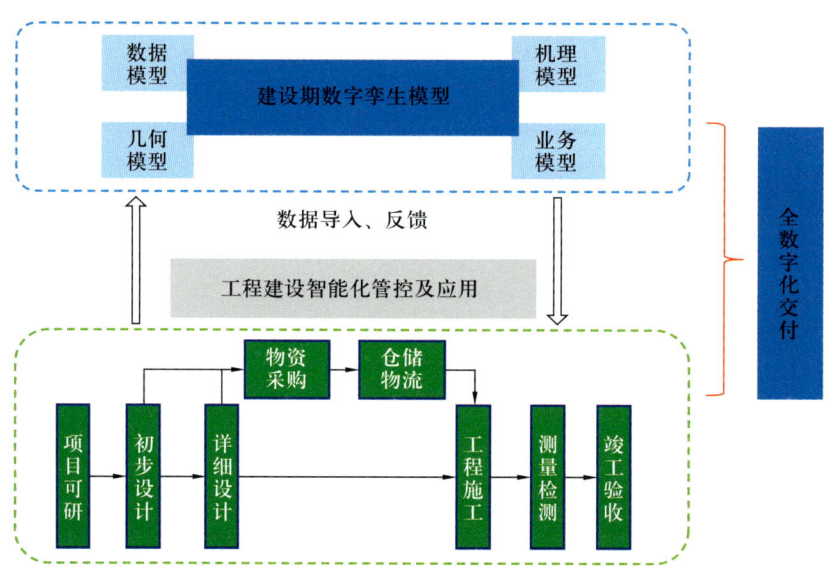

图 2.21 建设期孪生模型应用模式

② 系统思维。利用 MBSE 方法打通工程系统从规划设计、施工建造、竣工交付到运营的全生命周期管理链条，实现跨专业协同和系统性优化，持续迭代完善工程数据资产模型，可有效提升工程本质安全水平。系统思维在智慧管网工程建设体系实施方面有以下体现：a. 注重系统整体与部分的关系；b. 注重系统各部分交互；c. 贯穿工程全生命周期管理。

③ 系统工程。霍尔方法论是一种系统工程方法，在构建智慧管网工程建设体系时可通过该方法进行要素分解。

霍尔三维结构也称为霍尔方法论，是美国工程专家霍尔提出的一种系统工程方法，属于硬系统工程方法的范畴，它为大型复杂系统的规划、组织和管理体系建设提供了一种系统的思维方法，在世界各地得到了广泛的应用。霍尔三维结构主要以工程系统为研究对象，核心内容是对工程系统的模型化和最优化。油气管网建设是一项大型复杂的系统性工程，智慧管网建设体系构建的目的是解决传统系统工程中存在的问题，是对系统工程进行优化。从以上分析可知，霍尔三维结构非常适用于智慧管网建设体系的建立过程。

原始的霍尔三维结构如图 2.22 所示，将整个系统工程建立过程分为七个阶段和七个步骤，这些阶段和步骤彼此紧密相连，同时三维结构还考虑了完成这些阶段和步骤所需的各种专业技术和理论。霍尔三维结构由时间维度、逻辑维度和知识维度三个维度组成。其中，时间维度按照时间顺序代表了系统工程活动从开始到结束的全过程，分为规划、制定计划、开发、生产、安装、运行、更新七个时间阶段。逻辑维度是指每个时间阶段应遵循的工作内容和思维过程，包括定义问题、确定目标、系统集成、系统分析、系统优化、决策和实施这七个逻辑步骤。知识维度是指解决复杂问题时所需的知识集合，包括工程、数学、哲学、医学、建筑、商业、法律、管理、社会科学、艺术等技术和理论。

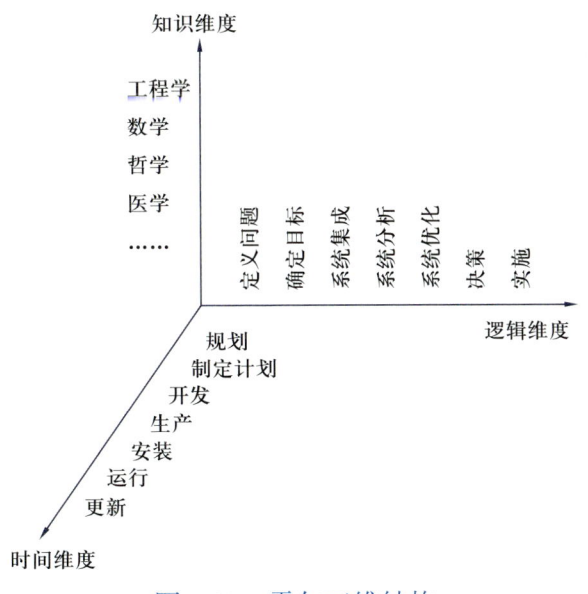

图 2.22　霍尔三维结构

霍尔三维结构的优势在于其方法论层面的整体性（三维）、系统工程工作的问题导向性（逻辑维）、技术应用的综合性（知识维）以及组织管理上的科学性（时间维和逻辑维）。应用霍尔三维结构能够为体系的建立提供清晰的方向和指引。霍尔三维结构生动地描述了系统工程的框架，任何阶段的每个步骤都可以进一步扩展，最终形成层次结构体系。

借助霍尔三维结构方法构建智慧管网建设体系，应根据油气管网工程建设的关键特征对三维结构进行重构，以满足体系应用的需求。本研究对智慧管网工程建设体系霍尔三维结构的重构如图2.23所示。

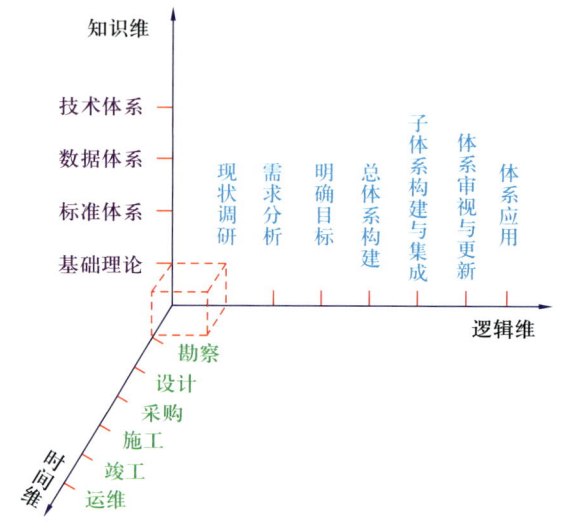

图 2.23　智慧管网工程建设体系构建霍尔三维结构

在逻辑维上，结合智慧管网工程建设体系特点将其表述替换为现状调研、需求分析、明确目标、总体系构建、子体系构建与集成、体系审视与更新和体系应用七个步骤。

现状调研：对工程建设行业智能体系展开全面调研，这种调研初始是普遍性的，这种普遍性体现在行业面和产业链上。在行业面上，对油气工程建设行业和其他相关行业都要进行调研，掌握发展动态；在产业链上，对设计、采购、施工等工程建设全产业链智能体系进行调研。通过全面的技术调研理清体系发展历史、现状及趋势。

需求分析：结合调研的全面分析，分层次明确智慧管网建设体系优化需求。

明确目标：基于针对多学科交叉知识体系的定义方法，对智慧管网建设体系概念加以明确，并根据建设需求确立体系总体目标及各部分建设目标。

总体系构建：在充分的调研资料的支撑下，以优化系统性工程为目标，建立智慧管网建设技术框架体系。

子体系构建与集成：根据总体框架体系结构，搭建设计、采购、施工子体系，并通过一体化集成技术对子体系进行有机融合、数据互通，形成总体系系统。

体系审视与更新：对智慧管网建设体系进行适用性审查，智慧管网建设体系是一个动态系统，当外界条件或环境发生变化时，允许对体系进行调整。

体系应用：选定具体油气管道工程项目进行应用验证，并根据应用情况及时调整。

在知识维上，原始的霍尔三维模型中的知识维没有层次区分，不便于反映知识的关联关系。因此，本研究重点构建了智慧管网建设体系层次。知识维底层核心是理论基础，这是一个体系建立的理论基石，是最为基础的知识，经过深入研究，本研究将系统论、信息论、控制论作为体系理论基石。在系统论、信息论、控制论指导下，体系扩展为技术体系、数据体系和标准体系。

在时间维上，按照油气管网工程建设步骤进行研究，从勘察设计、物资采购、工程施工一直到竣工交付并延伸到运行维护，贯穿工程全生命周期看待系统问题。

（3）MBSE的优势。

传统的系统工程归根到底还是一种还原论思想，通过先分解再集成的方式，将大问题分解为小问题，逐个解决后再汇集成整个问题的解。因此，虽然称作系统工程，但并未真正体现系统论与整体论的思想，而且只能通过生命周期后期的确认手段来检验集成后的系统对顶层需求的符合情况，这中间的环节太多，一旦有其他情况出现，修改的成本太大。特别是随着研究的系统越来越复杂，在工程领域出现了系统的系统，即体系。如果继续采用传统的系统工程方法来执行，采用功能与结构分解图的方式来支持分解工作，对于顶层能力的分解过程与集成后的确认过程都将变得困难。

MBSE采用多视角的体系架构描述方法，从全景视点、能力视点、业务视点、服务视点和系统视点等八个方面来完整描述系统，使得从整体上描述复杂系统或体系成为可能，满足了系统工程方法的系统性与整体性，使得系统工程成为名副其实的系统论指导下的工程方法。而建立的系统架构模型，也为在系统定义的早期阶段就能对系统功能分解与系统指标分解的结果进行仿真验证提供了模型支持。

（4）MBSE 方法应用。

基于模型的系统工程方法可以为数字孪生建模及应用提供指导，支持工程系统的需求、设计、分析、验证和确认活动，以逻辑连贯一致的多视角通用系统模型为框架，实现跨领域模型的可追踪、可验证和全生命周期内的动态关联，进而驱动贯穿于概念方案、工程研制、使用维护、报废更新的系统全生命周期，以及从体系往下到系统组件各个层级内的系统工程过程和活动。

在油气管网工程领域，利用 MBSE 方法指导数字孪生建模过程，从业务需求出发，打通油气管网工程从规划设计、物资采购、工程施工到竣工交付运营的全生命周期管理链条，实现跨专业协同和系统性优化，持续迭代完善管网模型，可有效提升工程本质安全水平，支撑工程智能化建设与管理。

① 勘察设计阶段：从勘察设计阶段开始采用基于模型的系统工程方法，建立统一的全生命周期数据标准，构建设计阶段的数字孪生体信息模型，实现设计数据的转换、整合、校验、变更识别与分发，打通设计各阶段不同专业之间的内部链条，确保每一个专业都充分掌握所需的数据，并为数据的准确性提供保证。通过这样的数字化集成设计过程，实现各专业高效协同设计建模。

② 物资采购阶段：在物资采购阶段，充分结合设计要求与施工需求进行采购，采购物资信息同步更新至数字孪生模型，完成数据及模型更新，同时进行信息反馈，指导采购流程、物流仓储配置优化，提升采购效率。

③ 工程施工阶段：基于设计期数字孪生模型，可实现设计变更数据和施工数据自动同步更新，进一步完善模型。同时基于模拟仿真应用，能够自动化生成施工方案，实现不同版本模型数据自动对比和变更内容统计，并对变更影响进行提示和预测，可支撑多场地、多专业、多参与方对工程信息的高效共享和协同，可提高施工效率和管理水平，减少施工成本。工程竣工后，可交付数据统一、完整的数字孪生模型，为运营期模型构建提供基础。

2.2.3.4.2 系统工程方法论

（1）定义。

系统工程是为了更好地达到系统目标，对系统的构成要素、组织结构、信息流动和控制机构等进行分析与设计的技术。

方法论是解决问题的辩证程序的总体，通过这样的程序把问题和可用的技术联系起来，解决问题。它的意义可以说是设定问题的环境，即解决问题的概念、目标、结构关系和过程、途径、方法选择依据等。

系统工程方法论建立在系统工程观念的基础上，在更高的层次上指导人们正确地应用系统工程的思想、方法和各种准则去处理问题。从某种意义上讲，系统工程是开发解决问题的系统的思想方法，构成系统工程的主要部分是观念和方法论。

（2）发展历史。

系统工程概念在20世纪40年代由美国贝尔电话公司提出，此后，系统工程方法在美国"曼哈顿"计划及北极星导弹和阿波罗登月计划中得到了应用。我国自20世纪70年代末到80年代在系统工程的实际应用方面有了很快的发展，1979年钱学森提出14门系统工程，后来随着应用的发展很快有了其他各门系统工程。20世纪90年代到21世纪初出现计算机集成制造系统、网络系统工程、服务系统工程、金融系统工程、大型工程、大型社会项目、生物系统工程、医学系统工程、智能交通系统等很多新的系统工程。

最先出现系统工程方法论研究方法的是在20世纪30年代末、40年代初的运筹学中；20世纪50年代末、60年代初古德和麦克霍尔，以及阿瑟·大卫·霍尔（Arthur David Hall）等先后提出了系统工程方法论；1969年霍尔提出了著名的霍尔三维结构方法；在20世纪50年代美国兰德公司（Rand Corporation）提出了系统分析的方法论；20世纪50年代美国杰伊·莱特福雷斯特（Jay Wright Forrester）融合控制理论、控制论、系统论、信息论、计算机模拟技术、管理科学及决策论等学科知识，提出了系统动力学方法；1981年英国彼得·切克兰德（Peter Checkland）提出软系统方法论，20世纪70年代到80年代出现的定性系统动力学、社会技术系统设计、管理控制论、组织控制论、战略假设表面化和验证、战略选择发展与分析、生存系统设计、社会选择以及20世纪90年代初提出的关键系统思考和关键系统干预法都属于软系统方法论；1984年，切克兰德提出了硬系统方法论概念；20世纪80年代末和90年代初，在东方出现了三个重要的系统方法论，分别是钱学森等提出的从定性到定量综合集成的方法论、日本棋木义一教授等提出的Shinayaka系统方法论和顾基发等提出的物理—事理—人理方法论。

顾基发在切克兰德的系统运动图基础上，根据系统研究的发展历史以及各个学科的相互关系，提出了图2.24所示的完整系统运动图。根据顾基发的观点，系统工程方法论的发展分为三个阶段：硬系统方法论、软系统方法论和东方系统方法论。

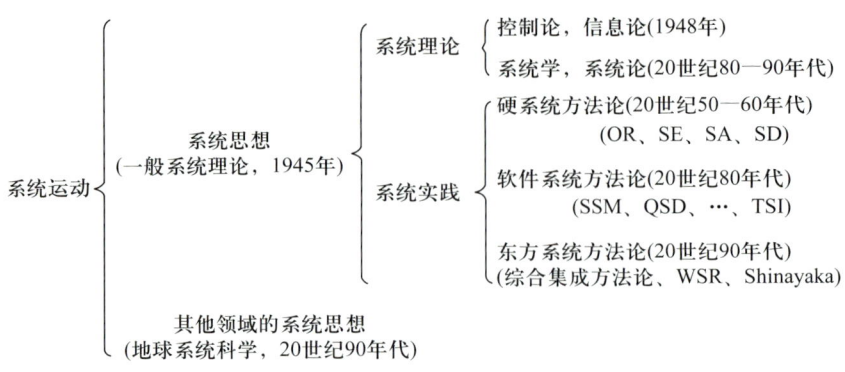

图 2.24　系统运动图

（3）系统工程方法论的结构和过程。

系统工程观念阐明了系统工程活动的背景、任务和过程，也阐明了解决问题的总原则。系统工程方法论由以下七个基本逻辑程序构成：① 辨识环境；② 确立目标；③ 价值度量；④ 构成系统概念（系统综合）；⑤ 系统分析；⑥ 开发求解方案；⑦ 决策。

系统工程方法论又称辩证程序。系统工程辩证程序不是系统工程过程。系统工程过程由很多工作阶段和子阶段组成，方法论是解决问题的辩证过程，系统工程过程中每一个阶段都需要运用这一辩证过程，以至每个阶段的个别问题也需要用这一辩证程序来解决。对于系统工程工作人员来说，最重要的工作之一就是运用系统工程方法论把问题展开，提供给相应的工程技术人员去解决，即提出问题和给出问题的环境设定。

上面所列出的各个辩证步骤只是表述了系统工程方法论的基本结构，而认识一个系统必须从结构和过程两个方面入手。从过程方面来看，系统工程方法论过程始终要在具有系统工程观念和所涉及的专业人员的干预下进行，由人提供新的概念、策略和方案，这些都是创造性活动，而在人工智能、大数据等技术飞速发展的今天，人工智能也可以部分替代专业人员的工作。

（4）系统工程方法论的主要特点。

① 强调研究方法上的整体性。系统工程把研究对象作为一个有机整体，同时把研究过程看作一个整体。在系统研究中，要把系统当作若干子系统有机结合成的整体来设计，对每个子系统的技术要求应首先从实现系统整体技术协调的角度来考虑，要以整体协调原则来协调子系统之间、子系统与系统整体之间、系统与其所属更大系统之间的矛盾。将研制过程作为整体，要求整个分析过程按照逻辑关系分解成各个工作环节，并分析各个工作环节之间的信息、信

息传递路线、反馈关系等，把整个研制过程连接成一个整体。

② 强调技术方法应用的综合性，从系统的总目标出发，合理恰当地综合运用自然科学、工程技术、社会科学的有关思想、理论和技术方法解决系统问题，并使系统达到整体协调和优化。

③ 强调管理工作的科学性，复杂的大系统的研制有两个并行的过程，一个是工程技术过程，一个是管理控制过程。在管理控制过程中，包括对系统的规划、组织、控制、决策等一系列过程，系统工程的整体化和综合化要求管理工作的科学化与现代化。

（5）用系统工程方法处理问题时的基本观点。

① 整体性观点。所谓整体性观点即全局性观点或系统性观点，也就是在处理问题时，采用以整体为出发点、以整体为归宿的研究方法。

② 综合性的观点。所谓综合性的观点就是在处理系统问题时，把对象的各部分、各因素联系起来加以考查，从关联中找出事物规律性和共同性的研究方法，这种方法可以避免片面性和主观性。

③ 科学性的观点。所谓科学性的观点就是要准确、严密、有充足科学依据地去论证一个系统的发展和变化规律。不仅要定性，而且必须定量地描述一个系统，使系统处于最优状态。

④ 关联性的观点。所谓关联性的观点是指从系统各组成部分的关联中探索系统的规律性的观点。

⑤ 实践性的观点。实践性的观点就是要勇于实践，勇于探索，要在实践中丰富和完善以及发展系统工程理论。系统工程是来源于实践并指导实践的理论和方法，只有在实践中、在改造自然界的斗争中才会大有作为并得到迅速的发展。为了推广系统工程的方法，实践性是重要的，只有系统工程的广泛实践，才能使人们认识和了解系统工程的作用，才能促进系统工程的应用和发展。

（6）新的发展——体系工程。

新一代信息技术的快速发展，使得系统间的联系和交互变得愈发频繁和紧密。20世纪90年代末系统工程规模变得更大更复杂，以复杂自适应系统为理论指导的体系出现，体系及体系工程逐渐成为系统工程、管理科学等诸多领域新的研究方向。

体系可以理解为系统之系统，仍然属于系统工程范畴。体系工程是对系统工程的延伸和拓展，它更加关注于将能力需求转化为体系解决方案，最终转化为现实系统。一般地，系统工程在系统开发前，明确并建立一个严格的系统边界，针对这个边界规范一系列的子需求，并根据这些需求完成一个系统的设计和开发。体系工程则主要通过平衡和优化多个系统之间的相互关系，实现可互操作的灵活性和应变能力，并最终构造一个可以满足用户需求的体系。

从体系开发过程角度来看，体系工程包含体系需求（获取与分析）、体系设计、体系集成、体系管理、体系优化和体系评估等过程。体系工程以解决体系的构建与演化问题为目标，其研究对象是体系，区别于系统工程所针对的简单系统对象，在过程原理上两者间存在本质的差异。体系工程过程存在需求分析循环、设计分析循环与设计验证循环，除此之外，还存在对体系环境与边界的分析。体系环境与边界分析同需求分析循环、设计分析循环和设计验证循环并行进行，体系工程四个方面的过程分析通过体系分析与控制活动进行平衡，通过平衡找到体系设计的合适方案。

2.2.4 技术、数据、标准体系

智慧管网工程建设体系需要在统一的体系架构指导下，分阶段分层次有序推进。智慧管网工程建设体系构建从技术、数据、标准三个维度对各要素进行体系化、层次化、规范化设计。技术、数据、标准体系三部分构成及关系如图 2.25 所示。

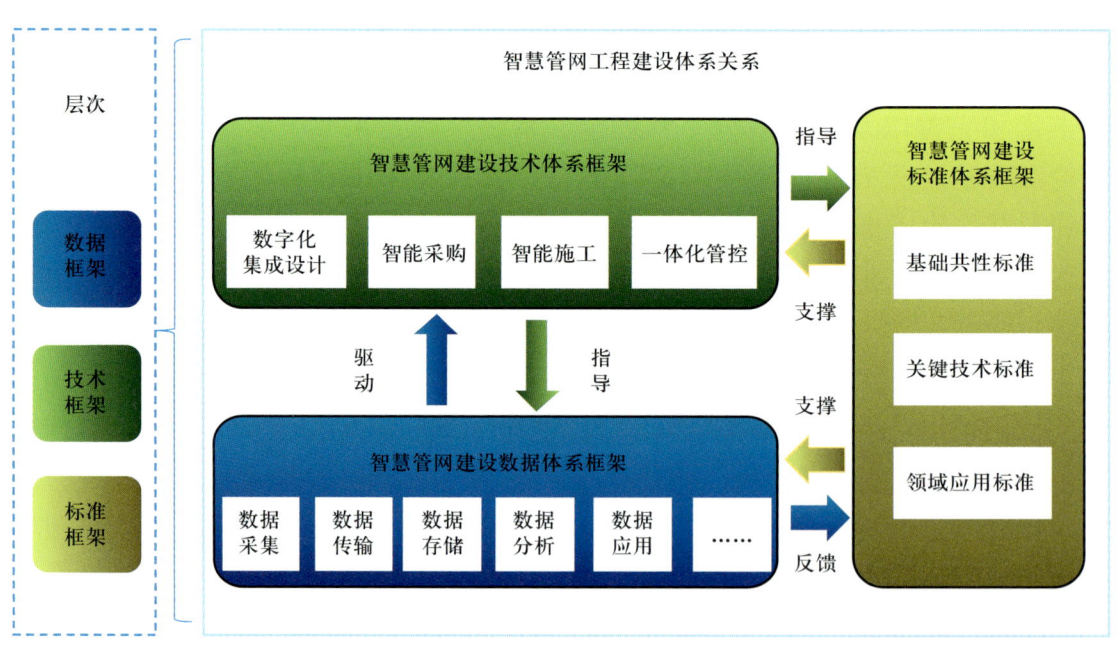

图 2.25　智慧管网工程建设三大体系构成及关系

2.2.4.1 技术体系

智慧管网工程建设技术体系框架是工程建设三大体系的核心部分,为数据体系框架与标准体系框架的定制提供了指导。技术体系由数字化集成设计、智能采购、智能施工及一体化管控四大板块内容构成,包含了工程建设设计、采购、施工全过程技术内容,并通过一体化集成实现协同管理,提高工程整体运行效率。技术体系详细内容在第三章进行介绍。

2.2.4.2 数据体系

智慧管网工程建设数据体系框架(图 2.26)是对技术体系框架中设计、采购和施工各个阶段产生的数据进行管控,通过建立集成数据采集、传输、存储、分析与应用的体系,指导数据的流动与应用,打通贯穿工程全生命周期的数据流,为技术体系提供数据驱动,为标准体系框架提供反馈。

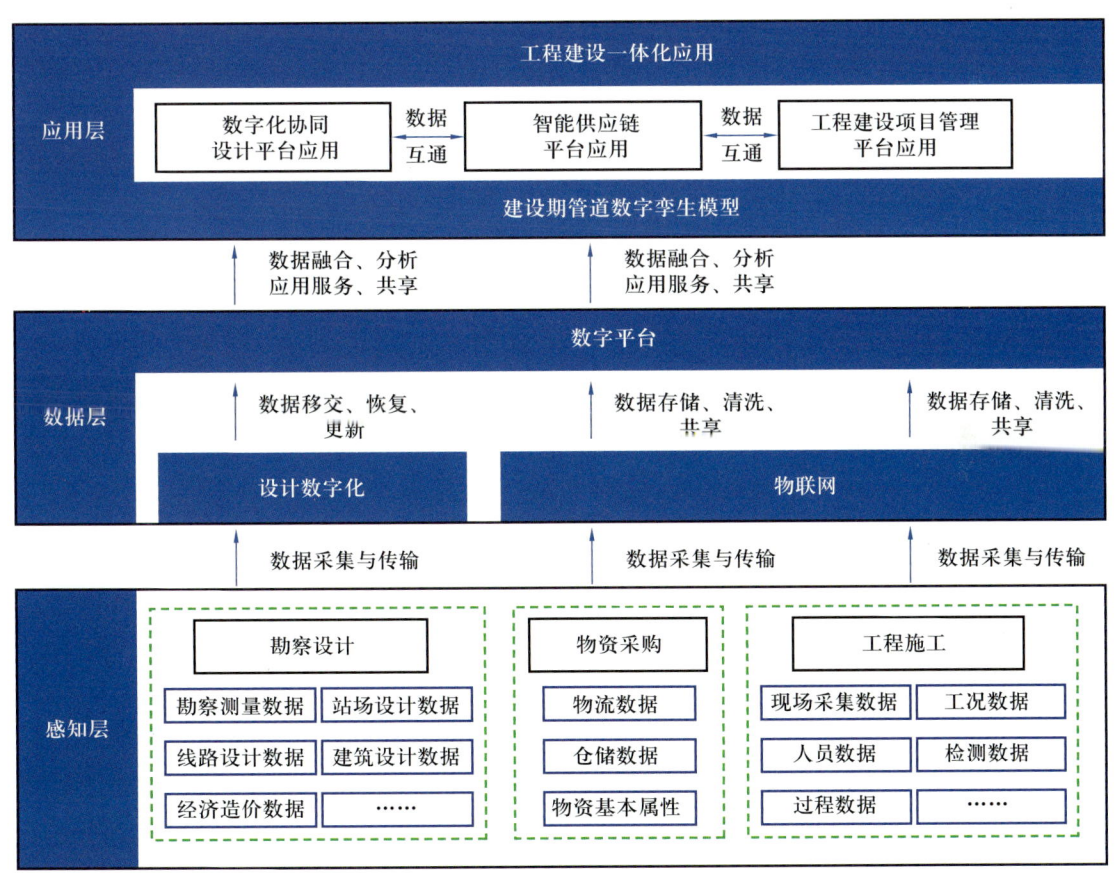

图 2.26 智慧管网工程建设数据体系框架

从图中的数据体系框架可看出数据流向与应用。在感知层，通过数字化集成设计实现设计数据上传，通过管道物联网实现采购与施工数据感知，完成工程建设全过程数据采集；在数据层，集成管道设计、采购、施工等工程建设数据，传输到数字平台，通过数据融合、分析，构建管道建设期数字孪生体；在应用层，基于工程建设一体化应用系统，建立工程建设的大数据分析和智能辅助决策模型，实现勘察设计、物资采购和工程施工等关键业务的动态监测管控和智能化分析等应用。

2.2.4.3 标准体系

智慧管网工程建设标准体系框架为技术体系框架和数据体系框架的实际应用提供标准支撑。

智慧管网工程建设标准体系框架包含了智能工程建设体系的基本组成单元，具体包括基础共性、关键技术、领域应用三个部分，如图 2.27 所示。

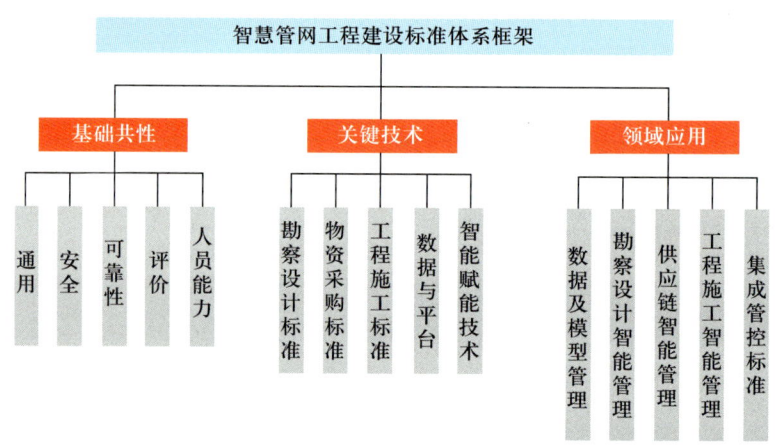

图 2.27 智慧管网工程建设标准体系框架

2.2.4.3.1 基础共性标准

基础共性标准主要包括通用、安全、可靠性、评价、人员能力五个部分，主要用于统一智能工程建设相关概念，解决智能工程建设基础共性关键问题。

（1）通用标准。

通用标准主要包括术语定义、参考模型、元数据与数据字典、标识四个部分。术语定义标准用于统一智能工程建设相关概念，为其他各部分标准的制定提供支撑，包括术语、词汇、符号、代号等标准。参考模型标准用于帮助各方认识和理解智能工程建设标准化的对象、边界、各部分的层级关系和内在联系，包括参考模型、系统架构等标准。元数据和数据字典标准用于规定智能工程建设设计、采购、施工等环节涉及的工程数据的分类、命名规则、描述与表达、注册和管理维护要求以及数据字典建立方法，包括元数据、数据字典等标准。标识标准用于智能工程建设领域各类对象的标识与解析，包括标识编码、编码传输规则、对象元数据、解析系统等标准。

（2）安全标准。

安全标准主要包括功能安全、网络安全两个部分。功能安全标准用于保证在危险发生时控制系统正确可靠地执行其安全功能，从而避免因系统失效或安全设施的冲突而导致生产事故，包括面向智能工程建设的安全协同要求、功能安全系统设计和实施、功能安全测试和评估、功能安全管理和功能安全运维等标准。网络安全标准用于保证智能工程建设领域相关信息系统的可用性、机密性和完整性，从而确保系统能安全、可靠地运行，包括联网设备安全、控制系统安全、网络（含标识解析系统）安全、工业互联网平台安全、数据安全以及相关安全产品评测、系统安全建设、安全成熟度评估和密码应用等标准。

（3）可靠性标准。

可靠性标准主要包括工程管理、技术方法两个部分。工程管理标准主要对智能工程建设系统的可靠性活动进行规划、组织、协调与监督，包括智能工程建设系统及其各系统层级对象的可靠性要求、可靠性管理、综合保障管理、寿命周期成本管理等标准。技术方法标准主要用于指导智能工程建设系统及其各系统层级开展具体的可靠性保证与验证工作，包括可靠性设计、可靠性预计、可靠性试验、可靠性分析、可靠性增长、可靠性评价等标准。

（4）评价标准。

评价标准主要包括指标体系、能力成熟度、评价方法、实施指南四个部分。指标体系标准用于智能工程建设实施的绩效与结果的评估，促进企业不断提升智能工程建设水平。能力成熟度标准用于企业识别智能工程建设现状、规划智能工程建设框架，为企业识别差距、确立目标、实施改进提供依据。评价方法标准用于为相关方提供一致的方法和依据，规范评价过程，指导相关方开展智能工程建设评价。实施指南标准用于指导企业提升制造能力，为企业开展智能化建设、提高生产力提供参考。

（5）人员能力标准。

人员能力标准主要包括智能工程建设人员能力要求、能力评价两个部分。智能工程建设从业人员能力要求标准用于规范从业人员能力管理，明确职业分类、能力等级、知识储备、技术能力和实践经验等要求，包括能力要求和人员能力培养等标准。智能制造能力评价标准用于规范不同职业类别人员的能力等级，指导评价智能工程建设从业人员能力水平，包括从业人员评价、评估师评价等标准。

2.2.4.3.2 关键技术标准

关键技术标准主要包括勘察设计、物资采购、工程施工、数据与平台、智能赋能技术等五个部分。

（1）勘察设计标准。

勘察设计标准主要用来指导智慧管网勘察设计的数字化、集成化、模块化、智能化实现，包含输油输气线路工程、站场工程、LNG 接收站及储油气库的设计要求、设计模型、设计验证、设计文件深度要求以及协同设计等总体规划标准；设计数据模型、设计数字化交付标准、与采购及施工数据交互标准等，指导设计管理平台的设计与开发。

（2）物资采购标准。

物资采购标准主要包括供应链建设、供应链管理、供应链评估等部分，主要规定供应链上下游企业合作过程中的数据、流程、评估等技术及管理要求，指导供应链管理系统及平台的设计与开发，确保供应链横向集成和高效协同。供应链建设标准主要包括供应链上下游的数据共享、系统建设及部署、内外部资源的整合与优化等标准；供应链管理标准主要包括供应商分类分级、绩效评价等供应商管理标准，以及供应链上下游设计、生产、物流、销售、服务等业务协同管理标准；供应链评估标准主要包括供应链风险识别与评估、风险预警与防范控制等风险评估标准，以及供应链性能指标体系、测试与评估方法等性能评估标准。

（3）工程施工标准。

工程施工标准主要包括智能化施工方案、智能工地建设标准、智能化施工技术及工法、智能工程装备等部分。智能化施工方案能够指导工程建设智能施工规划与应用。智能工地建设标准指导智能工地方案制定、施工数据感知及应用、施工现场可视化管控等内容。智能化施工技术及工法则对智能施工的详细技术加以规范，使之符合数据共享及管控要求。智能工程装备则包含智能开挖、自动焊、检测、防腐及非开挖穿跨越等装备的技术要求、应用方法等。

（4）数据与平台。

数据标准要解决数据的统一性问题，包括数据的分类与代码、数据模型、数据规范等标准，对不同数据源进行格式统一，并对同类数据提出规范性要求。数据中心建设、业务系统建设和系统安全类标准用于支撑智慧管网信息化平台建设及管理，涉及平台的数据模型传递、存储、管理及应用分析，目标是借助平台标准化建设实现工程建设全专业协同、全要素集合、全流程互通、全业务覆盖。

（5）智能赋能技术。

智能赋能技术主要包括人工智能、工程大数据、工业软件、云平台、边缘计算、数字孪生和区块链等部分，主要用于指导新技术向工程建设领域融合应用，提升工程建设智能化水平。

① 人工智能标准。主要包括机器学习、知识表示、知识建模、知识融合、知识计算等知识服务标准；应用平台架构、集成要求等平台与支撑标准；训练数据要求、测试指南与评估原则等性能评估标准；智能在线检测、运营管理优化等面向产品全生命周期的应用管理标准等。

② 工程大数据标准。主要包括平台建设的要求、运维和检测评估等大数据平台标准；大数据采集、预处理、分析、可视化和访问等数据处理标准；数据管理体系、数据资源管理、数据质量管理、主数据管理、数据管理能力成熟度等数据管理和治理标准；工程内部数据共享、外部数据交换等数据流通标准。

③ 工业软件标准。主要包括面向工程设计与工程、工艺仿真模拟、施工模拟等阶段的产品、工具、嵌入式软件、系统和平台的功能定义、业务模型、技术要求等软件产品与系统标准；工业软件接口规范、集成规程、产品线工程等软件系统集成和接口标准；生命周期管理、质量管理、资产管理、配置管理、可靠性要求等服务与管理标准；工业技术软件化方法、参考架构、应用程序（APP）封装等工业技术软件化标准。主要用于促进软件成为工程建设知识、技术和管理的载体，提高软件在石油工程建设的设计、采购、施工及管理服务活动中发挥的作用。

④ 云平台标准。主要包括云平台建设与应用，云资源和服务能力的接入、配置与管理等资源标准；实施指南、能力测评、效果评价等服务标准。

⑤ 边缘计算标准。主要包括架构与技术要求、接口、边缘网络要求、数据管理要求、边缘操作系统等标准。主要用于在敏捷连接、实时感知、数据优

化、应用智能、安全与隐私保护等方面的关键需求，用于智能工程建设中边缘计算技术、设备或产品的研发和应用。

⑥ 数字孪生标准。主要包括参考架构、信息模型等通用要求标准；面向不同系统层级的功能要求标准；面向数字孪生系统间集成和协作的数据交互与接口标准；性能评估及符合性测试等测试与评估标准；面向不同建造场景的数字孪生服务应用标准。

⑦ 区块链标准。主要包括建设物资供应链、网络协调、物流管理的可信数字身份、可信数据连接、可信边缘计算、工业分布式账本、可信事件提取、智能合约等标准，以及架构与技术要求、接口标准、性能评估等通用标准。主要用于解决工程建设行业电子签约、物流计费等场景的互信和共享等问题。

2.2.4.3.3　领域应用标准

领域应用标准主要包括数据及模型管理、勘察设计智能管理、供应链智能管理、施工智能管理及集成管控五方面应用。主要用于指导数据及模型、勘察设计、供应链、施工及集成管控五方面管理应用。

2.2.5　发展模式与实施途径

2.2.5.1　发展模式

发展模式主要阐述智慧管网工程建设发展阶段及每个阶段应用模式等。

智慧管网工程建设发展阶段分为三个阶段，如图2.28所示，分别是数字化阶段、数字化网络化阶段、数字化网络化智能化阶段。前一个阶段是后续阶段的基础，逐步提升系统互联互通、实时反馈、动态交互、业务协同、智能决策能力。

2.2.5.2　实施途径

实施途径主要阐述实施智慧管网工程建设的基本原则，并给出推进智能工程建设落地的实施步骤及建议，实施步骤如图2.29所示。

在分析总结我国工程建设行业发展规律的基础上，结合刘强[23]提出的智能制造发展"三要三不要"原则，提出智能工程建设实施"三要三不要"原则。

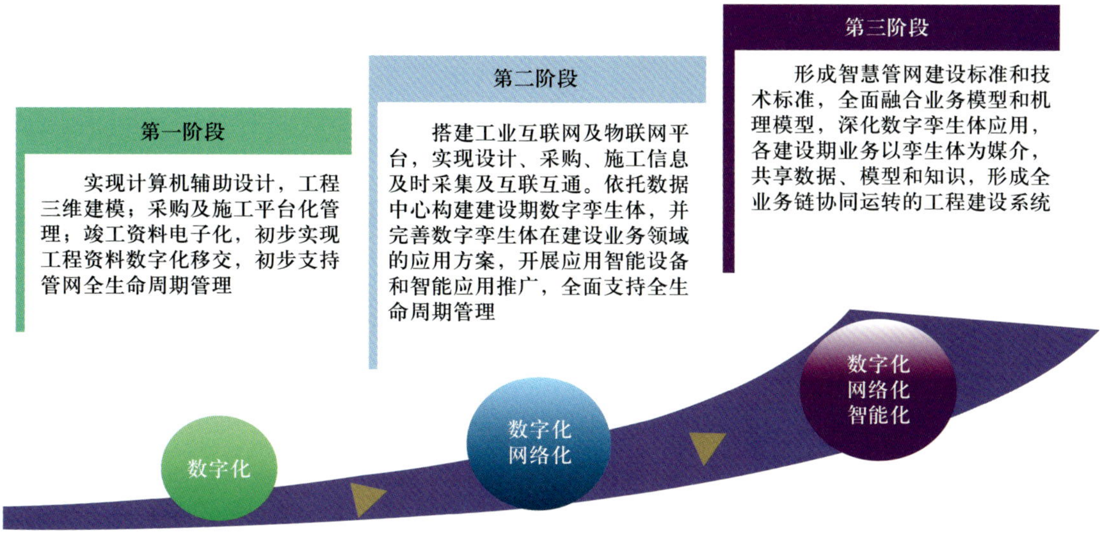

第一阶段
实现计算机辅助设计，工程三维建模；采购及施工平台化管理；竣工资料电子化，初步实现工程资料数字化移交，初步支持管网全生命周期管理
第二阶段
搭建工业互联网及物联网平台，实现设计、采购、施工信息及时采集及互联互通。依托数据中心构建建设期数字孪生体，并完善数字孪生体在建设业务领域的应用方案，开展应用智能设备和智能应用推广，全面支持全生命周期管理
第三阶段
形成智慧管网建设标准和技术标准，全面融合业务模型和机理模型，深化数字孪生体应用，各建设期业务以孪生体为媒介，共享数据、模型和知识，形成全业务链协同运转的工程建设系统
数字化
数字化
网络化
数字化
网络化
智能化

图 2.28　发展阶段

智慧管网总建设目标
工程建设目标
标准建设
实施框架
自上而下
自下而上
目标验证
体系成型
智能应用
支持技术
综合
业务需求
技术需求
发展现状

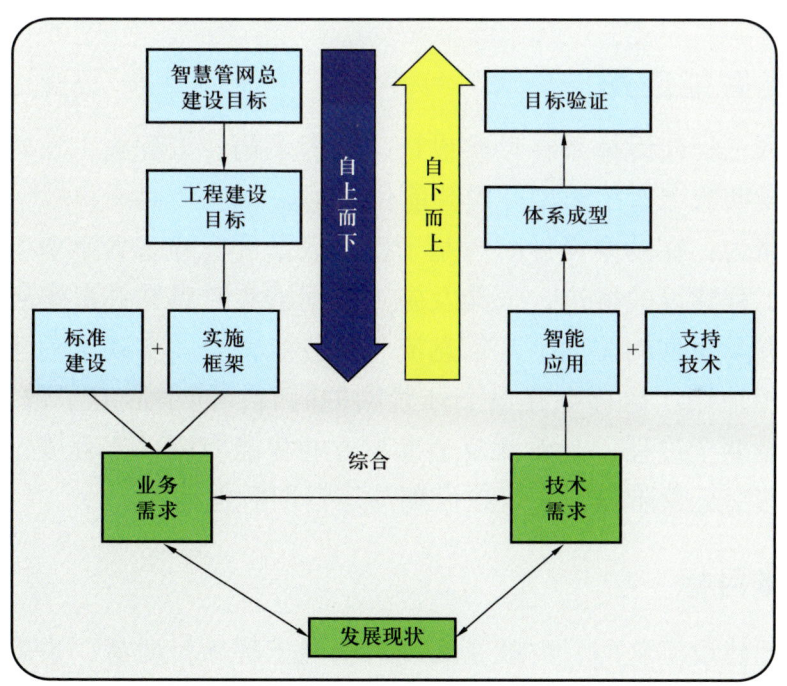

图 2.29　实施步骤

智慧管网工程建设的“三不要”原则：

（1）不要在落后的技术基础上搞数字化。设计方法、施工工艺及装备技术落后，是不具备数字化基础的，数字化必须有配套的技术基础才能够实施。

（2）不要在落后的管理基础上搞信息化。必须先解决在现代管理理念和基

础上实现信息化的问题。

（3）不要在不具备数字化网络化基础时搞智能化。要实现智能化工程建设，必须在数字化、网络化的基础上进行。

智慧管网工程建设的"三要"原则：

（1）标准规范要先行。先进标准是指导智能工程建设顶层设计、引领发展方向的重要手段，必须前瞻部署、着力先行。

（2）支撑基础要强化。智能工程建设涉及一系列基础性支撑技术、赋能技术等。当前我国仍面临关键技术能力不足、核心软件缺失、支撑基础薄弱、安全保障缺乏等问题，必须加强支撑基础建设，掌握和突破关键核心技术，"软硬并重"为智能工程建设发展提供坚实的支撑基础。

（3）数字孪生理解要全面。工程建设期不但要完成数字孪生模型的构建，还应探索数字孪生体的应用，以数字孪生模型为核心，实现工程建设一体化集成与应用。

2.2.6 业务智能应用

智慧管网工程建设体系在勘察设计、物资采购、工程施工及建设管理四大领域围绕建设期数字孪生模型开展智能化应用。

应用思路为：在勘察设计阶段基于设计数据进行静态数字孪生模型的构建工作，伴随工程建设的推进，采购及施工数据被实时感知并汇集到数字孪生模型中，在数据及模型的驱动下，信息流与业务流融合，实现工程建设信息集成和一体化管控应用。这样在建设实体管网的同时，同步形成了数字孪生管网，并实现了建设期全过程、全要素及全参与方的智能应用。工程竣工后，可将数字孪生工程移交运营阶段，实现建设期与运营期数据衔接。

2.2.7 总体目标

智能工程建设实施的目的就是实现对管网工程项目质量、进度、成本及安全的有效控制，因此智慧管网工程建设的总体目标即通过智能化体系的应用，实现对工程建设质量、进度、成本及安全的有效管控，保障工程高效、安全建设，交付优质的智慧管网工程。

高效：通过智能化应用，提高工程建设效率，提高建设资源利用率，降低各方面成本支出，同时保障工程进度，实现降本增效。

安全：通过对工程现场"人、机、料、法、环"及信息系统的智能化管控，最大程度保障人员和信息安全。

优质：交付给业主单位优质、可靠的智能化工程。

2.3 智慧管网建设技术体系框架

在新一代信息技术飞速发展的当今社会，传统油气工程建设行业也需要紧跟时代的步伐，进行产业转型升级，这种升级不仅仅是在工程管理中单一的运用一些成熟的数字化、信息化产品，更重要的是能够将新一代信息技术集成于油气工程建设中，构建一种系统的智慧化工程建设模式，并能够推广应用于大多数的油气建设工程。这种智慧化建设模式形成之初，需要一个较完善的理论和技术体系作为解析和指导，类似于我国制造业向智能化推进所制定的《国家智能制造标准体系建设指南》《"十四五"智能制造发展规划》《"十四五"原材料工业发展规划》和《石化行业智能制造标准体系建设指南（2022年版）》，智慧管网建设理论与技术体系的建立初衷正是作为传统建设模式向智慧管网建设模式发展转变的衔接指南。

2.3.1 构建需求

随着我国油气管网建设的规模不断扩大，工程建设逐渐趋于现代化与大型化，传统的建设模式已经无法适应现代管网发展的需求。一方面，随着科技的发展油气管网建设技术也得到了更新与发展，对工程管理提出了更高的要求；另一方面，随着油气管网工程项目不断增多，许多工程在实施过程中缺乏先进的经验，难以打破传统的管理模式。围绕设计、采购、施工等作业流程和管理流程，智慧管网建设技术体系构建需要满足智能化建设和管理的需求，主要需求包括以下四个方面的需求。

2.3.1.1 施工规模的需求

随着油气管网工程建设规模不断扩大，越来越多超大型项目开展建设。油气管网工程建设具有工程量大、投资大、施工复杂等特点，是一项专业多、工种复杂、配套项目繁多的系统工程，因此传统的施工方法与模式无法有效满足当前建设需求，必须引进智能化手段保障施工顺利进行。

2.3.1.2 工程安全的需求

油气管网贯穿各种复杂工程水文地质条件及高后果区等区域，施工场地点多、线长、面广，其建设过程需要考虑地下水文地质、地下管网、地下建筑物、地面交通等多种环境。同时，由于施工工序、施工方法错综复杂，施工难度大，工程质量要求高，安全生产风险大等原因，需要更先进的方法辅助施工，保障施工安全。

2.3.1.3 工程管理的需求

油气管网工程建设涉及专业多、项目多、环节多、接口多、参与建设单位多。建设过程中需要考虑路网布局、建设时间、建设工序、资源配置等，又要协调好参建单位、环境等各方面的关系，因此管网工程建设项目管理涉及的管理单元，包括项目组成的各种资源（人、财、物、信息）和项目各参建单位（勘察、测量、设计、施工、监理、设备供应、监测、检测等），需要应用智能建设技术进行有序高效的统筹，提升管理能力。

2.3.1.4 智能装备的需求

新建油气管网工程项目地质条件越来越复杂，涉及淤泥质软土、黄土、冻土、滑坡、高地震区、岩爆等，研制适用于极端条件的工程建设装备刻不容缓，特别是在极大与极小的极端尺度范围、面向极端任务、工作于极端环境的技术与设备，成为攻克复杂环境施工难点的重要硬件支撑

2.3.2 构建意义

油气管网基建作为国家固定资产投资链的重要环节，对于调节国民经济的意义重大。加快油气管网工程建设和基础设施建设，有利于加快构建布局合理、覆盖广泛、高效便捷、安全经济的智慧互联管网体系，对支撑我国经济社会发展具有重要的意义。

目前对于智慧管网建设技术体系的研究和发展主要是自下而上的，即通过零散地应用一些信息化技术优化工程建设过程中的部分工作，以此逐步提高整体工程建设的智慧化水平。但是这种发展方式的目标过于分散，所得到的成果不具有整体性和系统性。同时，长此以往会造成人们对于智慧管网建设的理解仅仅停留于某项信息化技术为工程建设带来的智慧化效应，而忽视智慧管网建设的本质是实现高度信息化、智慧化的建设模式。以自上而下的思维，在对智慧管网建设领域深入研究的基础上，去构建一个整体的智慧管网建设体系，具有以下四个方面的意义：

（1）明确指出油气管道工程智能建设发展和应用的主要方向。

（2）解析油气管道工程智能建设技术体系的主要内容。

（3）整合升级油气管道建设全产业链条，实现各阶段信息融合和业务协同。

（4）应用于实际工程，并根据油气管道工程实践不断发展完善，实现动态系统更新。

2.3.3　构建原则

建立智慧管网建设技术体系需要考虑的因素比较多。智慧管网建设体系的起源、发展、方案、实施等应能够客观、系统、全面地满足目前油气工程建设领域的需要。因此，为了保证智慧管网建设技术体系的价值性，智慧管网建设体系的建立原则为：客观性、全面性、适应性、智慧性。

2.3.3.1　客观性

智慧管网建设技术体系的建立，是依托于客观工程实际、相关工程理论研究以及信息技术工程应用研究，需要充分结合当下油气工程建设行业内工程建设的实际情况，致力于解决工程建设中存在的实际难题。如果主观地、脱离实际地去搭建框架体系，那么框架体系就会成为空中楼阁。智慧管网建设技术体系的客观性越强，越具有实际意义。

2.3.3.2　全面性

智慧管网建设模式是贯穿于整个工程建设全生命周期的，其服务的阶段、时间节点并不单一，并且能持续关联，服务的对象涵盖各个工程建设方、参与方。因此，智慧管网建设体系的建立应该从工程建设项目整体出发，全面考虑各参与方需求，贯穿工程建设全生命周期，最大化发挥信息技术的作用，才能为智慧管网建设奠定基础。

2.3.3.3　适应性

各个油气工程建设项目都具有不同的建设特点与实际问题，因此智慧管网建设技术体系的建立，不仅仅是对智慧管网建设技术及模式进行简单的理论介绍，更重要的是体系中技术与理论能够适用于不同油气工程项目的需求。智慧管网建设技术体系应具有较强的适应性，所建立的技术与理论体系不是固定不变的，而是能够随不同油气工程项目的特点灵活调整，这样才能够为工程项目建设实现智慧化提供有效指导。

2.3.3.4 智慧性

智慧管网建设技术体系的建立，是为了将新兴信息技术更好地集成服务于油气工程建设，是为了实现工程建设领域的智慧化，也是为了实现工程建设领域与未来前沿科技渐进式的衔接。因此，理论与体系应包含新一代数字化、信息化、智能化技术的应用模式及应用阶段、对未来前沿科技的融合方式与展望，同时应详细描述如何实现智慧化，能够与信息时代发展接轨。

2.3.4 技术体系框架

智慧管网建设的架构体系可以从两个角度去解析，一个是从宏观角度入手，面向油气工程建设行业构建智慧管网建设技术框架体系，进一步分析智慧管网建设构成要素的内在逻辑关系，实现油气工程建设行业建设技术、建设方式、项目管理、产业转型等方面的智慧化；另一个是从微观角度入手，分析油气管网智能工程建设技术的实际应用架构。

智慧管网工程建设涉及勘察设计、物资采购、工程施工及建设管理等领域的多项技术。为实现各类技术的有机集成和融合应用，迫切需要对智慧管网工程建设的技术范围进行界定，从顶层设计角度出发制定完整的智慧管网建设技术体系框架，进一步规范智慧管网工程建设过程，同时能使所交付的工程满足智慧管网运营需求。本研究设计了智慧管网建设技术体系框架，包含勘察设计、物资采购、工程施工、工程建设管理四个主要领域，是油气管网智能工程建设的技术基础，为智慧管网的最终实现提供支撑。

智慧管网建设技术体系框架是工程建设体系架构的核心部分，该框架采用分类分层设计原则，基于智慧管网工程建设的技术创新需求，将工程建设作为智慧管网的一个板块，然后自上而下划分为领域、方向、关键智能技术、支撑五个层面，具体可概括为四大领域、七个方向、N 项智能应用、一个平台支撑，如图 2.30 所示。

2.3.4.1 四大领域

四大领域的分类是按照业务逻辑进行的。四大领域指在工程建设板块框架下的勘察设计、物资采购、工程施工、工程建设管理领域，在这四大领域下分别开展数字化集成设计、智能采购、智能施工及一体化集成管控技术综合应用。

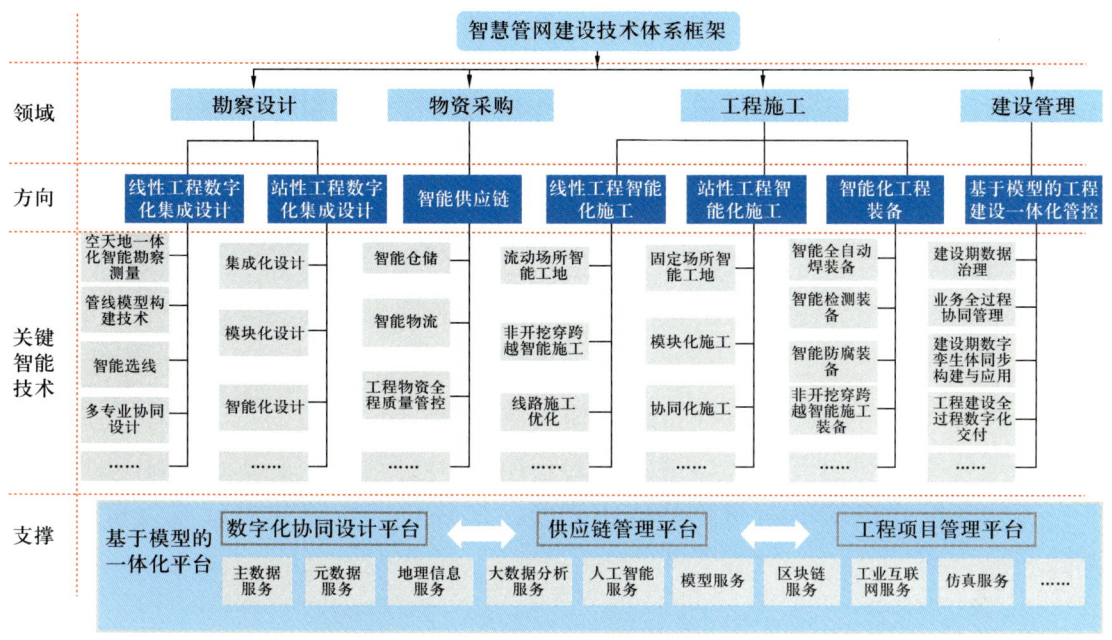

图 2.30　智慧管网建设技术体系架构

2.3.4.1.1　数字化集成设计

在油气工程设计领域，20 世纪后期完成了从手工设计到 AutoCAD 的转变，随着设计需求的进一步拓展，在 AutoCAD 基础平台上针对不同专业方向开发了很多辅助设计软件，有效提高了设计效率。随着信息技术的不断发展，从 20 世纪 80 年代起，三维设计软件等数字化设计工具开始出现，使工程设计逐步进入到三维时代和协同时代，经过几十年的发展，三维设计软件从在工作站上运行发展到在个人普通主机上即可流畅运行，在协同设计方面也从本地协同扩展到异地协同，分散式设计逐渐向着多专业多维度的协同设计转变。

虽然数字化设计工具的应用提高了设计的效率，保障了工程质量，但还是存在不少问题亟待解决：一是各专业、各阶段数字化设计协同效率不高，无法实现高效协同与数据共享；二是设计数据资产（虚拟仿真设计成果、设计计算成果、建模成果等）没有充分利用，无法实现成果高效复用与共享；三是关于数字化、集成化、协同化等设计的工作规范等还不健全，没有形成统一指导；四是没有形成行业统一的工程主数据管理标准和数字化交付标准的规范，数字化设计成果对工程建设全生命周期的数字化支持作用需要进一步提高。上述问题是油气管网工程设计阶段所面临的共性问题。

随着新一代信息技术的不断发展，为了解决上述问题，行业内进行了一系列探索实践，逐渐形成了数字化集成设计的理念。数字化集成设计系统的建设为解决上述问题提供了有效手段。数字化集成设计应满足工程设计需求，如保留设计数据、设计成果具备可编辑性、三维模型能够满足后期改扩建等，对设计过程能够做到管控，满足工程项目全生命周期管理需求，可为建设期采购、施工及后期运维管理等提供数据基础。

数字化集成设计是以各类数字化设计软件工具为基础，建设数字化集成设计系统，实现不同单位、不同专业、不同阶段的设计数据的高效协同与共享，实现工程设计数字化资产的有效管理和高效应用。

数字化集成设计技术除了现有的数字化、集成化、协同化设计的不断发展完善外，设计技术不断与其他技术融合，模块化、智能化设计成为重要发展方向。

2.3.4.1.2 智能采购

智能采购是在信息化时代背景下提出的全新的概念，是我国企业采购发展的方向。打造智慧供应链是多数大型企业在物资采办方面数字化转型的落脚点。一般认为，智慧供应链是物联网技术与供应链管理的融合，智慧供应链能够实现供应链的智能化、网络化和自动化。微观上，智慧供应链是新一代信息技术发展带来的供应链"智慧化"变革；宏观上，智慧供应链已经被提升到了国家战略层面，推进供应链创新发展的目的在于构建中国的智慧供应链体系。

目前，国家管网集团正在积极建设智慧采购供应链云平台，慧采购供应链计划建立涵盖工程、物资、服务，集采购招标交易与管理、仓储物流服务、全景质量监控于一体的管理信息系统，构建智能化、可视化的供应链运营体系，支撑采购供应链全流程的业务处理自动化、业务管理规范化、决策支持科学化，为供应商、承包商等第三方企业提供协同服务，构建开放共享的生态圈。

智慧供应链与工程建设密切相关的是智能物流和智能仓储相关应用。

在油气管网工程建设领域可依靠智慧供应链应用实现智能采购。在设计阶段，设计单位按照文件要求，向智慧供应链应用移交物资设计数据；智慧供应链应用通过接口自动向物资辅助系统移交所需的物资设计数据，由物资辅助系统进行计划管理和采购执行管理；物资辅助系统将相关采购执行数据传输到合同系统，完成合同订单管理，并将相关合同数据通过物资辅助系统传输到智慧供应链应用中，由智慧供应链应用完成物资生产、物流、仓储、调拨、安装等业务管理，并向物资辅助系统移交相关数据；最后在结算环节智慧供应链应用为结算系统提供相关数据，最终实现物资采办全过程管理。

2.3.4.1.3 智能施工

智能施工是利用数字化、信息化、智能化技术对施工模式、施工工法、工程装备及相关管理方式方法进行智能化改造，以加强对施工现场"人、机、料、法、环"的有效提升及管控，以达到优化流程、管控进度、提高效率及保障安全的目的。

智能工地的构建是智能化施工最主要的表现方式，但智能施工仅仅进行智能工地建设是不全面的，应该配合相应的智能化工程装备及施工工法才能达到良好的效果。

智能工地建设内容如图 2.31 所示，包括但不限于利用智能化施工设备和新一代信息技术改变管道项目施工现场的工作方式和管理模式，从而提高施工效率和质量，实现工程现场"人、机、料、法、环"的全面动态感知。借助二维码和射频识别（Radio Frequency Identification，RFID）技术可快速扫描、精确识别的特点，在物资生产制造、采办调拨、现场施工等环节，通过扫码实现全过程管理。采用二维码和 RFID 技术封装人员信息，通过终端设备扫描证件后，准确识别现场人员基本资料、岗位职责、资质证件等关键信息，提高现场人员管控力度，强化入场合规性，有效杜绝安全隐患。对施工设备进行改造，实现影响焊接质量重要参数的实时采集，并利用二维码、电子标签技术将实时采集的施工过程数据与通过移动终端采集的施工结果数据、施工管理数据进行集成。在施工现场组建视频监控系统，规范现场人员施工行为，为管理者提供远程监管手段。

智能工地的建设不仅是为了加强工程施工质量、保障管道本质安全，它还是带动工程项目管理模式创新、助推国家管网集团数字化转型必不可少的一项任务。通过智能工地建设，提升施工过程自动感知能力，推动全要素数字化、全状态实时化，有效解决施工策划、施工控制、决策分析方面的管理问题，促使计划更合理、预警预测更准确、资源更优化平衡、业务全流程数字化管理。

智能工地功能应包括：智能感知、关键工序智能化管理和智能识别分析三项主体功能。

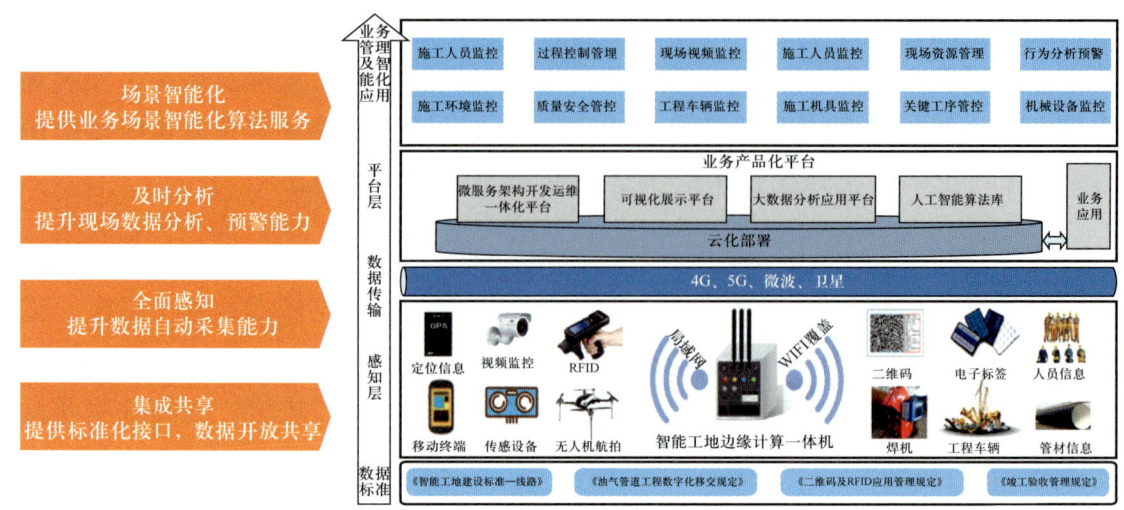

图 2.31 智能工地建设内容

（1）智能感知。

智能感知功能应涵盖视频影像自动采集、焊接工况自动采集、防腐工况自动采集、大型施工机具设备运行参数自动采集、环境信息自动采集、人员信息/位置自动采集、二维码数据自动采集等。

（2）关键工序智能化管理。

关键工序智能化管理功能应涵盖焊接全流程管理、无损检测全流程管理、防腐补口全流程管理、下沟全流程管理、重点工序方案审批全流程管理、高危作业风险识别与技术交底全流程管理等。

（3）智能识别分析。

智能识别分析功能应涵盖重点区域进出人员智能识别分析、施工质量在线分析、施工现场不安全场景识别分析、影像文字识别、施工资源预测预警、设备故障在线监测、无损监测底片缺陷识别分析等。

智能施工是一套软硬一体的方案，既包括信息系统升级也包括施工设备智能化升级，通过与先进技术的融合支持工程智能化施工及管理，通过应用大数据、人工智能等新技术，实现进度、质量、资源的在线分析与自动预警，利用人工智能对施工现场进行场景化的模拟和状态预测，通过提升智能感知的手段，实现施工现场全面感知可视，实现绿色安全施工。智能施工方案应能支持施工数字孪生，伴随施工过程同生共长，为运营期提供运营支撑。围绕油气管网工程项目工程建设管理，建立支撑现场管理、互联协同、智能决策、数据共享的管理机制，实现信息技术与现场管理深度融合的新型施工管控模式。

2.3.4.1.4 一体化集成管控

智能工程建设系统的集成有三种方式：横向集成、纵向集成和端到端集成。

横向集成是指整合工程建设价值链上各利益相关方的业务流程，打破传统企业的边界，联通设计、供应商、施工及建设企业内部的业务流程，以智能工程建设系统为载体实现管网建设产业价值链上跨组织的信息共享与资源优化配置，从而建立起各利益相关方的高效协同机制。

纵向集成是指将建设过程中从最底层的人员、物理设备（或装置）到最顶层的计划管理等不同层面的信息系统进行高度集成，纵向打通工程建设的内部管控，建立各资源垂直整合、高效协同的智能工程建设系统。在这样的体系架构中，各参建方内部各个业务信息系统之间，以及信息系统与施工现场的物理建造资源之间实现了互联互通，有效地解决了参建方内部信息孤岛的问题。

纵向集成与横向集成是实现端到端集成的前提和基础。所谓的"端到端"是指信息链中任意一个业务流程的一端到另外一端都是连贯的，不存在局部流程或片段流程，即没有间断点。基于建设期数字孪生模型和一体化平台，"端"既可以是信息系统，也可以是施工设备等硬件设备，还可以是供应商、项目经理、现场工人等人员。通过将这些端点连接，实现各类资源的有效整合与业务流程的无缝集成。

在集成的基础上，统一业务流程、技术标准、数据标准，基于国家管网集团数字平台底座，接收设计、采办数据，并与施工、验收数据关联、对齐，同时整合业务数据并与实体挂接，优化升级现有数据模型，借助物联网、大数据、人工智能，打造工程建设期数字孪生模型。实现设计、采办、施工、验收数据的全面贯通，通过设计数据驱动采办和施工业务，在施工过程中将相关数据回流给设计和采办，实现业务一体化协同管理。

2.3.4.2 七个方向

七个方向是在四大领域框架下确立的技术应用方向：勘察设计领域下是数字化集成设计发展方向，具体分为线性工程数字化集成设计与站性工程数字化集成设计；物资采购领域智能化发展方向为智能供应链建设；工程施工领域智能化发展方向为线性工程智能施工、站性工程智能施工及智能化工程装备；工程建设管理领域注重的是一体化集成管控，确立了基于模型的工程建设一体化管控发展方向。

2.3.4.3 N 项智能应用

N 项智能应用总结了七个方向各自领域的关键智能化技术。

2.3.4.3.1 线性工程数字化集成设计

线性工程数字化集成设计发展的总体思路是提升线路勘察测量、路由选择、模型构建、数据管理的信息化、智能化水平，实现线路多专业信息共享与协同设计，同时在标准统一的情况下逐步建立管线信息模型，并引入大数据分析、人工智能等先进技术，实现线路设计的数字化与集成化。

线性工程数字化集成设计技术包含空天地一体化智能勘察测量技术、线路信息模型构建技术、线路多专业协同设计技术、线路智能辅助设计技术、智能选线技术等。

（1）空天地一体化智能勘察测量技术。

勘察测量数据是线路工程设计的重要基础数据。针对油气管网工程勘察测量场景，综合应用 GIS、卫星导航定位系统、全站仪、水平仪、航空摄影测量、激光雷达测量、无人机等先进技术手段，实现空天地一体化的地质调查、钻探、触探、物探；基于 GIS 提供沿线数字高程模型数据及地形的三维显示，支持勘察设计阶段进行土石方、用地量的估算，并将相关勘察测量数据进行存储分析管理，能够向设计阶段进行数字化交付。

空天地一体化智能勘察测量技术包含空间地理信息表达、遥感数据智能解译、智能机器人勘测等关键技术。

（2）线路信息模型构建技术。

管道线路信息模型构建技术是基于 GIS 平台构建设计阶段管道信息模型，将勘察设计阶段所有与管线相关的信息（设计定义、工艺描述、属性及管理等）都集成在管道信息模型中，为管道在设计、采购、施工及运行维护等全生命周期各个阶段的数据管理和利用提供统一的模型描述基础，同时可支持三维可视化、智能化设计等应用。数据库中应包含勘察测量数据、实体数据（结构化数据）、文件、成果数据、模型信息数据等。

线路信息模型构建技术包含地理模型构建、三维模型构建、数据库构建等关键技术。

（3）线路多专业协同设计技术。

多专业协同设计是线路设计阶段一直致力于提升的属性。线路多专业集成设计涉及线路、阴保、通信、道路、水保、隧道、穿越等多个专业，通过统一设计平台实现多专业标准统一、数据共享及设计协同。通过数据和规则驱动极大地保证设计数据的准确性和可重复利用性，通过碰撞检查功能避免专业之间碰撞，专业间协同设计更加合理和有效，对设计变更进行有效管控。实现专业间在线提资并自动生成提资单，用于专业间提资、校审、存档及数据移交；数据在专业之间进行传递和集成。

（4）线路智能辅助设计技术。

通过构建线路辅助设计系统进行线路辅助设计。线路辅助设计适用于可行性研究、总体设计、初步设计等阶段的线路工程设计，通过与线路智能选线系统实现数据互通，基于基础地理信息系统，利用航空摄影测量数据、卫星遥感资料等，开展智能化辅助设计，实现线路路由优化、工程量自动统计、线路走向图绘制、局部线路段设计等功能，规范设计流程及设计过程，积累数据资产，提高设计效率与设计水平。

（5）智能选线技术。

智能选线方法应用在管道线路设计过程中。传统的人工选线方法多为设计人员凭经验手工设计线路，存在方案有限、决策周期长、劳动强度大等缺陷。智能选线是一种将选线理论与地理信息系统、智能计算、多目标优化等结合的现代线路设计方法，旨在利用计算机自动搜索出连接起点、终点，满足限制条件且目标函数最优的线路方案，能为设计人员提供多样化的线路备选方案，可有效提高选线工作的速度和质量。智能选线技术基于管线空间数据库及基础信息库，在各类设计规则约束下，利用大数据、人工智能等技术实现自动选线功能。先期在GIS数字化选线基础上实现路由自动比选优化，辅助线路路由选线，同时实现工程量统计及自动出图。后期通过大数据、人工智能技术的进一步加持实现智能选定线。

智能选线技术包含外业数字化、线路知识库构建、设计规则库构建等关键技术。

2.3.4.3.2 站性工程数字化集成设计

长输管道站场、储油气库、LNG接收站等都属于油气管网系统的站性工程的范畴。除了与线性工程通用的勘察测量技术之外，数字化集成设计是目前站性工程设计采用的主流做法。数字化集成设计系统是基于三维工厂设计系统软件的集工程设计、施工、管理等方面思想于一体的系统，为现代工程项目管理从粗放被动型向精细主动型发展创造了十分有利的条件。

站场工程数字化集成设计包含数字化集成设计、智能化设计、模块化设计等多项关键技术。

（1）数字化集成设计。

数字化集成设计技术是模块化设计和智能化设计的技术基础，没有数字化集成设计技术的支持模块化及智能化设计就无从谈起。数字化集成设计系统为数字化、集成化、模块化及智能化设计的应用提供了统一框架。

数字化集成设计以数据为核心，以软件为载体，以智能PID设计为龙头，围绕3D数据模型创建开展。采用软件实现站场设计数字化、制定数据流实现集成化、通过工作流实现专业间协同。数字化集成设计项目借助数据管理平台，按定制好的工作程序严格运行，对整个过程数据进行全面记录，最终形成数据级的完整项目成果。数字化集成设计主要应用于初步设计、施工图设计阶段，覆盖多个设计专业，可以与前期分析工作/软件通过接口的方式实现数据集成，保持数据的集成和流通。最终建成基于三维模型的静态数字孪生体，并支持设计全数字化交付。

数字化集成设计技术包含二维逻辑设计技术、三维协同设计技术、建筑总图设计技术、设计数据集成及管理等多项关键技术。

（2）智能化设计。

智能设计可以一般性地理解为计算机化的人类设计智能。传统AutoCAD技术难以胜任基于符号知识模型的推理型工作。在设计过程中有些工作是不能建立起精确的数学模型并用数值计算方法求解的，而是需要设计人员发挥自己的创造性，应用多学科知识和实践经验，进行分析推理、运筹决策、综合评价，才能取得合理的结果，专家系统就是一种知识处理系统，所以智能化系统除了具有工程数据库、图形库等AutoCAD功能部件外，还应具备知识库、推理机等智能模块。

在智能设计发展的不同阶段，解决的主要问题也不同。设计型专家系统解决的主要问题是模式设计，方案设计作为典型代表，基本上属于常规设计的范畴，但同时也包含一些革新设计的问题。与设计型专家系统不同，人机智能化设计系统要解决的主要问题是创造性设计，包括创新设计和革新设计。智能化设计具有以下五个特点：① 以设计方法学为指导；② 以人工智能技术为实现手段；③ 以传统AutoCAD技术为数值计算和图形处理的工具；④ 面向集成智能化；⑤ 提供强大的人机交互功能。

智能化设计的发展从单一的设计性专家系统发展到人机智能化设计系统，它是面向集成的决策自动化，是高级的设计自动化。目前阶段的智能化设计主要侧重于两个方面，一个是基于知识自动化处理和应用，主要采用知识图谱的方式开展智能化设计，并辅助决策；另外一个是基于计算机系统，主要是数字化设计软件本身的基于规则的或者说基于数据模型的自动化/智能化提升，能够更好地将规则植入到计算机软件中，提高设计效率，解放更多劳动力。所以从目前的发展情况分析，智能化设计主要分为两种方式：基于知识图谱的智能化设计和基于规则的智能化设计。

（3）模块化设计。

模块化设计是一种创新的设计思想，作为工程设计的重要原则贯穿工程全生命周期。模块化是一种综合性技术，是相关学科知识的综合运用，涉及四个方面：

① 以系统工程理论为指导。模块化本身就是一个系统工程，在模块化过程中，必须充分运用系统工程的原理和方法，才能取得预期的效果。

② 以标准化原理为基础。模块化是一种标准化的新形式，是标准化原理中简化、统一化、系列化、通用化、组合化、模数化等理论的综合运用，是标准化的高级形式。

③ 以方法论为依据，它不仅是系统方法、标准方法及逻辑思维方法的综合运用，并且由于模块化结构的复杂性及组合化特征，还需运用非逻辑思维方法对产品与装置进行巧妙的、创造性的构思，才能形成具有灵活性、柔性、有生命力的模块化产品与装置系统。

④ 以深厚的专业理论知识为前提。模块化的产品与装置结构，因不同专业的具体产品与装置对象而异，只有精通本行业产品与装置系统的性能和结构，才能对产品与装置系统做出恰如其分的分解和组合，只有对产品与装置系统的发展进程和发展方向有充分了解，才能使设计出来的模块化产品与装置系统具有先进性、适用性和长的寿命周期。

基于数字化集成技术的模块化设计方法是根据标准通用的标准构件、设备、管件以及工艺流程建立标准库。在模块化工程设计中，设计人员可以快速从标准库中选取所需的设计要素，减少设计过程中构件设计、工艺流程计算，以及设备选型等环节的工作量，进而从设计人工成本和设计时间方面降低造价，无需详尽解决每项的最优造价问题，以此达到总体上降低造价的目的。

数字化集成设计技术应用的关键是实现信息共享，而信息共享是标准库的前提，标准库是设计和建造单位共有的，保证了二者的协调性，工程效率得到大大提高。

2.3.4.3.3 智能供应链

国家管网集团智能供应链建设是通过建立涵盖工程、物资、服务的，集采购招标交易与管理、仓储物流服务、全景质量监控为一体的管理信息系统，构建智能化、可视化、端到端的供应链体系，支撑采购供应链全流程的业务处理自动化、业务管理规范化、决策支持科学化，为供应商、承包商等第三方企业提供协同服务，构建开放共享的生态圈。

智能供应链建设中主要通用支撑技术介绍如下。

（1）电子数据交换（Electronic Data Interchange，EDI）技术。EDI技术将贸易、运输、保险、银行和海关等行业的信息，采用国际公认的标准格式，形成结构化的事务处理报文数据格式，通过计算机通信网络，使各部门、公司与企业之间进行数据交换与处理，完成以交易为中心的全部业务流程。在智能物流领域，可以通过EDI技术，实现具体的订单、物流单据、发票等标准格式的商业文件在企业内部进行定向传输，提高工作效率，降低经营成本。

（2）条码技术。利用条码技术的自动识别技术，可以通过固定扫描或手持扫描设备解决数据输入和采集的效率瓶颈问题，为供应链提供有力的技术支持，无论是在经济性还是效率性方面，均是最优解决方案。条码的优势主要在输入速度快、可靠性高、采集信息量大、使用灵活、易于操作、条码制作简单，凸显了高效率低成本的特点。在具体的应用过程中，条码技术在仓储管理、物资（货物）进出及商品信息追踪方面，均具有成熟的应用场景和解决方案。

（3）RFID。随着对物流运输过程中的信息承载、识别效率的要求不断提高，RFID技术的应用场景在智慧物流方面的应用越来越多。RFID作为电子标签，可以穿透通信、无屏幕阅读，无任何物体覆盖，且内容是可以进行重新读写的，且对水、油、化工产品等物质抵抗力较强，同时因为通信距离更长，在物流环节中，可识别特定目标并对数据进行读写，无须与识别系统进行特定的机械或光学接触，具有识别距离远、识别准确率高等特点，对快速运动对象，可以同时进行多个目标识别，目前主要大量应用于物流分拣流程等需要快速操作、对识别率要求较高的工作程序上。

（4）GIS技术。GIS技术主要用于物流分析方面，利用地理数据来完善物流的车辆线路模型、网络物流模型、分配集合模型和设施等位模型等。在车辆线路模型中，主要解决一个起点、多个终点的货物运输线路规划，降低物流费用，重点应用于多个施工现场中的物流线路优化问题。在网络物流模型中，主要是寻求最有效的分配货物路径，也就是物流网点布局的问题，例如在多个施工工地中，每个施工现场对于物资、设备的需求是相同的，因此需要确定仓储与施工现场中的物流关系中运输代价最低的方案。分配集合模型主要是解决不同的物资、设备进行中转时，不同的中转路线如何覆盖全部的施工现场的问题。设施定位模型重点关注的则是在大型的施工现场中，如何定位区域内的仓库、数量、规模等。

（5）GPS 技术。在 GPS 的运用中，主要是对运输系统中的各种车辆进行定位，确保车辆位置及车辆状态，结合物流管理系统，实现车辆管理、运输任务完成状态跟踪等，在标准化的建设环境中，GPS 将作为主要的技术应用方案开发无人驾驶的物流运输技术。

（6）智能调配技术。在应用环境中，智能调配主要结合设计、项目计划等，按照实际工程进度计划及物资存储状态，智能推送物资的调配需求。调配分为仓储间调配及仓储与施工现场物资调配，将需要人工操作的工作完全由系统进行交接，根据仓储及施工需求，合理优化物资调配，降低仓储及运输成本。

智能供应链中与工程建设密切相关的是工程物资智能物流、智能仓储和工程物资全程质量管控等系列技术。

（1）智能物流。

智能物流是指将自动化技术、智能化技术和信息化技术应用于工程物流领域，在统一供应链系统管控下，实现按照采购订单进行物流跟踪、实现配送环节从发运到结算的全程管理。在货物的流转过程中，利用 EDI 技术、GIS 技术、GPS 技术及二维码和 RFID 技术等技术来完成货物的出入库、跟踪管理，重点解决的是满足企业在施工过程中的物资采购时间控制，做到精准管理，提高供应链中物资、设备的流转的全程管理。智能物流主要实现功能如下：

① 根据配送需求订单信息，综合配送成本、安全性、千米数、路况等因素智能推荐最佳配送路线，推荐配送方案，减少配送时间，节约配送成本。

② 利用 GPS 或北斗定位设备和手持移动设备，全程监控物流配送情况，实现车辆配送轨迹和配送信息的可视化监控。

③ 利用大数据分析运输路线、运输方式，定期评估物流风险。

④ 选择合适的仓库建设立体仓库，实现立体仓库智能配套。

⑤ 综合考虑设备存量、故障率、使用寿命、投资规模、历史库存消耗量等状况，统筹平衡供应周期、存储成本等因素，科学地编制储备定额，并利用储备定额进行智能自动补库。

⑥ 建立代储代销物资模型，实现代储代销物资数量及周期的动态调整，保证既满足物资需求，又减少供应商的物资积压，缩短供应商资金回款周期。

（2）智能仓储。

智能仓储利用条码技术、射频识别、智能调配等技术方案，对工程物资仓库内的所有设备、物资等一对一管理，并在系统中准确定位具体的规格、数量、库位等，形成单一仓库数据库，并相互汇聚，构成总体仓储系统数据库，结合智能物流，完成仓储物流供应链的管理工作。另外，仓储管理过程中的重要工作则是对在库的物资和设备在系统中与工程计划的相关工作计划进行匹配，利用自动化系统确保在阶段性的工程建设中，材料和设备满足实际的使用需求，降低因缺少物资、设备造成的延期、停工带来的损失，提高项目施工现场的效率。其具体管理功能如下：

① 通过统一平台管控实现物资出入库、转储、保管、保养、盘点等日常管理，并通过条码、RFID等技术确保账实相符。

② 能够对工程项目中转站物资进行管理。

③ 能够实现工程储备定额、调剂物资、废旧物资处理等业务。

④ 通过统一平台实现库存信息可视化，将自有仓库库存、储物于厂库存、储物于商库存纳入统一管理，形成整个工程项目库存"一本账"。

⑤ 能够与承运商数据对接，优化配车、物流跟踪、财务结算流程。

⑥ 研究储备定额模型，建立科学合理的储备定额要求。

⑦ 能够实现各类仓库数据信息大屏展示、数据看板、报表、监控、预警、决策支持等功能。

（3）全程质量管控。

通过统一平台，结合物联网等技术，在以下方面实现物资全程质量管控：

① 建立采购物资质量标准库，能够实现信息的采集、维护、发布和查询，并与供应商准入、考核和采购寻源等过程实现联动。

② 建立质量检验标准和物资强检目录，重要物资或国家规定必须进行质量检验的物资，需委托质量检测机构进行检验，实现质量检验报告和商检报告的管理；监造物资要有完整的质量记录，实现对质量监造报告的管理。

③ 建立质量跟踪与处理机制，实现对质量问题和处理结果的及时记录，并作为对供应商考核时的参考依据。基于供应商的制造质量水平、抽检合格率、履约能力评价、不良行为处理等各类数据分析结果，制定精准化、差异化的资质业绩核实策略，提升核实效率，获取更加准确可靠的核实结果。

④ 实现供应商全息多维评价，包括各专业管理人员的实时评价以及与相关系统的数据集成，如征信采集、履约信息自动归集、运行大数据智能评价，根据评价结果进行供应商分级分类和全息画像，并将全息画像应用于相关领域开展风险预测，督促供应商改进提升。

⑤ 强化质量管控能力，加强设计选型、物料描述、技术协议与合同签订、产品监造、出厂前检测等关键环节的质量控制，强化源头控制能力，从事后被动处置向事前主动管控转变。

⑥ 实现与制造商生产系统集成，实现对制造商生产进度、周报日报、质量监控信息、人员资质信息、质量检测评估结果、技术说明等关键信息的质控。

⑦ 实现监造及质检资料的模板化管理，编制内容结构化，包括质量检测结果、技术文件评估结果、制造商人员资质等信息，支持已有信息自动填写，支持辅助资料、资质证明文件等非结构化过程资料上传到系统。实现对监造及质检报告的实时查询。

⑧ 基于大数据及人工智能等技术实现监造管控策略优化，针对不同供应商、不同生产环境、设计水平、工艺水平、生产管理水平等情况出具差异化监造管控策略。

⑨ 能够实现智能远程监造，远程在线采集设备制造全过程数据，对质量异常进行实时告警，实现对设备制造质量的远程智能监造。

⑩ 建立检测计划编制策略库，结合物资供应计划自动编制检测计划，实现检测计划编制智能化。

⑪ 能够对现场检测进行有效监控，全程实时采集物资取样与封样过程信息，及时预警不规范操作，有效提升物资检测业务效率，保障检测工作质量和效率。

⑫ 能够对不同的物资进行质量管控方式分类，不同类型物资采用不同的质量管控方式，包括监造、工艺认证、出厂测试、现场测试等方式。针对采用监造以外其他方式的，将工艺认证、出厂测试、现场测试要求和结果进行上传，以便对全品类物资进行质量管理。

2.3.4.3.4 线性工程智能化施工

线性工程智能化施工是智能工地、智能工程装备及相关施工工法与技术的有机融合。通过流动场所智能工地搭建起施工现场管控框架，智能施工装备及相关工法与智能工地的结合，一方面能够最大程度发挥智能工地的数据采集及管控作用，另一方面能够提升施工自动化及智能化水平，保障施工效率及安全。

（1）流动场所智能工地。

流动场所智能工地是结合线性工程流动施工的特点，利用云计算、物联网、边缘计算、智能终端、智能工程装备等新技术与专业化施工技术融合创新构建而成的，它可以连通现场"人、物、场"，实现对工程的全面感知、智能分析和可视化监控，让数据更好地服务业务并赋能管理，打造施工现场端边互联、共智协同的管控方式，逐步实现施工"人、机、料、法、环"的智能化管理。

（2）非开挖穿跨越智能施工。

非开挖穿跨越包含管道跨越、顶管穿越、定向钻穿越、隧道穿越等方式，采用非开挖方式施工对环境影响小，是目前主流的施工方式。特别是定向钻、隧道等穿越方式对技术要求高，采用智能化施工方法与技术可有效监控作业面情况、控制施工设备状态、自动判断工况与故障，有效保障施工进度与效率。以定向钻技术为例，通过钻进导向控制技术、定向钻机专用控制技术、地下电缆与管道探测防触碰安全保护技术、钻进软件开发技术和智能故障诊断技术等技术的综合应用，可有效提高钻进效率，降低钻进故障率，保障施工进度。

（3）线路施工过程优化。

线路施工过程优化通过使施工与设计、采购互联互通，根据施工现场反馈，及时调整设计方案，保障施工进度。同时根据现场人员及工程物资的物流及库存情况，在大数据算法加持下，自动生成线路施工流程顺序，优化施工流程，提高施工效率。

2.3.4.3.5 站性工程智能化施工

站性工程施工现场是固定的，故站性工程智能化施工管控方式是搭建固定场所智能工地。站性工程安装设备及施工现场更为复杂，因此更需要施工的协同化及模块化。

站性工程智能化施工包含固定场所智能工地、模块化施工、协同化施工等关键技术。

（1）固定场所智能工地。

固定场所智能工地也是利用云计算、物联网、边缘计算、智能终端、智能工程装备等新技术与专业化施工技术融合创新构建而成的，它可以连通现场"人、物、场"，实现对工程全面感知、智能分析和可视化监控，让数据更好地服务业务并赋能管理，打造施工现场端边互联、共智协同的管控方式，逐步实现施工"人、机、料、法、环"的智能化管理。

（2）模块化施工。

模块化是指解决一个复杂问题时自顶向下逐层把系统划分成若干模块的过程，每个模块完成一个特定的子功能或者适合分项的单一结构，而所有的模块按某种方法组装起来成为一个整体，完成整个系统所要求的功能。模块化作为一种新的标准化理念，最初在机器、仪表、设备、集成电路等制造领域被应用，后来逐渐衍生出系统理论并加快了发展步伐，向石油化工、桥梁架设、核电建设等重大工程项目扩散。

模块化施工是实施模块化的过程。它是一种先进的施工理念，在继承传统施工理念的基础上进行优化，在当今制造、吊装、运输等先进科技支持下，大量引入模块作业，对工程进行剖析、分项，由局部小模块到大模块，逐步实现最大模块化，可极大地缩短工程工期，产生良好的经济效益。

模块化施工靠工厂预制化施工支持，站场复杂的工艺模块可在工厂进行预支，然后通过运输进入现场进行模块化组装，大大提高了施工效率，同时可有效对施工质量进行监控。

油气管网站性工程模块化施工的实施应首先在施工逻辑上引入平行作业理念，在各个平台施工中，先安装结构模块再安装设备模块和设备，将传统建造过程中的土建施工阶段和设备安装阶段合并，以缩短建造工期；其次，依靠当今先进的模块工厂预制技术及工厂制造期间的质量保证，将一些功能相同的土建结构单元或相对密集布置的设备、管道、支架、电气仪表以及钢结构等在维修、操作方便的前提下，最大限度地集成、组装成一体，在车间或现场预制，然后运至现场，吊运进安装位置，最终完成整体调整就位，以加快现场的建造速度。模块化建造技术打破了传统施工先土建后安装的明确施工界限，使土建和安装工程可同步施工，而模块组装和安装贯穿始终，场外模块预制与现场施工并行。它使复杂站性工程形成了"以土建与安装平行施工为主线，以模块的制作、组装和安装为实现支持条件"的新施工逻辑特征。

（3）协同化施工。

目前，油气管网工程建设施工过程中的各专业协同程度较差，主要表现在以下几个方面：施工单位和其他专业团队之间缺乏有效沟通与合作，出现冲突，没有结合工程本身的特点和实际施工情况进行处理，造成返工，增加工程成本。从技术角度来说，站性工程是工艺设备安装、建筑、供暖、给排水、通信等各个专业领域的综合性项目，各专业如果不能很好地进行协同合作，那么必将给施工本身带来极大的困难，每个专业环节都不能离开其他环节而独立存在。从管理的角度上来说，现在工程施工绝大多数都是由施工单位承包、分包进行，因此很容易造成在承包后的责任划分不清，在技术交叉环节容易出现责任缺失。各单位在经济利益的影响下，容易偷工减料，推诿责任，在必要的工序上造成遗漏，阻碍工程施工。

综合运用物联网、人工智能、虚拟现实等技术，通过逻辑建模及时理顺各专业施工逻辑，指导各专业配合施工，实现资源优化配置、专业人员合理分配、智能调度，最大程度促进各专业领域的协同，促进工程整体质量提升，缩短工程工期，减少因合作不当造成的返工，有效降低工程成本，提高施工的管理水平。

2.3.4.3.6　智能化工程装备

智能化施工离不开智能工程装备的支持，通过对施工装备的信息化、智能化改造或开发，满足施工数据自动采集、自动化作业、智能识别监控等智能施工需求。

智能化工程装备包含智能全自动焊装备、智能检测装备、智能防腐装备和非开挖穿跨越智能施工装备等多项关键技术。

（1）智能全自动焊装备。

目前我国全自动焊装备已经普遍应用到大口径管道焊接施工中。管道全自动焊具有焊接质量好、成形美观、效率高、劳动强度低等诸多优点，是一种实用的机械化自动化技术。目前全自动焊装备已经发展了多种型号，能够适用多种工况的焊接作业。除了实用性的提升外，智能化提升也是其重要的发展方向。智能化提升针对影响焊接质量的因素，在自动焊机（外焊机、内焊机）、加热设备上加装数据自动采集、传输模块，以达到数据自动采集移交要求，焊接质量影响因果如图2.32所示。通过基于大数据的智能算法及时判断焊接工况是否合格，对不合格的工况进行及时报警与纠正，可有效提升一次焊接合格率。除了采集焊接工况数据之外，还能对焊接工艺和机组人员实施有效管理，有效提升施工管理水平。

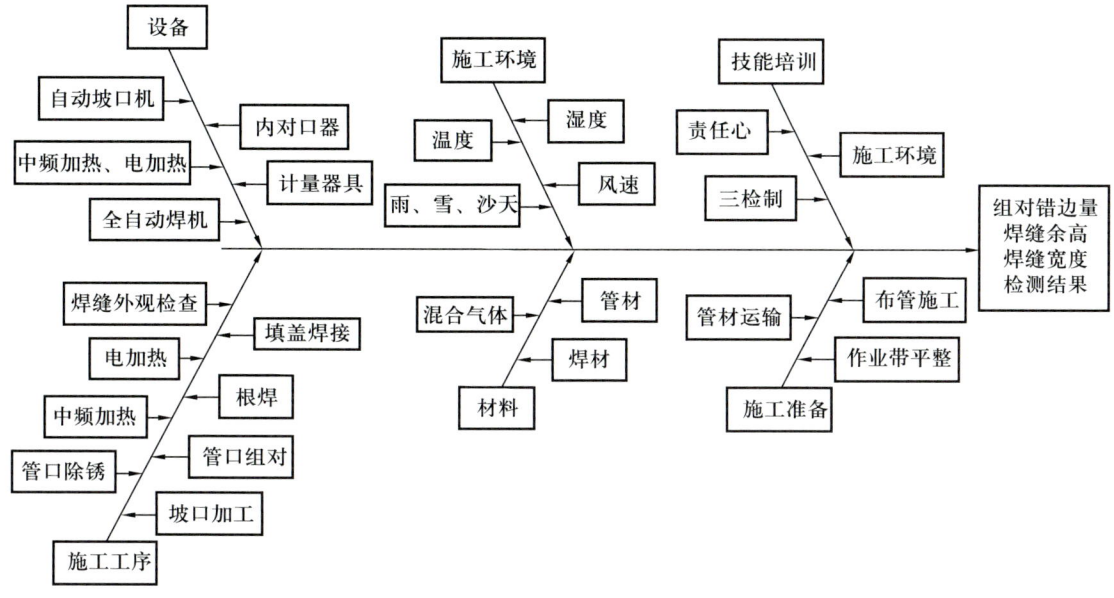

图 2.32 影响焊接质量因果图

自动收集的焊接过程数据，还可以进入数据库，通过大数据挖掘技术建立焊口质量大数据分析模型，进行焊口质量自动判断识别。通过对数据的预测，给工程管理者提供指导，能够辅助管理者进行有效决策。

（2）智能检测装备。

检测装备主要有射线检测和超声检测设备。

① 智能射线检测设备。周向 X 射线机配合射线检测管道爬行器可实现管道环焊缝自动化检测，一次透照可实现对一道焊缝的全周长检测，检测速度快。数字射线成像技术（Digital Radiography，DR）则通过闪烁屏面板转换 X 射线，经光电器件转化成为数字图像。以 1 秒多幅图像的速度进行数据采集，输入计算机进行实时处理，可以实现 X 射线伤检测的数字化，所得样片可通过基于环焊缝大数据智能评片技术实现管道环焊缝质量自动识别评估。

② 智能超声检测设备。全自动超声波检测（Automated Ultrasonic Test，AUT）设备采用分区扫查方法，将焊缝沿厚度方向按照 2~3mm 进行分区，每个区用一对或两对聚焦声束检测，同时还采用非聚焦声束检测，检测系统是多通道，检测结果以图像形式显示，分为 A 扫描带状图、B 扫描及 TOFD 三种显示方式。利用数字化的检测成果数据进行典型的缺陷特征提取，通过 AI 技术

进行缺陷的智能识别，实现智能评片。通过对相控阵超声检测技术的改造，实现焊缝的三维成像，使得检测结果更直观，缺陷更容易识别。

（3）智能防腐装备。

智能防腐装备通过在除锈设备及加热设备上加装数据自动采集模块，完成防腐作业过程数据自动采集，数据通过局域网发送到系统平台，系统终端进行数据接收，对不符合规程的工况进行及时报警纠正。施工单位管理层或建设单位实时监控机械化补口过程中的各项数据，同时将数据存储到数据库，以便进行历史数据查询。

（4）非开挖穿跨越智能施工装备。

非开挖穿跨越智能施工装备包含智能定向钻装备、盾构隧道施工智能装备等。

2.3.4.3.7 基于模型的工程建设一体化管控

融合建设期管网几何模型、数据模型、机理模型及业务模型，构建建设期数字孪生模型，能够实时感知物理管网的建设动态，并基于业务特征算法模型，进行资源优化部署、风险预警预测和智能评判决策。通过工程建设一体化协同管理应用，规范管理流程，通过平台数据跟踪业务动态，用数据监控业务状态，指导业务管控，实现工程项目建设业务的集成共享，管控一体、协同优化。

基于模型的工程建设一体化管控包含建设期数据治理、业务全过程协同管理、建设期数字孪生体同步构建与应用、工程建设全过程数字化交付等多项关键技术。

（1）建设期数据治理。

建设期数据源头不一、时间跨度大，要使数据统一在一个数据模型框架下，必须开展建设期数据治理工作。数据治理系统一般包含数据标准管理、元数据管理、数据质量管理、数据资产管理、数据安全管理等功能模块。数据治理方案将数据作为一种特殊的资产进行管理，对进入孪生平台的数据进行标准化的规范约束，并以元数据作为驱动，连接数据的标准管理、数据质量管理、数据安全管理的各个阶段，形成统一、完善的数据治理体系，以解决实际业务问题为导向，增强数据治理系统对业务发展的支撑能力。数据治理的数据包含设计数据（静态模型、属性数据、计算机理）、采办数据（采办进度及过程关键信息）、施工数据（进度及过程中的关键信息、视频监控、焊口检测等检测信息）及编码数据等。图2.33为一种数据治理系统框架。

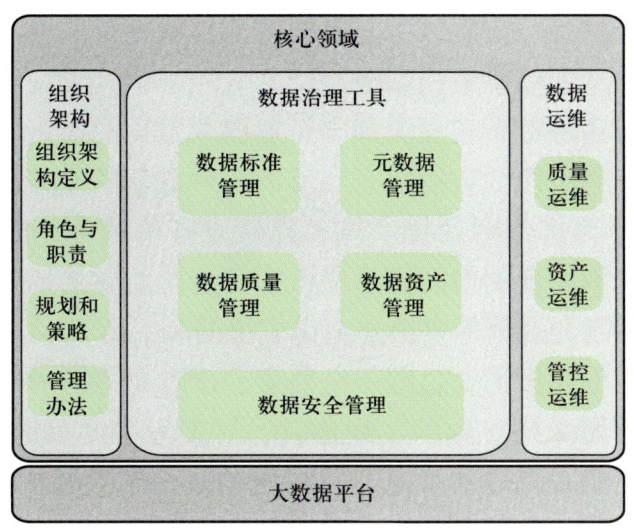

图 2.33　数据治理体系框架

（2）业务全过程协同管理。

如前文所述，工程建设体系是由若干相互联系、相互作用的单元组成的系统。从狭义上讲，协同是指系统内部各组成单元要素之间的和谐状态；从广义上讲，协同是指工程建设系统内外部资源之间达到和谐的状态。

油气工程建设的一个重要特征就是碎片化。主要表现在以下方面：

① 油气工程建设各专业之间沟通与协调困难。现代工程规模日益扩大、功能越来越丰富、复杂性越来越高、专业领域分工越来越细，如工程勘察、工艺设计、线路设计、建筑设计、结构工程、给水排水工程、暖通与空调工程、机电工程，以及涉及管道运行的控制系统与通信系统等，各专业之间沟通协调困难，往往出现各种冲突和错误。

② 油气工程全生命周期各过程之间的信息沟通与传递不畅。工程建设活动从规划、设计、采购、施工到运行维护，有着清晰的阶段划分，各个阶段的活动应该是相互联系、相互支撑的有机整体。但是，由于多方面的制约，工程建设过程之间的信息遗失、信息误读、信息延迟、信息失真等现象普遍存在，严重影响各阶段活动的有效衔接。

油气工程建设各专业组织之间协调不畅与工程建设全生命周期过程的不连续，这两个问题叠加，使得整个油气工程建设系统碎片化。面对易变性、模糊性且充满不确定性的工程建设系统，参与工程建设的主体很难有效沟通和协作以应对各种不确定性风险与挑战，从而导致工程信息采集与交互成本增加、工程变更或返工频发、工程质量低下和工程功能缺失等问题。智慧管网工程建设面向建造活动的全过程、全要素、全参与方,在每个阶段经过智能化提升,可以分别实现阶段内部的信息集成和单点技术应用,但这种局部式的解决方案会让油气工程建设失去从整个建设流程与行业提取数据的能力。只有打通各阶段的数据壁垒,实现跨阶段的数据交互和反馈,形成新的业务逻辑,才能实现管网建设的智慧化。智能化系列技术与工程建设有机融合形成的一体化集成技术,为应对油气工程建设的协同难题提供了可能,能够使油气工程建设的组织方式从专业协调不畅和过程不连续走向集成协调和一体化。

要实现油气工程建设的全过程、全要素、全参与方的大协同。参与工程建造的各专业主体可以采用一致的工程语言,对工程实体和建设过程进行定义,建立统一的数字模型,打造基于模型的系统工程,各专业主体可以在数字化设计与管理平台上,统一的数字化产品模型,高效协同工作,及时协调工程建造活动中可能出现的各种矛盾和冲突,克服点对点信息交互方式造成的信息延时、失真和缺失等弊端。同时,基于模型的系统工程可以克服工程建设过程信息不连续的弊端,实现工程设计、采购、施工与运行维护服务一体化,推动实现工程数据资源的价值增值。

依托油气工程全生命周期数据管理与信息集成,利用各种嵌入式和移动式计算技术,将参与工程建设的人员、设备、物料、工艺方法、环境因素转变为系统要素或单元,实现工程全生命周期的智能化运作。与此同时,通过建立各业务过程的信息联通与反馈机制,实现覆盖管网工程全生命周期的实时管理、协同控制,将工程集成为一个有机整体。

(3)建设期数字孪生体同步构建与应用。

建设期数字孪生体的构建是与管网工程建设过程同步进行的。以数字化集成设计建模成果为基础,并基于GIS集成管道本体及周边环境信息,形成数字孪生体数据基座,此时就基本确定了几何模型和数据模型框架。通过工程设计变更、采购及施工数据的不断收集,在数据治理基础上不断更新和丰富数字孪生体数据内容。但此时要实现数字孪生体的智能化应用,还应该进一步融合建设期业务模型和机理模型,构建动态的建设期数字孪生体。

基于全要素融合的建设期数字孪生体模型,可实现的技术应用包含数字孪生施工技术、进度管控及施工优化技术、全过程安全管控技术等。

① 数字孪生施工技术。通过工程实体与数字孪生模型的双向数据交互及信息融合、迭代优化,增强对工程实体的实时控制。通过智能工地感知系统收集和共享大量感知数据,通过大数据分析工具访问感知数据库,获得快速准确

的决策，实现真实空间物理施工过程的实时监控与数字孪生同步，促进物理世界和虚拟世界的连接。

② 进度管控及施工模拟优化技术。基于实时施工进度，在数字孪生引擎加持下可实现 5D 施工模拟，对于关键施工工序进行全程模拟，提前预演，可有效指导施工进展，提高施工效率及安全性。

③ 全过程安全管控技术。安全风险管控是智能建设管理的重要内容，将工程现场"人、机、料、法、环"等因素同步建模，实时映射到数字孪生模型中，通过开发安全模型算法，综合各种因素对工程现场安全环境进行预测与分析，及时预警可能风险源，降低施工事故发生概率。

（4）工程建设全过程数字化交付。

基于数据链逻辑的油气管网工程数字化交付，是以数字化设计、数字化采购、数字化施工等产业链业务为基础，通过数据采集、数据存储、数据交付、数据使用、数据管理等环节，实现产业链数据的分层交付。数字化交付，是形成不同企业数据应用和数据资产管理的先决条件，并且不同层级、不同职能的实体工程建设者和管理者，对交付的数据使用与管理的诉求不尽相同，因而形成了基于不同层级、不同管理诉求的数据仓库和管理应用（平台或软件）。

设计数字化交付数据是建立油气管网数字孪生体的基础。通过建立以工程对象为中心的属性化、参数化、可视化的交付方式，将工程设计产生的数据进行结构化处理，建立以工程对象为核心的网状关系数据库，存储于工程数据中心，并基于统一的数据接口完成数据交付，形成构建油气管网数字孪生体的数据资产。在采购及施工阶段，在既有数据治理框架下，数据经采集后，直接与数字孪生模型挂接，充实孪生体数据"骨肉"，工程竣工后，统一交付包含所有工程数据的孪生体，这样就实现了过程数据采集即交付的过程，避免了大量的人工工作，提高了数据秩序与交付效率。

2.3.4.4 支撑平台

智能业务的实现离不开平台的支撑。整个支撑平台系统是以数字平台为底座，在数字平台提供各项服务的基础上，开展设计、采办、施工业务一体化管控，数字化协同设计平台、供应链平台、工程项目管理平台在数据交互的同时及时与基于建设期数字孪生模型的一体化管控平台进行数据交互，不断完善建设期数字孪生体的同时，开展基于模型的智能化应用。支撑平台关联关系如图 2.34 所示。

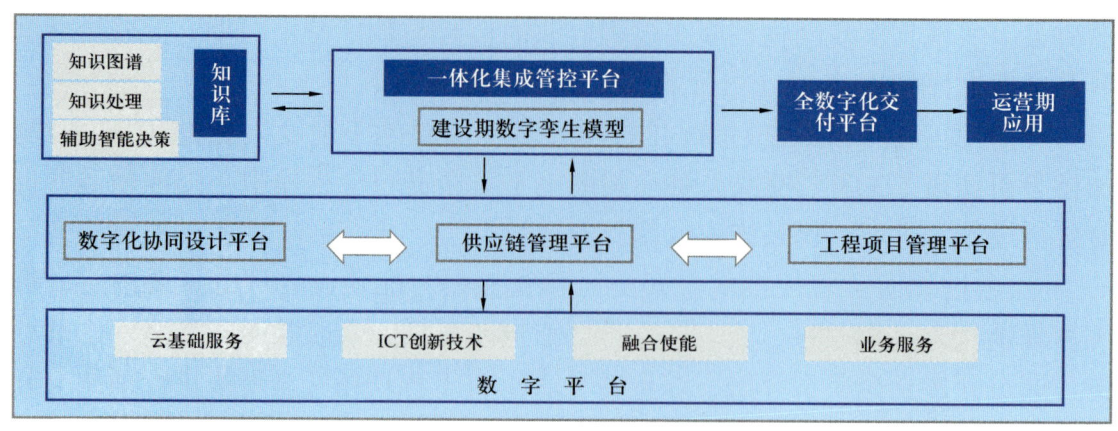

图 2.34　支撑平台关联关系

2.3.5　技术体系应用

根据目前主流的智能建设技术应用实践，本章节总结了智慧管网建设技术应用框架如图 2.35 所示。智能建设技术应用是在理论、标准及基础技术的支撑下进行的。应用框架由边缘层、数据层及应用层组成。

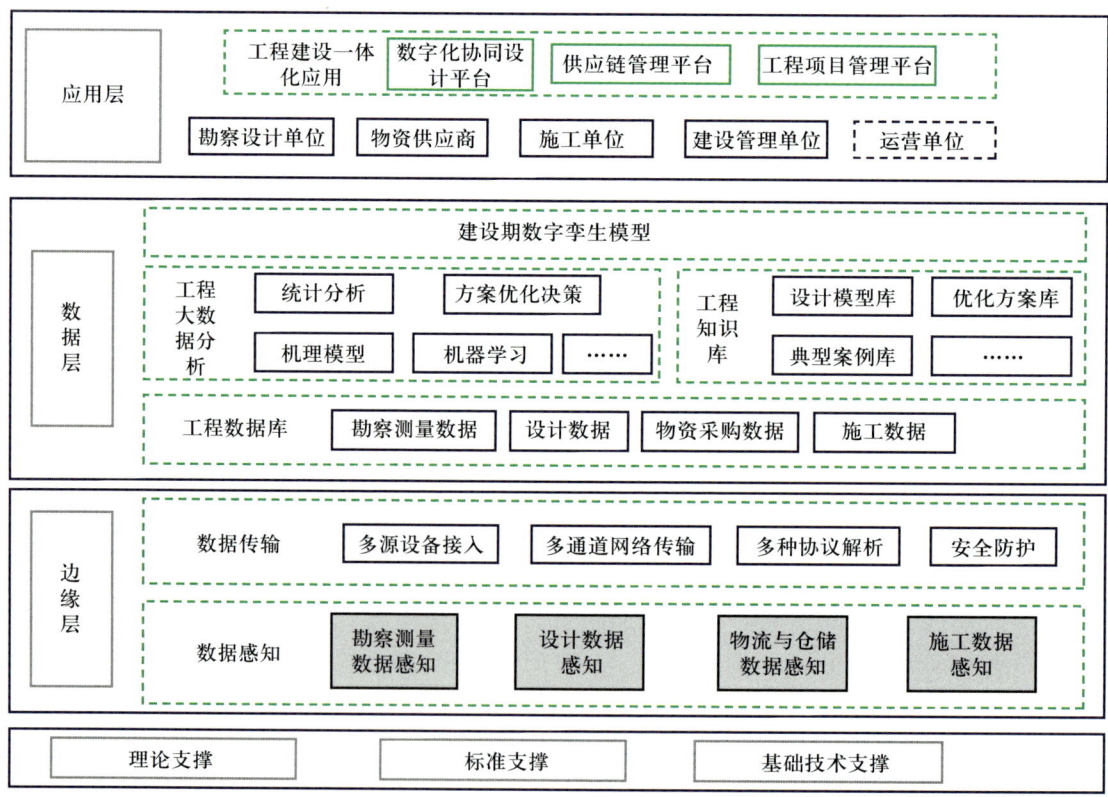

图 2.35　智慧管网建设技术体系应用架构

2.3.5.1 边缘层

边缘层是智慧管网工程建设的主要数据来源，通过大范围、深层次的数据采集，以及异构数据的协议转换与边缘处理，为工程建设的智能化提供数据基础。边缘层的核心是利用泛在感知技术对多源设备、异构系统、生产要素（人、机、料、法、环）信息进行实时高效采集和云端汇聚。

智慧管网工程建设在勘察设计、物资采购和工程施工各阶段都会产生大量的基础数据、结构化数据、非结构化数据及过程管理数据，这些数据都在边缘层采集、传输，必要时进行边缘端处理与储存。

2.3.5.2 数据层

在数据层构建建设期数字孪生管网模型，工程建设期感知数据被采集、处理后进入数据库统一储存，配合统一的工程知识库，形成建设期大数据系统，在此基础上开展统计分析、方案优化决策、机器学习、机理模型研究，为各工程建设阶段、各专业应用提供支持，最终实现三维物理可视、实时状态可视、评价与预测结果可视。

2.3.5.3 应用层

应用层是以数据层为支持和驱动的，与工程建设各阶段的需求深度融合，面向工程建设全参与方，通过各种智能化应用，构建工程建设一体化建设平台来实现工程建设的智能化管控。

2.3.6 智慧管网建设技术体系的支撑

2.3.6.1 体系支撑

任何智能技术的发展与应用都是在相关理论与技术的支撑下开展的，没有相关理论与技术支撑，智能技术的应用就会成为空中楼阁。本研究总结了智慧管网工程建设技术体系的支撑理论与技术，如图 2.36 所示。其中，支撑理论核心是系统论、控制论与信息论。理论核心"三论"从理论层次为研究动态问题、复杂系统问题提供了的认识工具，为一切行为目的的系统性工程找到了解决问题的有效途径。核心的扩展层为专业技术、新一代信息技术、管理技术、工业技术，四项基础技术互相融合形成了四大领域的智能工程建设技术，并开展进一步应用。

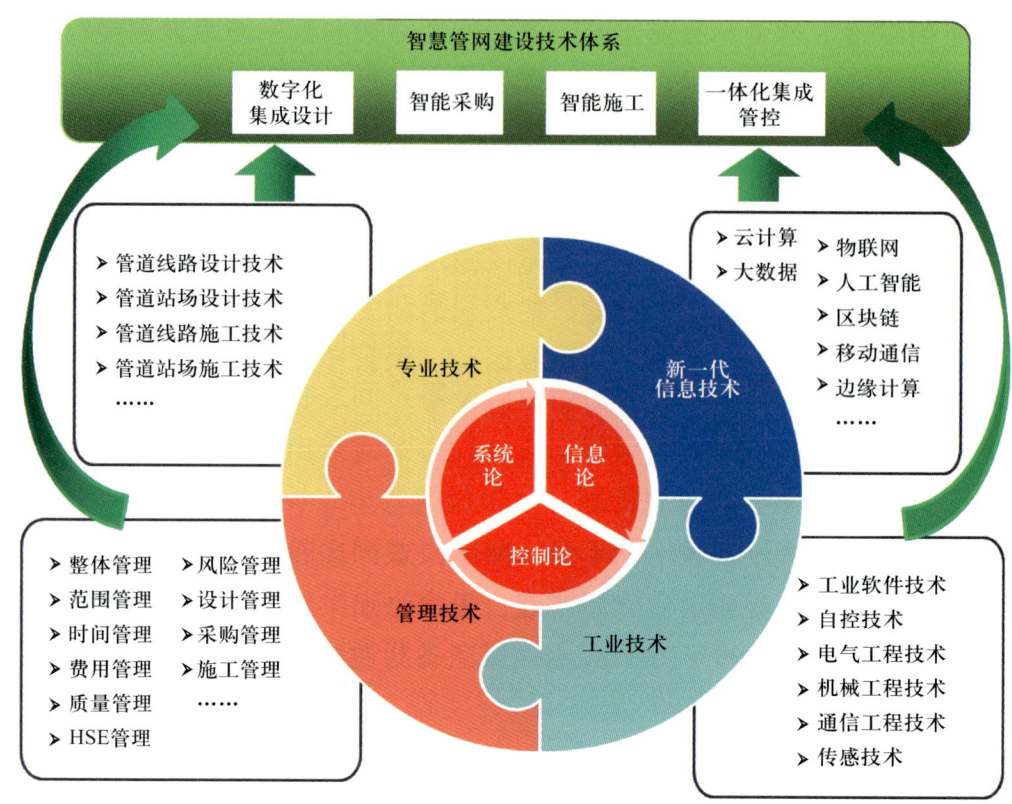

图 2.36 智慧管网建设技术体系支撑

2.3.6.2 基础技术

2.3.6.2.1 新一代信息技术

新一代信息技术目前已经得到广泛的应用，在管网智能化技术领域，需要重点关注的主要是物联网、大数据、人工智能、移动通信、云计算、边缘计算、区块链等技术。随着智慧管网建设需求变化，基础信息的不断突破将有助于为智慧管网的建设提供助力。以下围绕油气智慧管网的建设，对各智能化技术的特点及应用前景进行重点分析。

（1）人工智能技术。

人工智能的概念第一次被提出是在20世纪50年代，距离现在已有60余年的时间。直到近几年，人工智能才迎来快速发展。究其原因，主要在于日趋成熟的物联网、大数据、云计算等技术的有机结合，驱动着人工智能技术不断发展，并取得了实质性的进展。

人工智能是研究开发能够模拟、延伸和扩展人类智能的理论、方法、技术及应用系统的一门新的技术科学，研究目的是促使智能机器会听、会看、会说、会思考、会学习、会行动。具体地讲，人工智能通过五类基本技术来实现：① 信息的感知与获取技术，即从外界获得有用的信息，主要包括传感、测量、信息检索等技术，是人类感觉器官功能的扩展；② 信息的传输与存储技术，即交换信息与共享信息，主要包括通信和存储等技术，是人类神经系统功能的扩展；③ 信息的处理与认知技术，即把信息提炼成为知识，主要包括计算技术和智能技术，是人类思维器官认知功能的扩展；④ 信息综合与再生技术，即把知识转变为解决问题的策略，主要包括智能决策技术，是人类思维器官决策功能的扩展；⑤ 信息转换与执行技术，即把智能策略转换为解决问题的智能行为，主要包括控制技术，是人类效应器官（行动器官）功能的扩展。

人工智能的主要功能可归纳为四个方面。① 机器感知。感知是感觉与知觉的统称，是客观事物通过感官在人脑中的直接反映。机器感知是研究如何用机器或计算机模拟、延伸和扩展人的感知或认知能力，包括机器视觉、机器听觉、机器触觉等。机器感知是通过多传感器采集，并经复杂程序处理的大规模信息处理系统。② 机器思维。大脑的思维活动是人类智能的源泉，没有思维就没有人类的智能。机器感知主要是通过机器思维实现的，机器思维是指将感知得来的机器内部、外部各种工作信息进行有目的的处理。③ 机器学习。学习是有特定目标的知识获取过程，也是人类智能的主要标志和获得知识的基本手段。学习表现为新知识结构的不断建立和修改，机器学习通过计算机自动获取新的事实及新的推理算法等，是计算机形成智能的根本途径。④ 机器行为。行为是生物适应环境变化的一种主要的手段。机器行为研究如何用机器去模拟、延伸、扩展人的智能行为，具体包括自然语言生成、机器人行动规划、机器人协调控制等。

在油气管网工程建设领域，人工智能主要用于实现工程建设信息自动识别、自动判断与优化，提高操作效率和安全性。以下列举四项实际应用。

① 智能评片。焊接是管道施工过程中的关键环节，焊接质量影响着管道运行的安全性，而验证焊接是否符合要求则需要通过无损检测进行核验。目前无损检测方式包括射线检测、超声波检测、全自动超声波检测等。为响应施工智能化管理的需求，针对传统射线存在的底片不易保存、容易损坏、不便分析的问题，已经进行电子化扫描存档入库操作。而基于图像识别的检测智能评片技术，就是利用这些已经入库的底片，进行缺陷标准、计算机自动学习、缺陷

自动预测等研究，最终实现射线检测底片电子文件的自动识别。

② 智能数据采集。数据采集是油气管网工程管理过程中的重要环节，采集数据为项目过程管控及后期应用提供了数据基础。国家管网集团十分重视工程建设第一手数据的采集工作，在多项 DEC 文件中明确了数据采集范围、数据编码、相应文件清单等要求，但是由于工程数据源头多、数据量大，数据采集人员对信息化应用能力参差不齐等原因，导致数据采集的真实性、及时性无法得到保证。针对此类问题，可通过人工智能语音输入识别及智能图片识别等技术，提高数据采集人员数据采集效率与准确率，确保数据的采集质量。

③ 智能工地视频监控。智能工地视频监控领域引入人工智能技术，可以在摄像头、网络视频录像机（Network Video Recorder，NVR）等数据存储设备以及大数据综合应用平台等节点发挥作用。通过图形影像智能识别技术将摄像头采集到的实时信息进行处理分析和理解，将数据结构化，从而实现在没有人为干预的情况下，对设定工作区域内人员或物体的变化进行检测、定位和跟踪，并在此基础上分析和判断目标的行为，以实现对工程现场人员和机具状态的实时监控和分析，保障施工安全和质量。

④ 智能选线。智能选线方法应用在管道线路设计过程中。传统的人工选线方法多为设计人员凭经验手工设计线路，存在方案有限、决策周期长、劳动强度大等缺陷。智能选线是一种将选线理论与地理信息系统、智能计算、多目标优化等结合的现代化线路设计方法，旨在利用计算机自动搜索出连接起点、终点，满足限制条件且目标函数最优的线路方案，能为设计人员提供多样化的线路备选方案，可有效提高选线工作的速度和质量。

（2）大数据技术。

在工程建设领域，工程大数据是指围绕工程勘察、设计、采购、施工、竣工等工程建设全过程各个环节所产生的各类数据及相关技术和应用的总称。工程大数据技术是使工程大数据中所含的数据价值得以挖掘和展现的一系列技术与方法，包括数据规划、采集、预处理、存储、分析挖掘、可视化和智能控制等。归纳来说，主要包括数据采集技术、数据管理技术、数据分析技术。具体到油气管网建设，通过大数据相关技术可对油气管网工程建设过程中的海量数据快速进行数据筛查和判断分析，识别整个体系中人工难以判断识别的安全及进度风险、发展趋势等，为决策提供智能支撑，提高油气管网建设的风险管控能力和项目管理水平。以下列举两项实际应用。

① 采购、施工进度预测。结合采购及施工过程中采集到的各类数据，包

括物资到货情况、施工结果数据、设备工况数据等,构建关联关系,实现业务间数据真实性校验,通过数据发掘出实际的采购及施工过程,模拟进展情况,最终实现对施工进度进行智能预测。

② 焊接质量预测。通过对施工焊接数据的采集,利用大数据技术分析影响焊接质量的关联性因素,并进行机器学习算法优化,挖掘影响焊口质量的关键影响因子,搭建焊接质量预测模型,最终实现焊口质量大数据分析及辅助决策,推动工程建设智能化管理,提高焊接的效率和质量。

(3) 区块链技术。

区块链技术是一种数据库机制的分布式数据存储技术,它可以用于存储任意类型的数据。区块链技术可以让数据存储在多个节点区块上,而不是集中存储在一个物理节点,这样的分布式存储架构可以有效地防止数据泄露和篡改。由于区块链的去中心化特性,它可以被用于跨越不同领域的应用中。此外,区块链还具有很强的安全性能,因此还可以用于保障个人隐私或企业的数据安全。结合油气管网工程建设的特点,区块链技术可能会有以下两方面的应用。

① 工程建设人力资源配置。区块链+工程建设人力资源配置的应用新模式,能够充分向区块链借力,提升人力资源数据管控、资源分类及动态监控等方面的工作效能,实现人力资源的可靠、科学、精准配置与管理。

在人力资源数据管理方面,依托区块链去中心化、分布式存储、不可篡改等特性,将员工基本信息、任职履历、培训经历以及岗位类型等相关数据上传至区块链后,如果不经全网节点验证通过,任何人任何时候都无法实现对数据的有效修改,不仅能够极大地保证数据的安全性和真实性,并且能够成为统一数据管理的重要平台,为工程建设人力资源大数据管理工作提供安全可靠的整理工具。在人力资源数据分类方面,基于区块链建立区块链员工身份识别系统,依据人力资源分类的相关要素,从纵向和横向上进行分类划分,探索构建"人力资源分类网格",利用区块链智能合约技术自动划分"织网",实现工程建设人力资源的自动分类,从而可以减少人岗匹配中的干扰因素,准确把握人才成长梯次、素质结构等情况,从而有效提升工程建设人力资源配置的科学性。在人力资源动态监控方面,利用区块链去中心化的交互模式,每个节点都是对等节点,按照共识算法参与更新维护链上数据,并进行全网"广播",有利于构建人力资源动态监控链,实现人力资源全网一条链。尤其是多个工程建设项目同时开工,区块链在实现油气管网工程建设人力资源精准配置上具有明显优势,一方面,基于链上各作战节点实时采集、更新的人力资源动态信息，能够精准测算人力需求，便于提前筹划人才预置、精准储备工程项目人才；另一方面，利用区块链智能合约技术，将人力补充规则转换成链上智能合约代码，设置人力资源补充响应优先级，从不同领域、不同专业、不同岗位，提出全时动态精准的多组合补充方案，对工程建设施工筹划具有重要参考价值。

② 工程项目管理。区块链的应用可实现工程建设全过程数据的可追溯，区块链与物联网、大数据等技术的集成，能够为项目管理提供可靠的数据支撑，助力工程项目管理全方位提升。在合同管理方面，智能合同系统基于分布式区块链的框架，可以自动执行与临时支付相关的条款和条件，并透明、安全地在项目级共享支付记录，消除或减少石油工程行业的支付问题。在供应链管理方面，区块链可应用于供应链管理的所有阶段，对物料与设备从制造到施工安装的每个阶段进行信息验证，助力实现物资的状态实时跟踪与信息共享，提高物资采购流程的透明度和信息可追溯性。在项目信息管理方面，基于区块链技术可以在油气管网工程建设所有阶段提供可信的信息管理机制，比如，在施工阶段，区块链可以提高施工数据采集的可靠性和可信度。

（4）云计算技术。

云计算是分布式处理、并行处理和网格计算的发展形式，是一种资源交付和使用模式，它通过网络获得应用所需的资源（硬件、软件、平台），将计算从客户终端集中到"云端"，以应用的形式通过互联网提供给用户，而计算功能则借助分布式计算等技术由多台计算机共同完成。其中，虚拟化技术、分布式数据存储技术、编程模型、海量数据管理、分布式资源管理、云计算平台管理技术是其关键技术。① 虚拟化技术是一种在软件中仿真计算机硬件，以虚拟资源为用户提供服务的计算形式，旨在合理调配计算机资源，以更高效地提供服务。它打破应用系统各硬件间的物理划分，从而实现架构的动态化，实现物理资源的集中管理和使用。虚拟化的最大好处是增强系统的弹性和灵活性，降低成本、改进服务、提高资源利用效率。② 分布式数据存储技术用于将大量服务器整合为一台超级计算机，提供海量的数据存储和处理服务。它采用可扩展的系统架构，利用多台存储服务器分担存储负荷，利用位置服务器定位存储信息。这种模式不仅摆脱了硬件设备的限制，同时扩展性更好，能够快速响应用户需求的变化。③ 编程模型。云计算采用了一种简洁的分布式并行编程模型 Map-Reduce，主要用于数据集的并行运算和并行任务的调度处理。在该模式下，用户只需要自行编写 Map 函数和 Reduce 函数即可进行并行计算。④ 海量数据管理能够高效管理大量的数据。云计算系统由大量服务器组成，同时为大量用户服务，因此云计算系统采用分布式存储的方式存储数据，用冗余存储的方式保证数据的可靠性。云计算系统中广泛使用的数据存储系统是 Google 的 GFS，以及 Hadoop 团队开发的 GFS 的开源版本，即 HDFS。⑤ 在多节点的并发执行环境中，各个节点的状态需要同步，并且在单个节点出现故障时，系统需要有效的机制保证其他节点不受影响，因此引入了分布式资源管理技术。⑥ 云计算平台管理技术具有高效调配大量服务器资源，使其更好协同工作的能力。其中，方便地部署和开通新业务、快速发现并且恢复系统故障、通过自动化、智能化手段实现大规模系统可靠的运营是云计算平台管理技术的关键。

国家管网集团顺应时代潮流，要求所构建的信息系统采用云计算技术，符合分布式部署要求，打造既经济又高效的系统生态。通过共享算力资源池的方式，提高大容量、多种类的数据处理能力，挖掘已采数据的高阶价值。

（5）边缘计算技术。

边缘计算技术是在靠近设备或数据源头的一侧，采用集网络、计算、存储、应用核心能力为一体的开放平台，就近提供最近端服务。其应用程序在边缘侧发起，产生更快的网络服务响应，满足行业在实时业务、应用智能、安全与隐私保护等方面的基本需求。边缘计算处于物理实体和工业连接之间，或处于物理实体的顶端。边缘计算着重解决传统云计算模式下存在的高延迟、网络不稳定和低带宽问题，是云计算的有效补充。在智能工程建设领域边缘计算技术目前主要应用于智能工地信息采集。

① 智能工地边缘服务器。油气管网施工现场往往地形复杂、网络依托条件差，施工信息采集传输速度慢、实时性差，边缘计算服务器的应用有效解决了这些问题。边缘计算服务器可接入施工现场摄像头、施工机具等多种数据采集终端并实时分析处理数据，降低智能工地搭建和运营难度，提高施工现场精细化管理水平。

② 行为边缘端智能识别。施工现场不安全行为的智能识别也可通过边缘计算技术实现。当工程现场摄像头捕捉作业视频后，无须上传云端，通过封装视频自动识别算法的边缘服务器直接识别报警，提高数据应用及时性，降低系统中心服务资源负载量。

（6）物联网技术。

物联网（IoT）是指通过各种信息传感器、射频识别技术、电子标签、全球定位系统、红外感应器、激光扫描器等装置与技术，实时采集任何需要监控、连接、互动的物体或过程，采集其声、光、热、电、力学、化学、生物、位置等各种需要的信息，通过各类可能的网络接入，实现物与物、物与人的泛在连接，实现对物品和过程的智能化感知、识别和管理。物联网是一个基于互联网、传统电信网等的信息承载体，它是让所有能够被独立寻址的普通物理对象形成互联互通的网络。物联网在采购、施工智能化及工程建设管理中有十分广泛的应用，物联网技术为工程建设智能化提供了一个可行的框架，人工智能、云计算、边缘计算等技术都可融入物联网框架内，共同实现智能工程建设应用。

2.3.6.2.2 工业技术

在工业技术领域，主要是结合自动控制、电气技术、机械设备、传感技术等，通过各项设备间的数据，快速完成管网运营过程中的各项设备数据收集、分析、判断后，实现设备精准定位、故障处理、运营参数调整等功能。

（1）自动控制。目前主要还是以测量元件与控制器进行相互配合，对所输送的载体运量进行精准控制。随着数字化的不断发展，测量元件的传感器对当前载体运量进行测量，并反馈到统一的管理平台中，结合管网全系统中的各系统运行实施情况，自动调整控制仪表的被控变量，完成管网运行稳定性的精准控制。

（2）电气技术。电气技术的发展是通过数字化、网络化将驱动设备、总线控制设备、可编程控制（PLC）等设备，从传统的独立系统，集成至统一管理平台中，进行统一调配和管理。

（3）传感技术。传统模拟式传感技术正在逐渐转变成为A/D转换模块，通过输出数字信号或数字编码，进行数据的采集、转化、存储、无线传输，是工业生产、智慧施工等多种环境中重要的数据采集手段。采用物联网技术的数字化传感技术，能够实时无线连接、远程监控、实现分布式无人值守。

2.3.6.2.3 管理技术

在管理技术层面，对比传统的线下管理，智能化的管理更加关注的是标准统一化、数据集中与可视化，从项目管理、人员管理、财务管理、智慧工地管理、设计管理、采销供应链管理等多个角度，进行系统集约化，打通各类信息系统孤岛，能够做到在单一系统上完成项目建设生命周期的全功能化应用。

在项目管理方面，重点关注的是整体计划、分项计划、里程碑节点控制，从任务、时间、人员、设备、费用等多个角度，对整体建设细节进行不同层面的关注，体现项目推进情况，做到项目进度可视化管控。

在人员管理方面，重点关注的是项目人员的综合信息管理、人员进出场计划安排及人员在项目现场的日常管理、安全健康管理等重要因素，做到人员有序调配，保证项目推进效率及安全管控。

在财务管理方面，重点关注传统财务管理及项目现场的专项费用支出管理，其管理重点主要在采购费用支出、工程进度签证、项目预算及支出管理等方面。

在智慧工地层面，重点关注的则是项目施工现场的日常管理工作，主要包括劳务管理、设备管理、物料管理、工艺工法、绿色施工、质量管理、安全管理、进度管理等，重点与项目施工现场的各项功能进行挂钩，与总体管控系统中的总体项目进度、财务预算、人员管理、购销管理、设计及管理相结合，获取项目现场的各项数据，便于项目全体成员实时把控项目总体施工情况。

在设计管理层面，目前的发展趋势还是以统一的云设计协同平台为主，在单一平台中，采用统一的设计理念、统一的数据标准、统一的设计质量要求，配合项目管理系统，能够做到统一的进度管控、统一的质量管控，在设计完成后，设计成果集成在统一平台中。针对不同的项目需求及使用情况，建设设计成果共享公用、图纸工艺统一分发、技术文档统一共享的平台，满足多专业协同设计和数字化移交的要求。

在完成相关项目的招标完成后，统一应用采销供应链管理平台进行材料管理、付款管理、运输管理、监造管理、仓储管理等。其优势在于项目建造完整周期中，可以对各项材料的进场时间、进厂质量，以及仓储情况进行管理。供应商、承包商、项目所有人能够依据项目相关计划，通过物联网相关技术（如RFID 或二维码）对各项资产、设备、物料进行统一标识，从而实现统一质量管理，确保相关设备、物料有序进场，并对项目各类材料的业务流程进行全流程把控。

2.3.6.2.4　专业技术

专业技术基于油气储运工程学科知识，涵盖天然气管道工程、原油管道工程和成品油管道程中的设计和施工部分。在长期发展过程中，通过大量管道建设实践形成了各专业领域的专有技术。

一级技术分类按照管道工程建设构成可以分为线路和站场两大部分。二级技术分类将线路工程分为一般线路敷设、穿跨越工程、特殊地区敷设工程，站场工程则直接进行三级技术分类。三级技术分类以二级各专项工程分类为基础，将各专项工程的设计和施工分项技术进行分类，一般线路敷设技术分为选线定线、线路设计、机械化施工、机械化防腐和数字化检测；穿跨越工程（非开挖）可分为定向钻设计与施工、隧道设计与施工、顶管设计与施工和跨越设计与施工；特殊地区敷设工程划分为安全环保、矿山采空区敷设、断裂带敷设、山区和黄土塬敷设、水网地区和沼泽敷设、沙漠和戈壁敷设、冻土敷设以及河流、山涧敷设；站场工程三级技术分为工艺系统、站场工艺、仪表自动化、通信、站场安全、站场节能和站场施工（表2.3）。

表 2.3 管道工程建设技术分类表

一级技术分类	二级技术分类	三级技术分类
线路工程	一般线路敷设	选线定线
		线路设计
		机械化施工
		机械化防腐
		数字化检测
	穿跨越工程	定向钻设计与施工
		隧道设计与施工
		顶管设计与施工
		跨越设计与施工
	特殊地区敷设	安全环保
		矿山采空区敷设
		断裂带敷设
		山区和黄土塬敷设
		水网地区和沼泽敷设
		沙漠和戈壁敷设
		冻土敷设
		河流、山涧敷设

续表

一级技术分类	二级技术分类	三级技术分类
站场工程		工艺系统
		站场工艺
		仪表自动化
		通信
		站场安全
		站场节能
		站场施工

三级技术分类下还可以进行更为详细的技术划分，所涉及专业技术太多，在此不一一划分，但可以以三级技术分类为基础，总结三级技术分类下的核心技术。

选线定线核心技术：依托定量风险评价技术进行风险识别、风险概率分析、高后果区识别等工作；依托数字化选线定线技术实现地理信息及多专业信息集成，提高选线效率与科学性。

线路设计核心技术：依托可靠性管道设计和评价技术实现应力应变分析、极限状态设计等，提高设计可靠性与经济性；依托数字化线路设计技术实现线路多专业协同、管道建模。

机械化施工核心技术：包含全自动焊机械设备技术、自动焊接工艺、机械组对技术等，自主研发了新型八焊炬内焊机、双焊炬外焊机、自调式对口器等系列施工装备，形成了自动焊机械化流水施工方法。

机械化防腐核心技术：包含收缩带机械化补口工艺、液态聚氨酯涂料补口技术、成品管防腐技术、热煨弯管防腐技术。

数字化检测核心技术：包含全自动超声检测技术、射线检测技术、漏磁检测技术、内检测技术。

定向钻设计与施工核心技术：通过长距离大口径管道定向钻穿越设计与施工技术研究，形成了穿越地层风险评价、钻具动力分析、钻具组合优化、钻杆寿命评价、泥浆试验配比、定向钻工艺分析与计算、对穿技术、健康诊断分析等系列技术。

隧道设计与施工核心技术：盾构进出洞的防水设计技术、竖井内管道安装技术，包含地基加固及止水方案设计、竖井立管结构及应力分析、多管安装工艺等。

顶管设计与施工核心技术：曲线顶管设计与施工技术，包含地质分析、顶管结构模型分析及计算、曲线顶管工艺等。

安全环保核心技术：水工保护、水土保持技术。

矿山采空区敷设核心技术：矿山采空区沉陷预测及管道受力分析技术，包含采空区沉陷预测、管道受力计算。

断裂带敷设核心技术：基于应变的活动断裂带管道设计技术，包含应变分析、应变量、位移控制、应变设计。

山区和黄土塬敷设核心技术：山区和黄土塬设计与施工技术，包含山体隧道内管道安装设计及安装，以及山区和黄土塬区域敷设设计与施工工艺。

水网地区和沼泽敷设核心技术：水网地区设计与施工技术，包含稳管设计工艺、水网地区施工工艺。

沙漠和戈壁敷设核心技术：沙漠和戈壁设计与施工技术，包含管沟开挖及回填工艺、固沙及防护方法。

冻土敷设核心技术：冻土区设计与施工技术，包含冻胀设计工艺、管沟开挖及回填工艺。

河流、山涧敷设核心技术：多管共用管桥设计与施工技术、柔性管桥跨越设计与施工技术。

工艺系统核心技术：天然气管网工艺系统分析与优化设计技术、复杂情况顺序输送管道混油特性及控制设计技术、加热原油和不加热原油顺序输送工艺技术，包含管道调峰、失效分析、混油模拟计算、复杂地形管道的系统控制优化、界面检测、混油切割和处理、非稳态热力条件下土壤蓄热量模拟、差温加热、均温加热和低凝油油尾部分加热的经济性和流动安全性分析等。

站场工艺核心技术：大型压气站设计技术，包含等负荷率布站、压缩机组选型、出站温度选择等。

站场安全核心技术：危险与可操作性分析（Hazard and Operability Study，HAZOP）、定量风险评价、安全完整性等级（Safety Integrity Level，SIL）评估技术、应力分析技术。

站场节能核心技术：燃气轮机余热利用技术。

站场施工核心技术：大型设备吊装施工、大型机组安装调试技术、大体积混凝土基础浇筑技术。

2.3.6.3 领域技术

智慧管网建设技术体系以专业技术、信息技术、管理技术、工业技术为体系基础技术支撑,四项基础技术互相融合形成了关键领域技术。经本研究分析,将一体化工程软件技术、工程物联网技术、自动化和智能化工程装备、工程大数据驱动的智能决策技术作为关键领域技术,支持油气管网工程建设协同和产业转型。因此,作为连接底层通用技术与上层业务的枢纽,领域技术的发展将对智慧管网建设体系的发展起到关键作用。

2.3.6.3.1 一体化工程软件技术

随着工程软件技术、工程算法、工程模拟仿真技术的不断发展及普及,油气工程建设领域逐渐形成了以工程协同设计软件、多维数字建模与仿真技术为核心,面向全产业链一体化的工程软件体系。目前油气工程建设行业工程软件包括工程设计、工程二三维建模、工程仿真、工程模拟分析、项目管理、采购管理等类型,这些专业化软件作为工程技术和专业知识的程序化封装,贯穿工程项目各阶段。但目前油气工程行业还尚未形成贯穿建设全产业链、涉及工程全要素、满足全参与方协同的一体化工程软件,因此全产业链一体化的工程软件是发展的必然成果,将支持建设项目全生命周期业务的自动化和决策的科学化。

油气工程软件的主要特征包括：在服务对象方面,油气工程软件服务于设计、采购、施工、管理等建设全参与方;在内容专业性方面,油气工程软件反映了油气工程建设方发展过程中长期积累的专业知识;油气工程软件源于油气工程建设的实际需求,打造基于模型的系统工程,运用工程多维数字化建模与仿真技术,将工程实践中获得的专业知识转化为模型和算法,继而将模型和算法软件化,精确、快速地支持各类复杂的油气工程建设任务;油气工程软件研发与实际应用场景紧密结合,需要在使用中持续改进,不断提升其功能和性能。

当前,国外工程软件仍占有绝对的市场及技术优势,我国工程软件存在整体实力较弱、核心技术缺失等诸多问题,呈现出"管理软件强,技术软件弱;低端软件多,高端软件少"的局面。在设计建模软件方面,国产工程软件依然面临着严重的"缺魂少擎"问题,面对国外工程软件的冲击,国产的设计建模软件很难在短时间内建立起竞争优势。在工程设计分析软件方面,接近60%

的主流软件来自国外，其以强大的分析计算能力、复杂模型处理能力牢牢占据市场前端。在复杂工程问题分析方面，国产软件依然远远落后于国外。在工程项目管理软件方面，得益于对国内规范、项目业务流程的高度支持，加之国内厂商的持续研发投入，国产软件已经形成了较完整的产品链。

2.3.6.3.2 工程物联网技术

工程物联网作为物联网技术在工程建设领域的拓展，通过各类传感器感知工程要素状态信息，依托统一定义的数据接口和中间件构建数据通道。工程物联网将改善采购和施工现场管理模式，支持实现对"人的不安全行为、物的不安全状态、环境的不安全因素"的全面监管。

在工程物联网的支持下，工程施工现场将具备如下特征：一是万物互联，以移动互联网、智能物联等多重组合为基础，实现"人、机、料、法、环、品"六大要素间的互联互通；二是信息高效整合，以信息及时感知和传输为基础，集成工程要素信息，构建智能工地；三是参与方全面协同，工程各参与方通过统一平台实现信息共享，提升跨部门、跨项目、跨区域的多层级信息共享能力。

当前，我国工程物联网的技术水平和国外相比仍有较大差距。美国、日本、德国的传感器品类已经超过 20000 种，占据了全球超过 70% 的传感器市场，且随着微机电系统（Micro-Electro-Mechanical System，MEMS）工艺的发展呈现出更加明显的增长态势。我国 90% 的中高端传感器依赖进口。除传感器外，现场柔性组网、工程数字孪生模型迭代等技术均亟待发展。另外，我国工程物联网的应用主要关注建筑工人身份管理、施工机械运行状态监测、高危重大分部分项工程过程管控、现场环境指标监测等方面，然而本研究调研结果显示，工程物联网的应用对超过 88% 的施工活动仅能产生中等程度的价值。在有限的资源下提高工程物联网的使用价值将是未来需要解决的重要问题。

2.3.6.3.3 自动化、智能化工程装备

自动化、智能化工程装备是在传统油气工程建设装备基础上，融合多信息感知、故障诊断、高精度定位导航、施工数据采集传输等技术的新型施工机械。其核心特征是自感应、自适应、自学习和自决策，通过不断自主学习与修正、预测故障来达到性能最优化，解决传统工程装备自动化水平低、作业效率低下、能源消耗严重、人工操作存在安全隐患等问题。

世界各国高度重视工程机械前沿技术，积极调整产业结构，加大了对工程装备的扶持力度，促使工程装备向数字化、网络化和智能化发展。然而，我国在工程机械智能化技术的研发应用上虽有一定突破，但在打造智能化工程机械所必需的元器件方面仍落后于国际先进水平。可编程逻辑控制器（Programmable Logic Controller，PLC）、电子控制单元（Electronic Control Unit，ECU）、控制器局域网络（Controller Area Network，CAN）等技术均落后于发达国家，这阻碍了我国工程机械行业的发展，也削弱了我国工程建造的整体竞争力。我国工程机械整体呈现出"大而不强，多而不精"的局面，发展提升空间广阔。

2.3.6.3.4 工程大数据驱动的智能决策技术

工程大数据是油气工程全生命周期各阶段、各层级所产生的各类数据以及相关技术与应用的总称。工程大数据具有体量大、种类多、速度快、价值密度低等特征，应用重点在于将工程决策从经验驱动向数据驱动转变，从而提高生产力、提升企业竞争力、改善行业治理效率。

工程大数据的价值产生于分析过程。数据分析指根据不同任务，从海量数据中选择全部或部分数据进行分析，挖掘决策支持信息。分析工程大数据除了应用传统统计分析方法以外，也需要人工智能的支持。其中，深度学习作为当前人工智能的重点方向之一，具有无须多余前提假设、能根据输入数据而自优化等优势，解决了早期神经网络过拟合、人为设计特征提取和训练困难等问题。深度学习利用海量数据提供的训练样本，在作业人员行为检测、危险环境识别等任务中获得广泛使用。值得注意的是，深度学习的复杂性使得模型容易成为黑箱，因而无法评估模型的可解释性，而机理模型的优点在于其参数具有明确的物理意义。因此，构建数据和机理混合驱动的数据分析模型，有助于从工程大数据中提炼具有实际物理意义的特征，提升计算实时性和模型适应性。

发达国家将大数据视为重要的发展资源，针对大数据技术与产业应用结合提出了一系列战略规划，如美国《联邦数据战略和2020年行动计划》、英国《国家数据战略》等。我国发布了《促进大数据发展行动纲要》等一系列战略规划，但工程大数据的发展和应用仍处于初级阶段。在流程方面，我国工程大数据应用流程未能打通，数字采集未实现信息化、自动化，数据存储和分析也缺少标准化流程；在技术方面，当前主流数据存储与处理产品大多为国外产品，如HBase、MongoDB、Oracle NoSQL等典型数据库产品以Storm、Spark

等流计算架构；在应用方面，我国工程大数据仅初步应用于劳务管理、物料采购管理、造价成本管理、机械设备管理等方面，在应用深度和广度上均不足。

2.4 总结与展望

本研究在调研高铁、电网、建筑、制造等行业智能工程建设理论及技术体系的基础上，结合油气管网工程建设行业及国家管网集团发展现状，提出了智慧管网工程建设理论及技术体系。

在理论体系方面，从体系架构搭建入手，阐述了智慧管网工程建设的概念、内涵特征、理论基础及方法论，并指出整个体系是由技术、数据及标准体系有机融合的整体，最后提出了智慧管网工程建设的总体目标。

在技术体系构建方面，通过搭建技术体系框架，总结了技术体系发展的四大领域、七个方向、N 项智能应用及支撑平台，为技术体系构建与发展提供了指导。

智慧管网工程建设体系的发展不是一蹴而就的，发展模式也不是一成不变的，通过本研究只能大致梳理体系发展脉络，为体系发展提供一定程度的指导。该体系后续发展规划还应随着理论与技术发展的实际情况及时调整，使之顺应时代发展潮流。

第 3 章
油气管网数字化集成设计技术

3.1 概述

3.1.1 数字化集成系统设计理论概述

数字化集成设计系统是基于三维工厂设计系统软件的集工程设计、施工、管理等方面的思想于一体的系统，为现代工程项目管理从粗放被动型向精细主动型发展创造了十分有利的条件。

"数字化"的概念在1942年首次被贝尔实验室的数学家乔治·斯蒂比兹提出。致力于数学物理研究的他，被后世公认为数字计算机之父。

数字化的概念随着计算机和信息网络技术的发展，从科学研究和尖端军事技术逐步扩展到民用市场。现在越来越多的行业和企业开始接触、运用和理解数字化概念和产品。

单从字面上理解，可以将"数字化设计集成系统"拆分为"数字化的""设计""集成""系统"等多个元素。关于数字化概念，目前世界上比较主流的观点是：数字化就是将许多复杂多变的信息转变为可以度量的数字、数据，再以这些数字、数据建立起适当的数字化模型，把它们转变为一系列二进制代码，引入计算机内部，进行统一处理，这就是数字化的基本过程。数字化相较于传统的模拟方式，具有同步性、语言性、准确性、可复制性、精确度以及可压缩性等特点。狭义的集成是各类集成设计工具的集成，广义的集成不仅包括设计工具的集成，还包括工作流程以及业务应用的集成。为了能够充分考虑经济因素和人文因素，设计不仅要集成各专业设计（E），还应该要与采购（P）和施工（C）应用程序以及其他工程软件集成，如与工程进度软件、材料管理软件、建造安装系统、工厂管理系统集成等。

在规划和搭建数字化设计集成系统时，要充分考虑云技术，让系统构筑在当今最新技术平台上面。将专业知识和工程经验从老一辈工程师的头脑中迁移到可反复利用的计算机系统中去,保持企业长久的核心竞争力将是建设"数字化集成设计系统"的根本目标。

人、计算机、应用软件、面向专业的工作流程和以数据为核心的工作平台,这五大因素构成数字化集成系统的基本要素,目前的工程设计公司,影响质量和效率的瓶颈主要发生在专业之间的沟通和协调。数字化集成系统,首先是数字化的,工程设计的对象都以数据的形式存放在这个系统中,每个专业的每个工程师都可以根据自己在项目中的角色,拥有和管理属于自己的工程对象,同时还可以浏览和分享其他项目人员的工程对象;其次是集成的,负责协同设计一体化,解决专业间的沟通和协调问题,保证专业设计修改可以及时准确地传递给下游相关专业。集成系统能够保证各个专业使用的第三方软件之间能够交换数据,同时具备管理工程文档、管理设计版本、设计浏览和审批等功能。一个好的集成系统,应该可以有能力把各种语言解析成通用的表达方式。

3.1.2 数字化集成系统现状调研

3.1.2.1 国际知名软件调研

3.1.2.1.1 鹰图 SmartPlant 数字化设计平台

(1)公司简介。

海克斯康 PPM(Hexagon PPM)即行业内大家熟知的鹰图 PP&M(Intergraph PP&M),以下简称为 PPM。PPM 是全球领先的工程类软件研发企业和供应商,主要产品是鹰图智慧解决方案(Intergraph Smart Solutions)。其软件和服务帮助工厂、船舶及海洋工程以及其他领域的客户更有效地建立工厂并进行运营。

海克斯康 PPM 致力于面向工厂和船舶全生命周期的企业级工程设计和管理软件系统的开发及应用服务。经企业咨询公司 ARC 评定,海克斯康 PPM 在石油天然气总量、石油天然气勘探与开发、石化、电力、金属和矿产、船舶及海洋工程等领域的市场份额均居全球第一。不仅如此,海克斯康 PPM 在 ARC 于 2006—2017 年发布的《工业和基础设施工程设计工具全球市场前景分析》中,连续 13 年被评为世界第一的工业一体化工程设计解决方案供应商。据《工程新闻记录》统计,世界排名前 20 位的工程公司均为鹰图智慧解决方案的用户。

业界普遍认为化工企业数字化转型的关键是建立一套与物理工厂相对应

的、真实可靠的数字化"孪生"工厂,基于工厂的数字化资产信息,开展有组织的、可追溯的、流程化、可视化运维工作。为了构建数字资产平台,工程项目的设计、采购、施工的数字化和交付的数字化是高效和有质量保证的手段,并且目前在国内外大型项目中已被广泛应用。

鹰图集成设计及数字化交付解决方案,如图 3.1 所示,通过在国内多个石化项目上的成功实施,被证明是可以满足本地化项目的实际要求的。该方案可实现数字化工厂数字资产管理、查询及其他系统集成等功能。

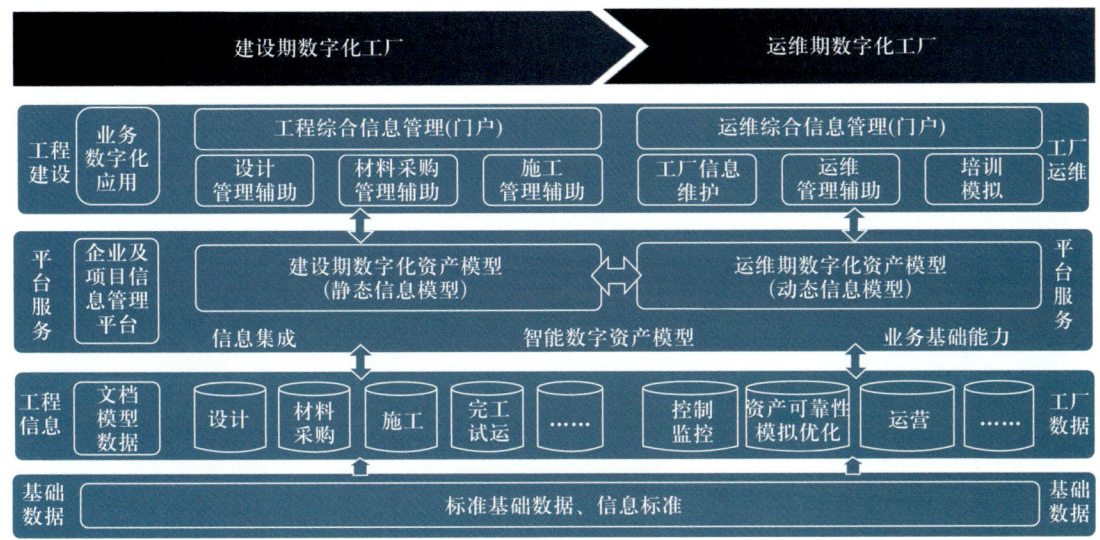

图 3.1　鹰图集成设计及数字化交付解决方案

鹰图解决方案及实施方案可以实现设计标准化、过程可视化、交付自动化和运维数字化。

① 设计标准化。编制相应的各专业设计规范、创建项目编码标准、创建项目种子库和模板、集成设计数据发布和接收规则、协同设计工作流程;数字化交付规范等。以此形成一套成体系的标准化文件,指导设计院的项目执行及交付过程。

② 过程可视化。通过对设计信息、施工信息、检测信息、安装记录、设备设施等信息的采集、整理和录入,建立数字工厂规范的、完备的、集成的、共享的数据库。可以利用门户网站对信息进行流程化,实现可视化项目过程管理,实现信息发布、监控、过程控制、信息交互的数字化,提高设计施工管理的精细化水平。

③ 交付自动化。数字化交付平台接收并处理和项目有关的,来自设计单

位、工程公司、设备供应商、业主等主体的各阶段资料（包括平面图纸、二三维模型、属性信息、设备说明书、安装报告等过程文档），这些资料通过交付平台的整合处理后进入业主的数字工厂基础平台，并实现以工程对象为核心的数据关联，以期使业主及时获取可靠的工厂设计、建设期信息，提升业主整体管理能力。同时，借助软件技术对移交数据进行合规性和完整性的校验，减少人工投入和人为工作量，实现移交过程的自动化。

④ 运维数字化。数字化交付平台产品及相关的搭建和数据加载服务，融合装置的二维、三维模型，直观展示设备设施相关信息，结合业主运维期的动态数据，辅助日常管理决策，为其他应用系统提供支持。

（2）系统功能架构。

数字化设计平台系统建设中包括工程材料编码系统、工程数据管理系统、布置设计系统、逻辑设计系统等，其功能架构如图3.2所示。

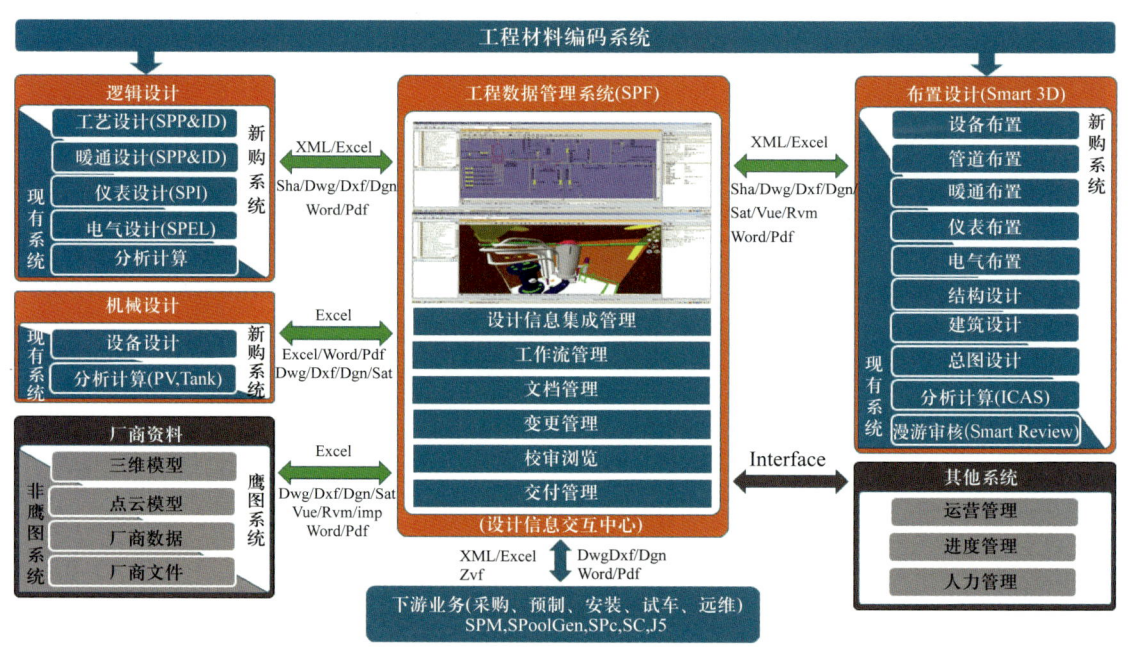

图3.2 系统功能架构图

① 工程材料编码和尺寸标准数据库（Standard DataBase，SDB）是鹰图公司在结合国内外众多工程公司材料编码和工程数据规范经验的基础上，编制而成的一套工程材料标准编码和尺寸库。SDB跟鹰图公司推出的企业级工程数据管理平台SPRD配合使用，可以帮助用户高效管理企业级工程数据库。

SDB包含管道和钢结构专业约10000个材料编码，以及近百万个材料唯一码。

SDB 编码结构的定义既具有通用性，又具有很好的扩展性，能满足公司项目拓展的需求，并得到了工程公司的广泛认可。

SDB 中包含了各类材料的编码规则，是依据不同的材料种类而编制的，可以满足不同材料的需求，这种"规则驱动性"的编制方法可以确保材料的唯一性。

SDB 的编码编制工作充分结合了 SPRD 系统编码编制的特点，使编码的维护、管理工作更加合理、高效。

② 企业级工程数据库管理平台（SmartPlant Reference Data，SPRD）的主要功能是建立公司级和项目级的标准材料库及编码库，是规范材料编码的工作平台，也是以标准材料库为基础生成 PDS/PDMS 以及 Smart 3D 设计软件配管材料等级库的重要平台。

SPRD 可以帮用户实现以下功能：a. 建立公司级和项目级的材料编码体系；b. 材料编码范围可以涵盖项目建设过程中构成工程项目整体性和永久性部分的所有大宗材料和设备，包括配管材料、土建建筑、土建结构、电气、暖通空调、分析化验、给排水、机械、热工、静设备、机泵、电信、储运、应力、环保等专业。c. 为材料编码的建立、维护与更新提供制度化与程序化保证，为项目的工程设计系统和材料管理系统提供统一的材料编码，通过材料编码建立与其他业务数据之间的关联，为公司的运营管理与项目管理系统集成提供基础代码。

SPRD 系统中对于材料编码体系的管理分为两个层次：公司级与项目级。用户可以在公司级数据中建立公司的材料编码库，形成公司自己的标准体系，是公司技术、实力的一种积累和体现，通过项目数据的积累工作，使公司能不断地总结与完善工程数据，对未来新项目的报价迅速做出反应。项目级数据库中，不但可以直接复用公司级数据库中的相关数据，还可以针对性地编制、处理项目中特殊的材料，能使基础设计工作迅速有效展开，缩短项目设计前期的数据库准备阶段。

在 SPRD 中产生的各专业材料编码可以通过软件已有的配置界面，直接输出相关的数据文件，供三维设计软件使用。面向对象可以是工厂设计系统（Plant Design System，PDS）、工厂设计管理系统（Plant Design Management System，PDMS）、智能三维设计软件（Smart 3D），材料编码的统一管理、维护与发布，提高了项目中物资信息的准确性，保证项目物资管理过程中的物流、资金流、信息流畅通，全面提升公司项目材料管理水平，同时也提高项目管理系统集成性与系统性，促进公司材料编码系统的持续性发展。通过公司长期的技术积累，形成公司宝贵的基础业务数据库，促进公司生产活动与项目管理工作进一步规范化、程序化、标准化。

③智能工艺流程图设计软件（SmartPlant PID，SPPID）是一种以数据为中心、规则驱动的智能工艺和仪表流程图设计软件，帮助创建、浏览并管理工厂整个生命周期的数据。它不是一个AutoCAD画图工具，而是一个管理工程数据、生成工艺原理图并与下游和上游工作分享数据的工程工具。它不仅生成图纸，而且对应于每个工程对象（如设备、管线和仪表件等）生成完整的工程数据库（包括位号、设计条件、流质属性、流向和建筑材料等）。SmartPlant PID 和 Smart 3D 集成，代表了当今最高水平的二三维协同设计，不仅能够有效减少重复劳动，提高设计质量和效率，对于高质量实现数字化交付也提供了强有力的支持保障。

④SmartPlant PID 的主要特点。

a. 以数据为中心。所有的设计信息都储存在数据库中，既包括设计数据又包括连接性。

b. 全球工程设计功能 / 工作共享。实现用于多办公室项目执行的全球异地协同工作，同步工程设计，降低耗时及成本并提高设计质量。

c. 强大的自动功能。软件的独特功能，支持用户通过编程的方式操作数据和图形，从而节省了时间、提高了准确性并实现了特殊的工作流程。

d. 良好的开放行和集成性。与三维设计系统完全集成，驱动三维设计，同时实现二三维校验。利用智能化数据进行自动的 HAZOP 学习。

e. 强大的设计变更管理功能。多版本比对功能，对不同时期生成的图纸的内容进行比对，可以生成报告并支持设计回退到某一节点。待办任务清单，当某一个局部设计发生调整时，系统会评估对整体设计的影响，并指导设计人员采取措施保证设计变更在整体上被贯彻执行。

f. 与三维系统集成设计。

⑤SmartPlant PID 给工程公司和设计院带来的好处。

a. 实现用于多办公室项目执行的全球异地协同工作，同步工程设计。

b. 创建由内置规则驱动的一致设计，简化整个数据检查流程，提高效率。

c. 提高早期材料统计的准确性，以简化采购，确保项目进度并缩减费用。

d. 支持快速、准确地生成可交付的成果。

e. 从项目开始到最终交付给业主及运营商，以数据为中心的智能 PID 可助力工厂实现工艺流程的数字化管理。

⑥ 智能仪表设计软件（SmartPlant Instrumentation，SPI）是 INtools 的更新版本，它是行业中领先的仪表工程解决方案。其特点为：基于公共数据库和规则驱动，能够更好地管理和保存仪表和控制系统的历史记录，因此能够更好地进行工厂设计和运维管理。

SPI 在国内外拥有大量的用户和项目实践，国内中国石化、中国石油和中国海油以及中国化学工程股份有限公司旗下的很多工程公司和设计院都使用该款软件做仪表工程设计，它已经成为事实上的工业标准。

用户采用 SPI 进行仪表工程设计时，可生成仪表索引表、仪表规格书、回路图、接线图和仪表安装图等设计成果。它还可以跟上下游系统进行数据交互，比如跟智能的工艺流程图（SmartPlant PID）、电气软件（SmartPlant Electrical 和 ETAP 等）、智能三维工厂设计系统（Smart 3D）、组态软件和管理软件（如 SAP）等协同工作。

⑦ 智能电气设计软件（Smart Plant Electrical，SPEL）是 Intergraph 公司推出的基于数据库及规则驱动的电气设计软件。它拥有丰富的内置属性，可以生成系统图和各类电力设计行业所需要的图表，例如电动机、用电设备表、电缆清册、单线系统图等。

SPEL 可以通过规则管理器，定义一些属性的原则，确保设计的正确性，以及保证一些电气属性快速填写，比如某些电压、电流的传递，以及当数据不匹配的时候是报警或者按照哪种规则进行数据传递、电缆连接元器件之后是否需要取得哪些属性。

SPEL 具有强大的报表功能，以 Excel 格式生成报表，操作灵活简便。可根据用户的需要自定义报表的格式、所需抽取的内容等，再利用 Excel 本身强大的功能进行调整，生成最后需要的报表。

SPEL 具备与 SPI、SP3D 之间的数据接口。例如，SPEL 中仪表元件可发布到 SPI 中进行 I/O 分配以及接线，再导回 SPEL 完成完整的设计。而 SPEL 中的电缆可发布到 SP3D 中进行敷设。

⑧ Smart 3D 智能工厂三维设计软件。Smart 3D 作为先进的工厂设计软件，是海克斯康 PPM 推出的新一代的面向数据和规则驱动的产品，它更符合工程设计理念，能够极大地保证设计数据的准确性和可重复利用性。Smart 3D 以商业数据库 MS SQL 和 Oracle 为基础数据平台，所有模型都是以对象的形式存

放在基础数据库中,在充分享用商业数据库强大功能的同时,保证了数据格式的通用性。Smart 3D 使用开放的 Visual Basic 和 .net 技术作为开发手段,为用户进一步拓展功能提供了便利条件。Smart 3D 是一个前瞻性的产品,它改变了工程设计的方式,打破了传统设计技术的局限,专业间协同设计更加合理和有效,采用最佳工程实践对设计变更进行有效管控。通过引入工作分解结构和数据共享的概念,Smart 3D 为大型项目多团队合作奠定了坚实的基础。比起注重单一的完成工厂设计,Smart 3D 能够更加有效地优化设计,提高工作效率和质量,从而缩短项目周期。

⑨ 智能工厂漫游和审查工具(SmartPlant Review,SPR),是鹰图公司开发用于三维模型校审的工具。三维布置设计软件的模型可以导出轻量化的 review 模型,无须项目数据库的支撑,就可以在 SPR 里实现三维的浏览,并进行校审意见的标记和管理,是对设计经理和业主非常有用的工具。不仅如此,SPR 还能进行模型的颜色、材质和透明度的定义,对环境的光影进行设置,从而实现高质量的三维模型渲染;还可进行动画的设置和录制,实现模拟安装拆卸、模拟施工进度等功能。

⑩ 三维模型格式转换发布工具(SmartPlant Interop Publisher,SPIOP)是鹰图公司开发的各种三维模型格式的转换工具。在当今的市场上,一个项目只被一个软件执行,甚至只有一个工程解决方案的情况是很少见的。然而,结合所有这些工程解决方案是实现高质量、安全的关键。Intergraph® SmartPlant Interop Publisher 的概念涉及行业需要,将各种三维工具软件模型的数据转换为 Smart 3D 可以参考的模型格式,解除各种数据格式的使用限制,同时将转换的模型发布到 SPF,使客户在工作过程中大大提高效率。

智能参考外部三维模型数据在 Smart 3D 产品中被称为"参考 3D 模型"。这个开箱即用的功能使用 SPR 的阅读模式的格式可以显示对象的属性信息。SPR 可以进行碰撞的参考模型和改进的属性映射之间的检查。

⑪ 工程信息管理平台(SmartPlant Foundation,SPF)是专门为设计院、工程公司和工厂业主设计的工程信息管理平台。SPF 能够作为数字化设计集成平台为工艺设计、仪表设计、电气设计和三维布置设计提供数字化工程集成设计环境,其强大的设计变更管理和工作流程管理可以极大地提高设计质量和效率。SPF 还具备属性级的工程文档管理功能和数字化交付平台能力。除此而外,SPF 还可以跟外部系统协同工作,如 P6。

3.1.2.1.2　AVEVA 的数字化设计平台

（1）公司简介。

剑维软件（AVEVA Group plc）是国际著名的工程及工业软件公司，成立于 1967 年，已经有 50 多年历史，总部设在英国剑桥，剑维软件技术（上海）有限公司（以下简称 AVEVA）是 AVEVA 在中国设立的全资子公司，在上海、北京、广州分设三个分公司。AVEVA 所提供的"数字化信息资产管理解决方案"涵盖了陆地和海洋石油天然气、电力、石化、化工、核电、造船、环保、造纸、制药、冶金、矿山等多个行业，同时提供专业工程技术咨询、技术服务和本地化可持续发展的应用开发。

AVEVA 于 1996 年在英国伦敦上市。全球有 6000 名员工，在全球拥有超过 4400 多个用户。AVEVA 在世界 30 多个国家和地区设有 80 个常驻办事机构。AVEVA 是本行业同类大型企业中唯一的上市公司，是伦敦股票交易所金融时报 100 指数成员，财务报告经过严格的审计。

50 多年来，AVEVA 一直专注于工程和工业软件领域，核心业务是为工厂提供工程和工业软件产品及服务（图 3.3）。具体包括多专业协同设计平台（Integrated Engineering&Design，IE&D）、工程材料及施工管理（Engineering Resource Management，ERM）、数字化交付平台、生产执行（Manufacturing Execution System，MES）、操作员仿真培训（Operator Training System，OTS）、先进控制（Advanced Process Control，APC）、实时在线优化（Real-Time Optimization，RTO）、监视监控、（Supervisory Control and Data Acquisition/Human Machine Interface，SCADA/HMI）、工艺优化管理、能源管理（Energy Management System，EMS）、企业资产绩效管理（Enterprise Asset Management/Asset Performance Management，EAM/APM）、预测性设备维护等软件和服务平台。

2017 年，AVEVA 兼并施耐德电气工业软件事业部。2020 年 AVEVA 收购 PI 实时数据库。

（2）主要产品及功能介绍。

① 流程模拟——AVEVA PROII/SimCentral。一个创新且一体化的模拟平台，覆盖从设计、模拟、培训到优化的整个工厂工程生命周期，为油气炼化企业提供全方位的流程模拟技术支持。

② 二维、三维协同设计——AVEVA PDMS/E3D 系列。提供了功能丰富、性能强劲的三维设计解决方案，并以虚拟方式检验布局的适合性和配合性，自动生成建造所需的物资清单。能够确保不同专业的设计团队并行工作，共同开

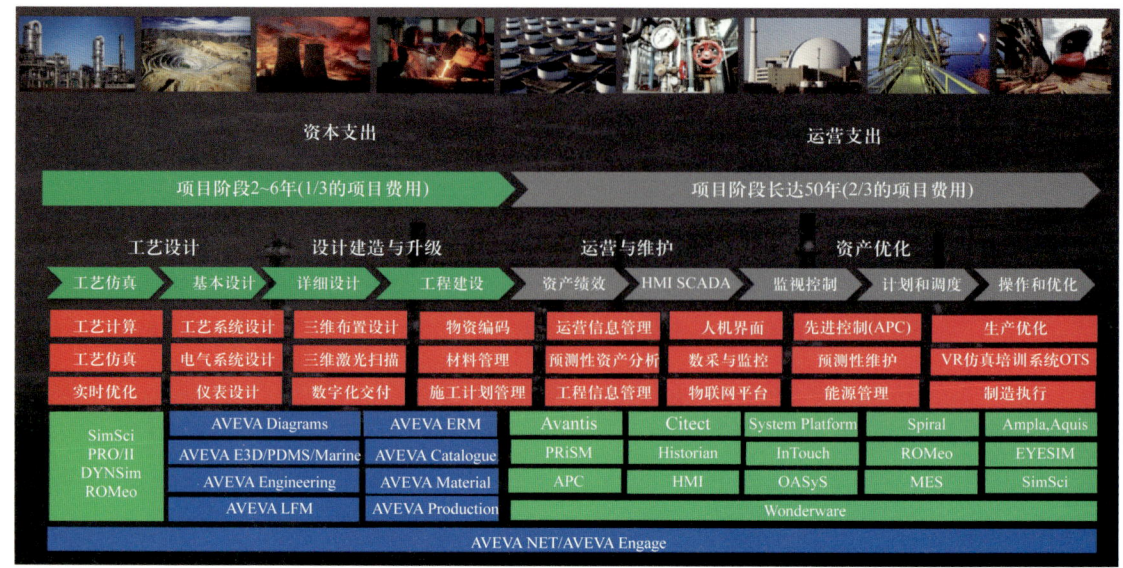

图 3.3　AVEVA 工程和工业软件产品及服务

发全套的炼化装置数字化模型。包括智能 PID 软件（AVEVA Diagrams）、仪表系统设计（Instrumentation）、电气设计（Electrical）。

③ 一体化项目管理——AVEVA ERM。企业资源管理全面支持整个项目执行过程，包括项目规划与材料编码，设计、采购与物流，施工工作包的计划与控制等。能够提供无与伦比的数据完整性和灵活性，满足企业不断演进的业务要求。确保在全球范围内，在正确的时间把正确的物资交付到正确的地点，准确监控进度与成本，以详细、准确、最新的信息为基础进行管理决策。

④ 数字化交付——AVEVA NET。用于工程数字化移交，支持用户组织、验证以及协作处理资产数据和文档，完全不必考虑来源和位置。直观、高效的用户界面可加快相关信息检索。仅通过单一应用程序，可将任何类型、来源的信息存储于安全的环境中。

⑤ 三维激光扫描——AVEVA LFM。激光扫描解决方案，可以接收任意格式的点云模型，并且可以基于激光扫描模型同步进行三维设计、数据处理等。同时，具备点云模型的网络在线浏览和数字化数据的关联，高效支撑存量资产的数字化管理需求。企业可以节省时间，削减成本，尽量减少返工和实地考察，提高准确性，从而降低风险。

（3）平台建设评价。

AVEVA 数字化设计平台应用广泛，是油气行业应用最广泛、技术最先进、部署最方便的平台，如图 3.4 所示。

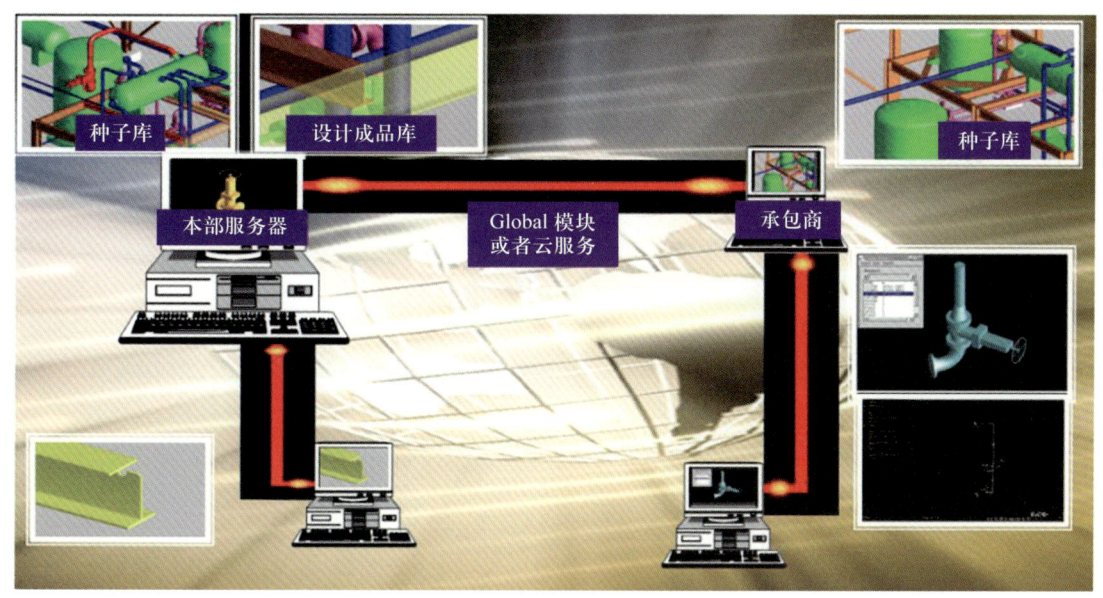

图 3.4　平台建设图

（4）二次开发。

AVEVA 集成设计平台在全球油气行业已经有非常成熟的应用，大部分工作通过常规的配置即可完成部署，包括系统安装部署、种子库建立和完善等，不需要做脚本级的二次开发。

3.1.2.2　国内数字化设计软件

3.1.2.2.1　北京高佳科技有限公司

（1）公司简介。

北京高佳科技有限公司是一家集软件开发、技术服务、工程设计、软件销售等业务于一体的高科技软件公司。该公司专注于中国工业、民用基础的三维数字化设计、三维数字化施工、数字化交付、智能管理等领域。拥有自主知识版权的 EP3D 系列软件广泛适用于与管道相关的（石油、天然气、石化、化工、核工、冶金、电力、热力燃气、市政管网、船舶、医药、轻工、环保等）设计领域和施工领域。

（2）主要产品及功能介绍。

① EPC 设计集成系统（PID、工厂设计、一致性检查、管道预制设计）。EP3D EPC 设计系统（表 3.1）是一款专门为总包单位、工程公司提供的、涵盖多专业设计、施工二次设计的三维工厂软件，由 EP3D Easy Plant（工厂协同设

计）和 EP3D Spoolgen（预制设计）两大板块组成。EP3D EPC 设计系统提供了设计施工一体化的解决方案，优化了设计与施工的重复环节，设计成果与施工预制无缝衔接，辅助企业实现精准设计和成本控制，并为企业管理系统提供第一手的源数据支撑。最终为数字化交付提供设计、施工阶段、竣工模型等数据信息。

表 3.1　EP3D EPC 设计系统

序号	分类	软件名称
1	EP3D Easy Plant（工厂协同设计）	PID 及一致性检查系统
2		Easy Plant 工厂全专业协同占位设计
3		三维支吊架系统
4	EP3D Spoolgen（预制设计）	IDF/PCF 接口
5		Spoolgen 预制设计软件

② 管道施工管理（材料/焊接）与 APP。a. EP3D 材料管理系统。适用于施工企业及项目部，以"量控"为管理核心，可以实现模拟配料、材料补发、发放等功能，高效替代手动记录的管理环节，借助核算、分析等功能，掌握计划偏差、消耗统计等施工状态数据，从而避免材料浪费、现场窝工等人员成本浪费现象。b. EP3D 管道焊接管理系统与 APP。支持用户更好地进行现场施工管理，包括焊口日报管理、热处理及无损检测委托管理、焊接施工进度查询、交工资料管理、试压包管理、焊工管理等多项管理功能。有效提高企业的焊接质量管理控制水平，推进规范化管理进程，满足科学质量管理的需要，将质量管理的过程透明化、流程化。配合 APP，有助于提高数据提取效率以及反馈信息平顺推送。

③ 与国外软件 IDF/PCF 接口，提供施工数字化交付。EP3D 施工数字化交付定制开发专门针对业主、总包单位、工程公司、设计公司、施工单位提供国内外主流的管道数字模型交付、管道焊接信息化交付、管道竣工模型交付的施工数字化交付开发服务。

IDF、PCF 接口工具支持自动把国外软件（鹰图、AVEVA、CATIA、TRIBON 等）的管道信息转换成 EP3D 所识别的管道模型，再次进行管道、管段的施工二次设计、出图，指导施工单位管道施工。可以将 EP3D 管道施工预制的数字化信息再输出为 IDF、PCF 接口格式，返回到国外软件，实现业主要求的施工数字化交付的信息提交。

④ 数字化交付。高佳科技有限公司参与"数字雄安"建设，受雄安规建局委托，为河北雄安建设提供了数字化交付格式（雄 DB）的开发定制，使用该软件能够直接输出"数字雄安"所要求的雄安管道数字化交付格式，被雄安规建局列为中国国产软件指定开发商之一。

⑤ 接口类软件。

a. EP3D CAESARii 数据接口利用 EP3D Easy Plant 的管道建模优势，将管道模型的几何数据、工程数据，以 CAESARii 规定的方式输出为 .cii 文件，在 CAESARii 软件中直接转化为应力计算模型，大大简化了模型建立工作。

b. EP3D Navisworks 接口可以将 EP3D Easy Plant 模型输出为带工艺属性的 .nwc 文件，让用户使用 Navisworks 软件快速浏览工厂模型。

c. EP3D PDMS 接口服务可以将 EP3D Easy Plant 模型转换成带数据的 PDMS 设计模型。

⑥ PKPM 构力平台开发。

a. 基于 PKPM 图模大师的轻量化显示便于离线、远程协同工作。

b. 基于 PKPM_BIM（中国首款自主纯国产 BIM 平台）的二次开发，可以完全脱离 AutoCAD 的限制。

（3）平台建设评价。

① 建设原则。a. 坚持数据一致、真实、可靠；b. 坚持设计提资料准确、便捷；c. 注重工业特性的结合。

② 主要工作及评价方法。

a. 各设计阶段、多专业全面应用材料编码，确保设计对象身份唯一。EP3D 软件自身创建设计对象采用对象级自动编码原则。第一、确保与其他软件移交、获取数字成果时唯一可识别；第二、在专业间提资料、协同设计过程中唯一可查询；第三、在 EPC（Engineering、Procurement、Construction，设计、采购、施工）项目设计、施工设计与施工管理中唯一可追溯。

b. 自动化建立设计专业间的有效沟通与联系。EP3D 软件自动生成专业间条件图纸，如土建（埋件/孔洞）条件、管口条件、仪表条件等，提升自动出图水平与出图深度，保障设计专业间条件快速交换。工艺、土建、暖通、电气多专业自动碰撞检查功能，直接反映设计问题，让空间布置在符合规范的情况下，更加合理。工厂设计变更从模型到图纸快捷、准确，减少人为手动干预图纸造成的设计模型与图纸不一致情况。

c. 一致性设计与检查。EP3D 智能 PID 与工厂设计成果进行自动检查，保证工厂设计与工艺设计一致，为最终的智慧施工及运维、管理做好基础数据准备工作。

d. 轻量化展示与查询。在设计与服务过程中，加强便捷、轻量化的图纸、材料信息、施工进度的展示与查询，能有效提高移动办公效率。解决交底难、查询环节多等影响工作进度的沟通环节。

e. 高性能全自主图形平台支撑。多专业、工厂级协同设计需要有更好的图形平台支撑，高佳科技有限公司推动工程与国产平台的融合与发展，共同发力，实现工厂级优化显示效果，让工厂设计不在工具端卡顿，设计成果可加密、可上云，减少"设计信息孤岛"。

f. 数字化移交。推动移交从图纸向数字模型转化。第一，数字模型的便捷查看。开发网页、手机端多种漫游、校审工具，推动数字模型可审核、发布。第二，数字模型的多平台互通。推动订制企业级、集团化的数字模型结构，保证第三方通过稳定的接口获取数字信息。第三，制定规范的数字化移交规则，确保下游数据（如：施工信息）可返回，让工厂设计与施工在时间、质量与经济性中获得平衡。

3.1.2.2.2 北京中维数通软件有限公司

（1）公司简介。

北京中维数通软件有限公司是注册于北京市的从事软件开发、推广的高科技公司，为工程的设计、施工、运维等提供全生命周期全方位的服务和解决方案，致力于为工业数字化提供服务。

主要产品包括 ZWPD 智能流程图设计软件、ZWPD 三维工厂设计软件、ZWPD 工厂设计接口软件（ZWPD 与 PDMS 双向接口）、ZWPD 应力分析接口软件、ZWPD 漫游接口软件、ZWPD 实体支架软件、ZWPD 暖通设计软件、ZWPD 电气设计软件、ZWPD 施工预制软件、ZWPD 智能自控设计软件、ZWPD 数字化交付平台、START 应力分析软件、ZWPD 材料编码系统。

① ZWPD 智能流程图设计软件。ZWPD 智能流程图设计软件是北京中维数通软件有限公司推出的基于数据库及规则驱动的工艺系统图软件。PID 所承载的信息不仅仅是系统流程的图形信息，还带有属性，是智能 PID 图纸，可方便地绘制工艺流程图，并能生成设计所需要的报表，如管线、管道特性表及阀门表等。下面从几个主要使用模块简单介绍一下 ZWPD 智能流程图设计软件。

a. 管理模块。项目管理器包括新建项目、拷贝项目、删除项目、项目设置、标准设置、导入项目、导出项目、导出项目标准、图框图签设置、文字样式等。通过该管理器可以像制作 AutoCAD 属性图块一样简单定义所需要的图例图符，可以用快速定制。图例符号所必须具备的属性在项目设置中按分类能轻松完成。

b. 设计模块。放置设备、管嘴、管线等，插入阀门、管件等并调整和编辑。支持夹点和拖拽编辑，操作方便。

ZWPD 智能流程图设计软件是工艺流程图的绘图环境。区别于传统绘图软件的地方是它与数据库无缝整合，在完成图形的时候同时完成了数据的录入，因此所有需要的报表都是自动提取。

② ZWPD 三维工厂设计软件。ZWPD 三维工厂设计软件可广泛地用于化工、石化、石油、轻工、冶金、电力、环保、天然气、医药工业、核工业、纺织工业、燃气热力以及海洋平台等领域的工厂设计产品。

ZWPD 三维工厂设计软件包含建筑结构模块、设备模块、管道模块、编辑模块、数据库模块、图形库模块、图纸生成模块、碰撞检查模块等，为工厂设计的全过程提供强有力的支持。它是利用建立三维软模型的方法进行施工图设计的软件，如图 3.5 所示，全比例三维实体模型建成后能够生成施工用的平立剖图、材料表（综合材料表、工管表、物料特性表等）、轴测图、消隐图、设计检查、漫游及效果图等，并能在三维空间进行碰撞检查。

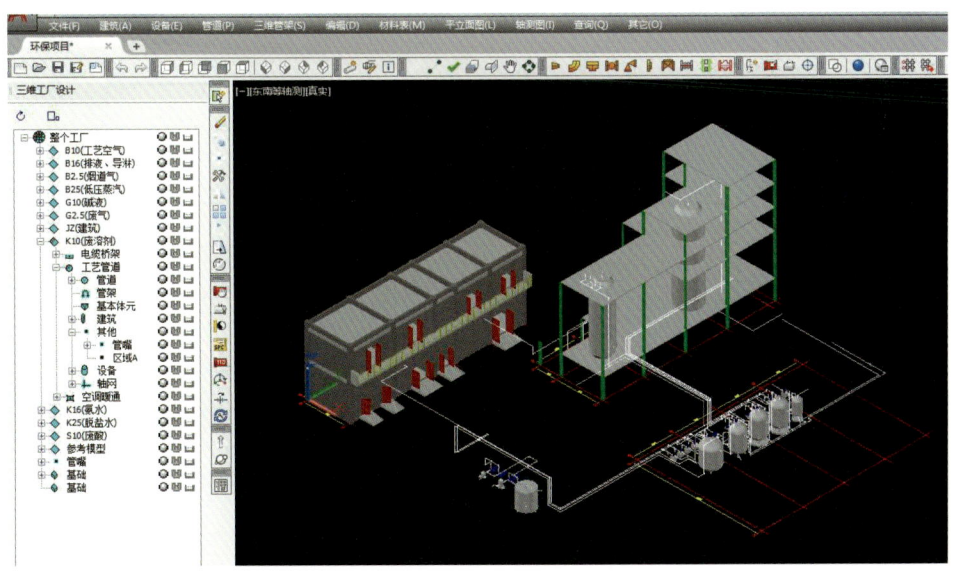

图 3.5　数字化设计平台

ZWPD 三维工厂设计软件的特点：项目启动快、上手快、易学易用；服务及时周到；数据库全面，包含国内国外的各类标准；新建、修改、删除快捷方便，能有效提高工作效率；与现有出图方式一致的图纸和料表；免去设计师二次开发的烦恼；兼容设备和建筑结构等设计软件，避免重复劳动。

（2）平台建设评价。

ZWPD 目前技术上已经处于国内和国际同类型软件的领先水平，相比于国外软件 PDMS 和 SP3D 更易学易用，学习成本低，经过简单的培训就可以直接在项目上使用，性价比非常高，平台功能完备，不需要购买任何插件就可以使用，平台效率高。

目前，ZWPD 在国内同类软件中市场占有率稳步推高，正在攻占国外软件市场，用不了多久就能在国内处于市场占有率第一的位置，并进一步开拓海外市场。

（3）系统功能架构。

系统功能架构如图 3.6 所示。

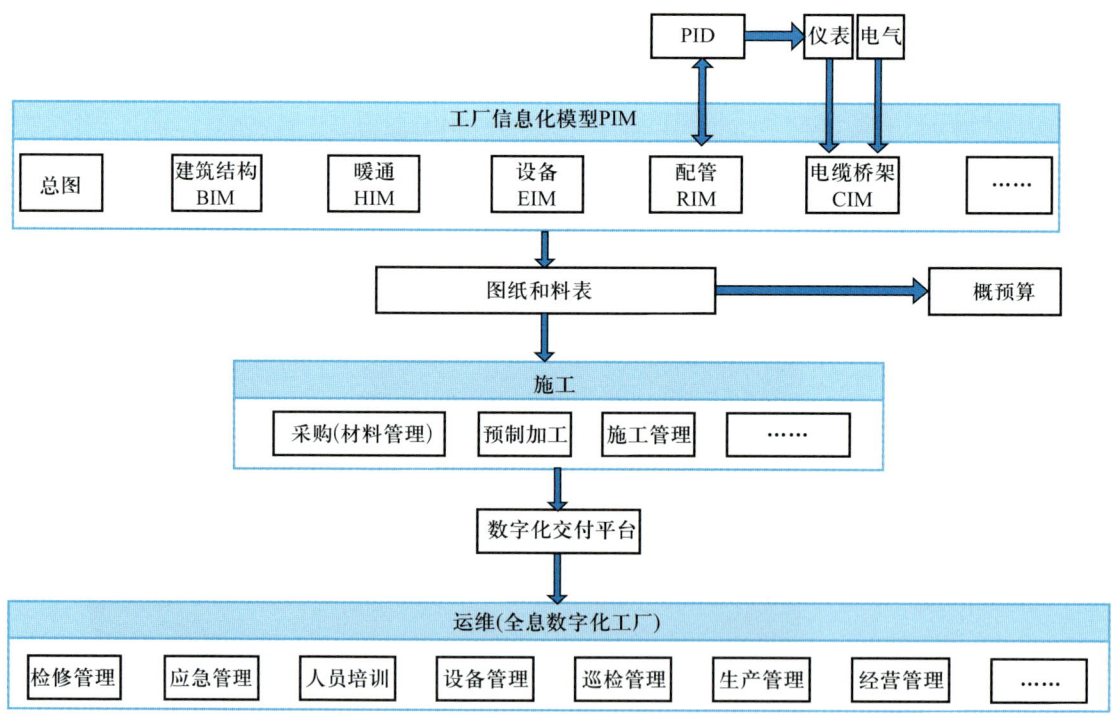

图 3.6 系统功能架构

3.1.2.3 国际知名公司应用现状

3.1.2.3.1 巴斯夫

（1）公司简介。

该公司为国际知名能源化工业主，自身具备很强的工程设计能力。该公司在北美、欧洲和亚太部署工程设计中心，与国际知名工程公司合作，主要项目执行模式为设计采购与施工管理（Engineering Procurement Construction Management，EPMC）。

（2）数字化设计平台。

① 主设计平台。目前巴斯夫公司采用全球统一主设计平台，主要包括3D设计系统、智能PID、仪表数据库和材料编码系统。为了实现全球项目统一执行，巴斯夫公司主要采用HexAgon系列设计软件，具体如下：

a. 3D设计：Smart 3D 2018 R1；

b. PID设计：SPPID 2019；

c. 仪表数据库：SPI 2014；

d. 材料编码：SPRD。

② 软件授权管理。巴斯夫公司自身设有工程部门负责所有项目的工程设计管理，软件授权采用永久购买+租赁的方式，即购买一定数量上述主要设计工具的永久授权，如50个Smart 3D授权，保证自身工程设计团队的基本应用，在此基础上采用浮动租赁方式根据实际需求进行租赁。设计单位完全使用自身软件授权。

③ 标准化设计。

为了实现所有设计方采用统一的软件进行设计并提供统一的交付物，巴斯夫公司实施了一系列标准化措施，具体如下。

建立SPPID标准化种子文件，包括标准图例符号、标准属性数据字典、命名规则、标准报告模板和自动化工具。PID是工程数据的主要数据库，巴斯夫公司对PID的交付物进行了明确的定义，包括PID图、管线清单和各类工程数据报告，为了满足这些要求，定义了完善的属性级和配套的系统设置规定，指导所有设计单位使用，实例如图3.7所示。

建立公司级标准材料编码，该编码用于工程设计、采购、现场材料管理和财务SAP系统，具体实例如图3.8所示。

Name in Line List	Name in SPID	Attribute ID in SPID	Category in SPID	Input in SPID
Plant No	Plant No	PlantNo	Identification	X
P&ID Sheet NO.	P&ID No	PIDNO	Identification	X
LINE SEQUENCE NO.	Tag Seq No	TagSequenceNo	Identification	X
LINE CLASS	Line Class	LineClass	Identification	X
FLUID CODE	Fluid Code	FluidClass	Identification	X
NPS	Nominal Diameter	NominalDiameter	Physical	X
PIPE ASSORTMENT	Piping Materials Class	PipingMaerialsClass	Physical	X
INSULATION TYPE	Insulation Class	InsulationClass	Physical	X
TRACING TYPE	JP/HT Medium	JP_HT_TYPE	Physical	X
INSULATION THICKNESS	Insulation Thk	InsulThick	Physical	
INSULATION MATERIAL	Insulation Material	InsulationMaterial	Physical	
TRACING/JACKET HOLD. TEMP.	HoldTemp	HoldingTemperature	Physical	X
TRACER QUANTITY (CABLE/PIPE)OR	JP/HT Number of HT-Pipes	JP_HT_NUMBER	Physical	
FROM				
TO				
UNDER/ABOVE GROUND (UG/AG)				
SERVICE DESCRIPTION	Name of Fluid	MEDIUM	Identification	
PHASE(S/L/G)	Oper Norm Fluid State	ProcessOperating.Norm.FluidState	Process	
DENSITY	Oper Norm Mass Density	ProcessOperating.Norm.MassDensit	Process	

图 3.7　实例 1

```
Pipe A312-TP304/304L EFW E=0.80 BE        NPS₁ 1 - 24
Commodity-Code: 2APR---H506BE-FU----

NPS₁   Materialnumber (SAP)        NPS₁   Materialnumber (SAP)
1      8766910   NPS1 SCH10S       10     8766911   NPS10 SCH10S
1¼     8766913   NPS1-1/4 SCH10S   12     8766912   NPS12 SCH10S
1½     8766915   NPS1-1/2 SCH10S   14     8766914   NPS14 SCH10S
2      8766918   NPS2 SCH10S       16     8766916   NPS16 SCH10S
2½     8766935   NPS2-1/2 SCH10S   18     8766917   NPS18 SCH10S
3      8766937   NPS3 SCH10S       20     8766919   NPS20 SCH10S
4      8766904   NPS4 SCH10S       22     8766932   NPS22 SCH10S
6      8766907   NPS6 SCH10S       24     8766934   NPS24 SCH10S
8      8766909   NPS8 SCH10S
```

图 3.8　实例 2

为了确保所有项目采用统一设计，巴斯夫公司开发了公司级标准管道等级和管道支吊架。

建立 Smart 3D 标准化种子文件，包括图例符号、命名规则、标准化管道等级数据库、标准化管道支吊架数据库、标准化图纸模板和报告模板。

建立 SPI 标准种子文件，包括标准图例、仪表类型、自定义属性、仪表索引模板、仪表规格书模板，实例如图 3.9 所示。

建立统一的工厂分解结构，所有设计系统采用统一的工厂分解结构设置，实例如图 3.10 所示。

建立标准工程设备编码规则，所有系统统一命名，实例如图 3.11 所示。

④ 数据中心。巴斯夫公司在全球有三个数据中心，所有在各自区域内执行的项目都部署在这三个数据中心。项目启动后巴斯夫公司项目组负责在各自数据中心初始化上述三个主要设计工具，并建立和设计单位的协同设计环境。目前巴斯夫公司正在建立 SPF 数据交付平台，负责对 Smart 3D、SPPID 和 SPI 的数据进行集成管理。

Definition	Length	UDF_Num	Field_Type
Set point H	20	UDF_C01	Char
Set point HH	20	UDF_C02	Char
Set Point L	20	UDF_C03	Char
Set Point LL	20	UDF_C04	Char
Set Point Control	20	UDF_C05	Char
Communication Type	20	UDF_C06	Char
Datasheet No,	20	UDF_C07	Char
Loop Diagram No.	20	UDF_C08	Char
Loop Assess Refer No.	20	UDF_C09	Char
Control Action	20	UDF_C10	Char
Failure Position	20	UDF_C11	Char
Hazardous Area Classification	20	UDF_C12	Char
Explosion Protection	20	UDF_C13	Char
Explosion Proof Certification	20	UDF_C14	Char
Enclosure Class	20	UDF_C15	Char
Piping Nominal Size	20	UDF_C16	Char
Piping Rating	20	UDF_C17	Char

图 3.9　实例 3

Plant	Area	Unit	Description
1800			HUS ISBL
	5000-MEOH		Methanol
		5000	Shared Facilities
		5100	Reforming
		5200	Methanol Synthesis
		5300	Methanol Distillation
		5400	Methanol Tank Farm
		5500	Pressure Swing Adsorption
	6000-MTP		MTP
		6000	Shared Facilities
		6100	Reaction Section
		6200	Reactor Regeneration
		6300	Gas Separation
		6400	Hydrocarbon Compression
		6500	Purification
		6600	C3 Refrigeration
		6900	Slop System
	7000-OSBL		Off Sites & Utilities
		7000	Shared Facilities

图 3.10　实例 4

Main Equipment
AAA-BBCCD

Where	Represents	Format	Ref.	Notes
AAA	Equipment Type	Alphabetic	Equipment Type	
BB	Unit Number	Numeric	Table 3.2	
CC	Unique Equipment Sequence Number	Numeric		1
D	Suffix (Optional)	Alphabetic		2

Notes:
1. The unique Equipment sequence numbers will begin at 01 and increment upwards for each unique Equipment Type in a specified Area Code.
2. An optional Suffix shall be appended to the unique Equipment sequence number identified to indicate duplicate equipment items in parallel or series configuration, starting with upper case A and incrementing B, C, D etc.

Examples:

Tag Number	Description
P-5102A	Pump No.02A in unit 51
E-6155	Exchanger No. 55 in unit 61

Pipeline Numbering
NNNN"AAA-BBBB-CCC-DDDDD-E-F-GGHH

Where	Represents	Format	Ref.	Notes
NNNN	Nominal Diameter	Numeric		
AAA	Fluid Code	Alphabetic	Table 2.1	
BBBB	PID Number	Numeric		1
CCC	Pipeline Number	Alphabetic		
DDDDD	Pipe Service Spec	Alphanumeric	Table 2.2	
E	Insulation Type	Alphabetic	Insulation Type	
F	Heat Trace System	Alphabetic	Table 2.4	
GG	Area Code	Alphabetic	Area Code	
HH	Module No.	Numeric		2

Examples:

Tag Number	Description
2"WP-6313-008-CD504-X-N-BB01	
46"BFL-5127-006-SA501-P-NT-AA01	

图 3.11　实例 5

⑤ 协同设计。根据软件协同设计能力，协同设计主要通过以下两个途径实现：

a. Smart 3D 的 GlobAl/SAtellite 协同工作模式。巴斯夫公司在数据中心建立 Smart 3D 项目作为主数据库，负责项目设置和数据库日常维护，所有设计单位都作为卫星站点根据巴斯夫公司通过的种子文件建立 Smart 3D 子数据库，主数据库和各个子数据库直接通过 VPN 进行实时模型数据同步，确保所有设计单位设计的模型都能同步到数据中心的主数据库中。为了保证这种 GlobAl/SAtellite 协同工作模式，巴斯夫公司和各个设计单位需要提前建立 VPN 通道。这种协同工作模式也适用于 SPPID。

b. Citrix 云平台协同。由于 SPI 软件本身没有协同设计功能，因此 SPI 采用 Citrix 云平台协同模式。巴斯夫公司项目组在数据中心初始化项目后将 SPI 应用发布到 Citrix 平台，所有的设计单位都通过互联网登录 Citrix 平台进行远程设计。

⑥ 其他设计工具。对于其他工程设计软件，规定了批准的工程软件清单，所有设计单位必须使用批准的软件和版本，实例如图 3.12 所示。

DISCIPLINE; FUNCTION/DESCRIPTION	Software	Version
STRUCTURAL		
Structural analysis and design	STAAD Pro	V8i SS5
Structural Frame & Truss Analysis Software	RSTAB	8.0
FEM Structural Analysis Software	RFEM	5.0
Design of Structural Connections	Limcom	
Design of Structural Connections	Descon	
Structural analysis and design	SACS	V5.6
Structural analysis and design	Space Gass	V11.01
Structural analysis and design	DYNA6	
Structural analysis	Prokon	V2.6
Structural analysis	SAFE	STD-12
Structural analysis	spColumn	V4.81
Structural analysis	spMats	V7.52
Concrete analysis	S-Concrete	R11
Calculation Sheet	MathCAD	P2

图 3.12　实例 6

（3）实施效果。

所有项目都采用上述三个主要设计平台，并应用标准种子文件，应用范围包括初版设计和详细设计，实施效果主要体现在：

① 所有项目、所有设计单位采用统一的设计平台、统一的数据库进行协同设计，确保了最终工程数据的完整性和一致性。

② 巴斯夫公司对标准化设计系统种子做了非常深入的定义，为项目的快

速启动提供了条件，往往在项目开工两周内完成三个主要设计系统的初始化设置，供设计单位上线使用，为设计单位节省了大量的项目初始化时间。

③ 在工程设计执行过程中，巴斯夫公司明确规定了上述三个设计系统交付物类型、模型数据质量要求，以及如何进行数据完整性、一致性检查，如何提供数据质量报告。

（4）借鉴之处。

根据对巴斯夫公司数字化设计平台设计和使用效果的分析，我们认为巴斯夫公司的设计平台可借鉴之处在于：① 建立标准化设计系统种子文件，该种子文件深度一定要满足详细设计、生成施工图和数据报告需要；② 建立标准数据库，例如标准材料编码（目前管网正在进行该项工作）、标准管道等级，标准管道支吊架数据库等影响数字化设计系统应用的工程数据库；③ 使用协同工作模式，确保所有设计方在同一个环境下进行设计，避免设计的不一致，提升业主对工程设计质量的监管能力。

3.1.2.3.2　Aker Solutions 公司

（1）公司简介。

挪威 Aker Solutions 公司提供海底生产设备和海上现场设计，包括概念研究、前端工程和海底生产系统。该公司进行维护和改造工作，并在运营期间提供服务，并提供解决方案，以延长石油和天然气田的寿命。

（2）数字化设计平台相关介绍。

① 主设计平台。Aker 公司采用 AVEVA 公司的解决方案，并通过 AVEVA NET 平台构建项目知识中心，主要包括三维布置设计系统（PDMS）、工艺流程设计系统（Diagrams）、仪表系统设计（Instrumentation）。

② 项目知识中心。借助 AVEVA NET 平台构建项目知识中心库，该知识中心库基于 Web 的信息管理门户，可以简便、完全索引访问所有项目文档和 AutoCAD 数据。将所有已批准或发布的工程数据整合到单一环境中，并且可以通过浏览器进行快捷访问。支持项目团队之间的信息协作和共享，而无论其地理位置或时区。主要有以下几个特点：基于 Web 的项目共享信息中心；强大的项目范围搜索引擎；数据一致性与验证；信息共享与协同；拥有独立的应用程序；兼容 ISO 15926 的数据。

在项目知识中心平台，项目模型被转换为 internet 友好型格式来帮助用户查看工厂模型，而不需要授权工具。与图纸一样，"热点化"的选择模型中的部件会显示它们之间的关联关系。关联关系部分，用来快速链接到搜索结果的相关信息，同时还展示所找到的各种信息。

③ 云部署架构。根据项目运行规模和参建方分布情况，有两种云部署方案：AVEVA GlobAl 和 Citrix。

a. AVEVA GlobAl。洲际站点之间，或者 A 个站点具有超过 50 个设计人员时，通常采用 AVEVA GlobAl。

b. Citrix。少于 50 个设计人员、网络延迟低于 100ms，且平均每个设计人员的带宽为 0.5～1Mbit/s 或更好时，通常采用 Citrix。

（3）实施效果。

通过项目知识中心的部署，实施效果主要体现在：通过知识中心共享，节约了员工培训时间；为项目相关知识查询提供了条件，能快速查找到相关联的文档和数据；将模型进行热点化，每个模型都会显示其关联关系。

（4）借鉴之处。

根据对 Aker 公司数字化设计平台设计和使用效果的分析，我们认为 Aker 公司的设计平台可借鉴之处在于：① 建立统一的项目共享知识中心，通过数据中心快速查找项目相关联信息，有效监管工程设计数据质量，并实现数字化交付；② 根据不同项目运行模式合理选择协同工作模式。

3.1.2.4 国内工程公司应用现状

3.1.2.4.1 SEI

（1）公司业务领域简介。

中国石化工程建设有限公司（Sinopec Engineering Incorporation，SEI）成立于 1953 年，是我国首家石油炼制与石油化工工程设计单位。SEI 拥有工程设计综合甲级、工程咨询甲级、工程监理甲级等国家顶级资质证书，能够提供以能源化工工程设计为主体，从工程咨询、技术许可、工程设计、项目管理、工程监理到工程总承包的一站式服务，能够提供工厂设计及总流程优化、工厂节能优化、工厂诊断咨询服务及一体化解决方案。公司现有职工 2100 余人，其中中国工程院院士两名，全国工程勘察设计大师五名，行业设计大师 10 名，教授级职称 100 余人，高级职称 1300 余人。

中国石化工程建设有限公司建有先进的计算机网络平台体系和应用体系，拥有国际先进的工艺技术、工程设计、项目管理及办公自动化等应用软件和工程数据库，能够按照国际通用模式开展工程设计和项目管理。

（2）数字化设计平台现状。

SEI 的工程设计依靠两条主力生产线：① 基于鹰图公司的 SP 平台，包括 SPID 软件、SPF 软件和 Smart 3D 软件，其设计流程如图 3.13 所示；② 基于 AVEVA 公司的 Diagram 平台，包括 Engineering 软件、PDMS 软件、Smart 3D 软件和 VENT 软件。主要涉及工艺、管道、给排水、结构、电气、仪表、工业炉和建筑等专业。这两条生产线并驾齐驱，在工程设计应用上平分秋色。

◆ SP(鹰图)系列

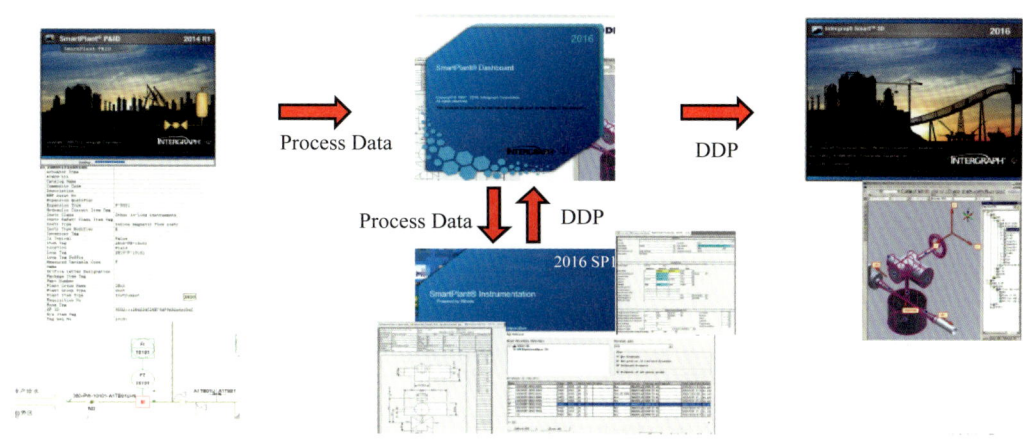

图 3.13 SP 系列设计流程

依托这两条生产线，SEI 建立了本公司的数字化设计平台，包括工程集成化设计平台、工艺集成化设计平台 i-Process、多专业三维协同设计平台和动设备设计平台。

工艺集成化设计平台 i-Process 是将工艺专业涉及的 PRO-Ⅱ、ASPEN 等工艺流程模拟、应力计算、设备计算（容器计算、塔器计算）等数据利用 COMOS 平台集成起来，然后将数据导入到 SPID 和 AVEVA 的 PID 软件中，如图 3.14 所示。

多专业三维协同设计平台：基于 PDMS 和 Smart 3D 软件，建立了多专业三维协同设计平台，实现多专业协同设计，避免碰撞，提高设计质量，如图 3.15 所示。

动设备设计平台：与 COMOS 平台实现接口，读取工艺信息；进行机泵选型等计算，并自动生成成品表；具备生成询价书、标准化模块调用、样本查询等功能。

（3）发展规划。

基于鹰图公司的 SP 平台和 AVEVA 平台进行大量的二次开发工作，实现

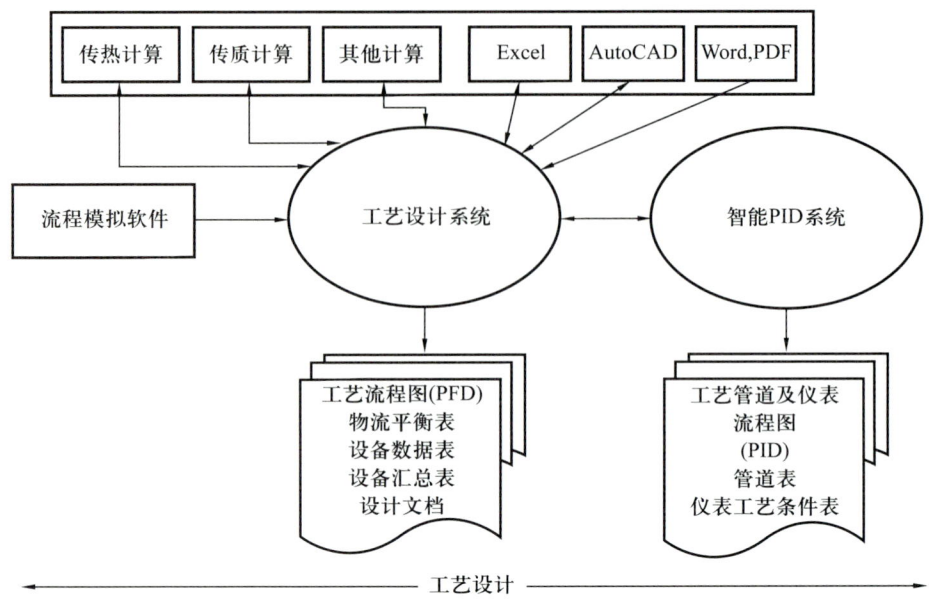

图 3.14　i-Process 设计平台

图 3.15　多专业三维协同设计平台

各专业在同一平台协同工作，优化各专业的提资流程，提供更复杂、更精准的设计；提高工作效率，降低设计中的人为失误和重复工作劳动强度；辅助项目的进度、费用、质量的管理和控制。定制的出图模板与三维设计平台分别如图 3.16 与图 3.17 所示。

目前，SEI 的二次开发工作还存在不足，需要更深入的专业界面、标准化工作梳理和流程改进，更高维度的战略思考和整体规划，提高平台应用的深度和广度。

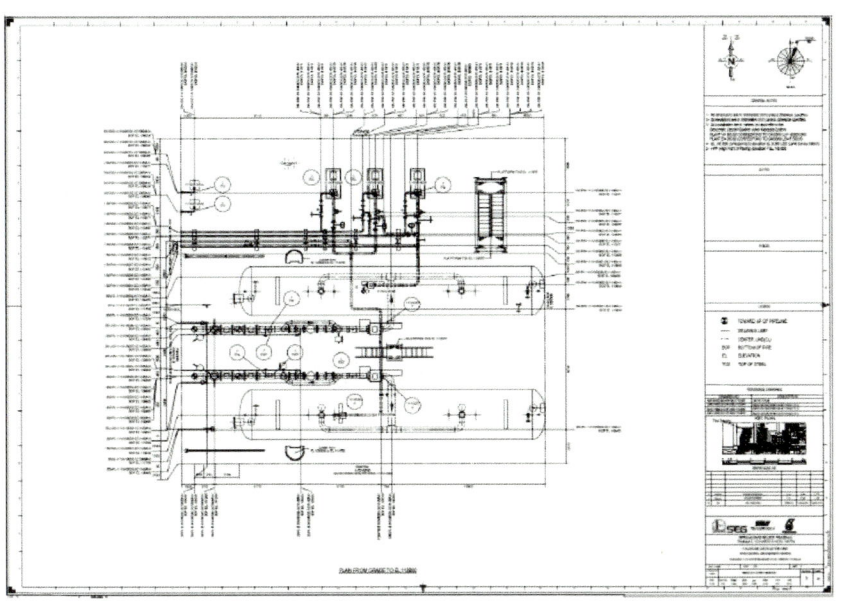

图 3.16　出图模板的定制

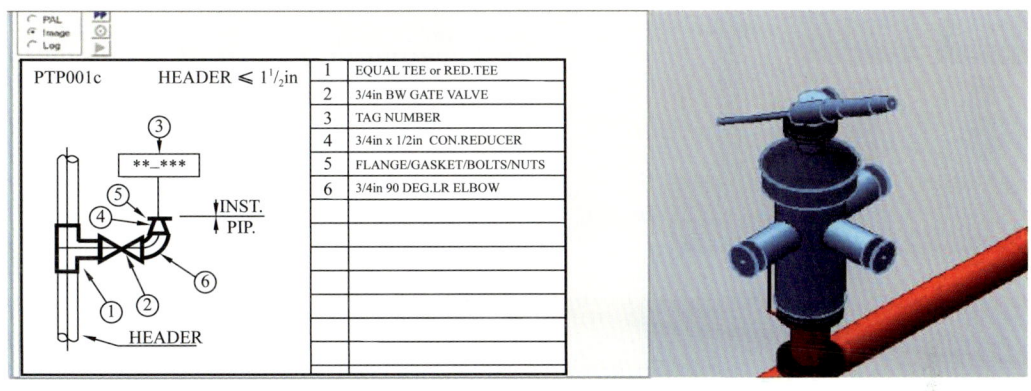

图 3.17　三维协同设计平台的定制

3.1.2.4.2　北京寰球

（1）公司业务领域简介。

中国寰球工程有限公司北京分公司（简称北京寰球）隶属于中国寰球工程有限公司，是由中国石油天然气国家管网集团控股的上市公司。北京寰球以技术为先导，以设计为龙头，集咨询、研发、设计、采购、施工管理、开车指导、融资等多功能于一体，是具有项目管理承包和工程总承包综合能力的国际工程公司，是智力密集、技术密集的科技型国有骨干企业。公司现有员工 1900 余人，高层次技术人才阵容强大。

（2）数字化设计平台现状。

北京寰球的数字化三维设计项目采用鹰图公司和 AVEVA 公司的两大设计平台进行相关设计，如图 3.18 所示。其中，鹰图公司的 SP 平台是通过 Foundation 进行集成，AVEVA 公司采用 AVEVA Engineering 作为数据中心，进行数据的校验和传递。工艺专业采用 PRO-Ⅰ、Aspen、HTRI 等软件进行工艺流程模拟，利用 COMOS 平台集成传递数据，输出物料平衡表、各类报表、工艺说明书和工艺计算书，输入至 SPID、AVEVA PID。建筑结构采用探索者软件计算，导入 SP 平台和 AVEVA 平台进行使用。

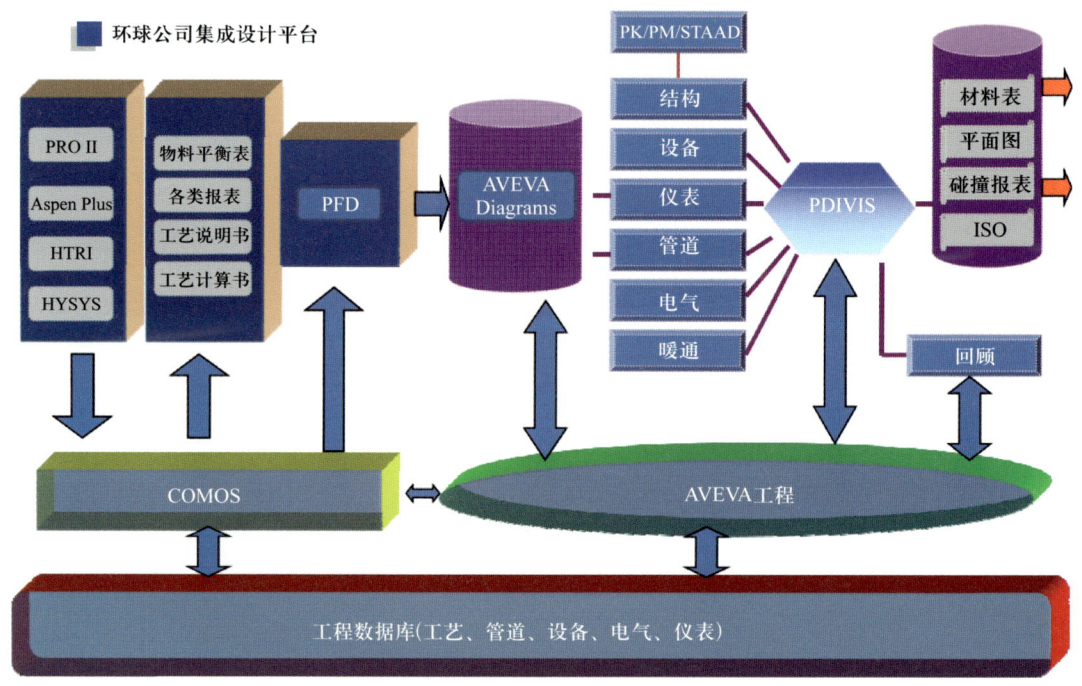

图 3.18　北京寰球数字化集成设计平台系统架构图

（3）发展规划。

为满足项目需要，中国寰球工程有限公司在鹰图公司的 SP 平台和 AVEVA 平台进行大量的二次开发工作，如简化应力专业、结构专业和配管专业的提资流程；实现快速开孔、接线箱的撒点等功能；成立工程数据库，作为底层数据的支撑。

通过对三维设计平台的二次开发，优化提资流程，提高工作效率，降低设计中的人为失误和重复工作劳动强度；辅助项目的进度、费用、质量的管理和控制。

3.1.2.4.3 海洋石油工厂股份有限公司

(1) 公司业务领域简介。

海洋石油工厂股份有限公司是中国海洋石油集团有限公司控股的上市公司，是中国唯一集海洋石油、天然气开发工程设计、陆地制造和海上安装、调试、维修以及液化天然气、炼化工程于一体的大型工程总承包公司，也是远东及东南亚地区规模最大、实力最强的海洋油气工程 EPCI（设计、采办、建造、安装）总承包之一。公司总部位于天津滨海新区。

(2) 数字化设计平台现状。

海洋石油工厂股份有限公司主要从事船体设计，采用的主要设计软件为 AVEVA 公司的 PDMS 软件、ERM 软件等。PDMS 标准图元库均由数据中心的管理员来进行统一维护。可实现配管、电仪、结构、机械的全专业三维协同设计，其数字化设计平台如图 3.19 与图 3.20 所示。

数字化设计平台具有以下优势：

① 建立了标准化体系：建立了标准化的工作流程和先进的指导文件。

② 拥有自主知识产权的工具集：成果文件自动生成与输出工具、智能辅助工具。

③ 能够实现海洋工程的数字化交付，实现可视化管理，包括材料管理、建造跟踪、焊接管理、调试管理、成本估算实施等工作。

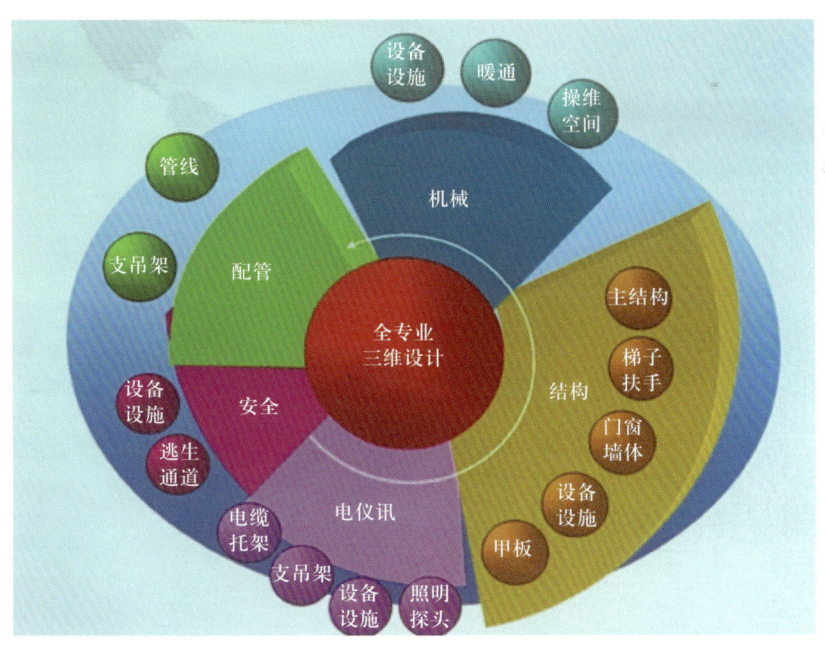

图 3.19　海油工程设计数字化设计平台

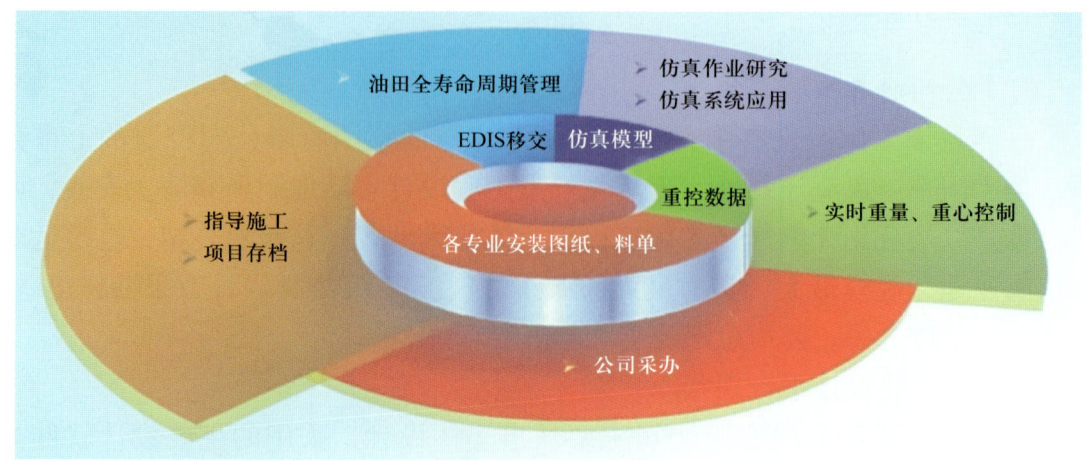

图 3.20　海油工程设计数字化交付平台

（3）发展规划。

海油工程设计院正在规划设计数据交互平台建设（大数据平台、总集成、项目管理），平台架构如图 3.21 所示，计划周期两年，成立项目组 20 余人，包括中心主任、项目经理、专业负责人，全封闭管理。目的是打破国外软件的技术"卡脖"，主要内容是让所有的设计数据都进入公司的设计数据交互平台，直接从该平台提取数据进行交付。数据库准备采用国外开源数据库。现阶段仍然采用国外软件满足项目的需要，将来要把 AVEVA 的设计数据接入到设计数据交互平台。

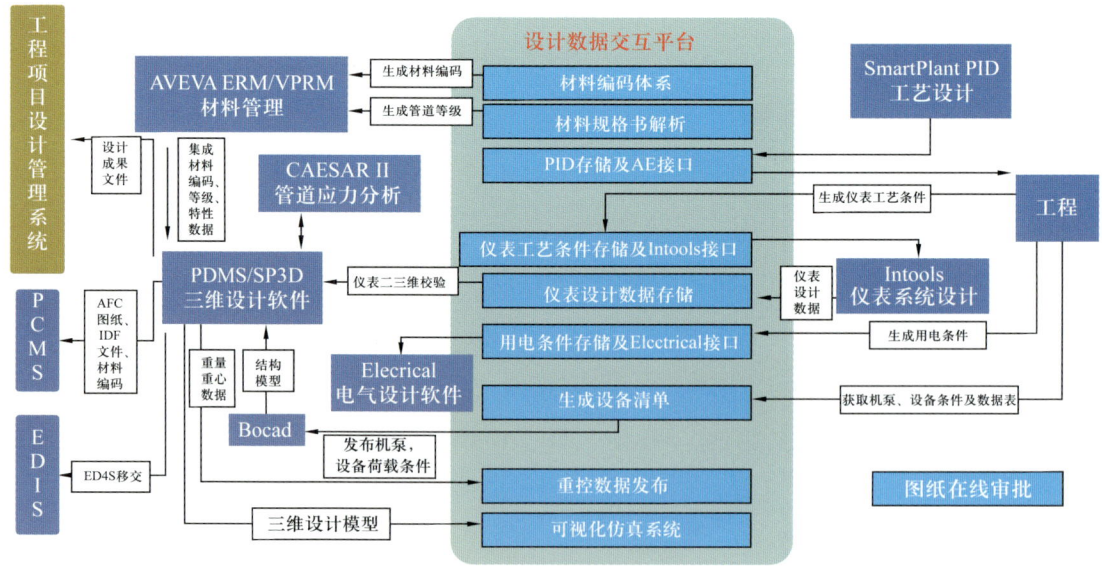

图 3.21　设计数据交互平台

搭建设计数据交互平台，实现所有设计软件的数据流转，直接从该交互平台提取数据进行交付。

3.1.2.4.4 中国石化洛阳（广州）工程有限公司

（1）公司业务领域简介。

中国石化洛阳（广州）工程有限公司创建于 1956 年，位于十三朝古都洛阳市涧西区七里河，是集工程设计、工程承包、工程监理、炼油化工工艺和设备研究为一体的科技型企业，是国内第一批授权实施工程总承包的单位之一。拥有工程设计、工程总承包、工程监理、工程咨询和环境影响评价等甲级资格证书。1997 年通过了 ISO 9001 质量体系认证，2004 年通过了 HSE 管理体系认证。从 2013 年元旦起，公司正式更名为：中国石化洛阳（广州）工程有限公司。

（2）数字化设计平台现状。

该公司同时拥有 AVEVA 公司系列软件和鹰图公司 SP 系列软件，针对数字化设计平台，如图 3.22 所示，通过 COMOS FEED 平台实现工艺模拟的集成，三维设计多采用 PDMS 软件，智能 PID 设计多采用鹰图公司的 SPPID 软件，其余按照业主要求进行软件选用。

数字化交付平台是与中科辅龙公司共同开发的 iTwins 平台，可集成 AVEVA NET 和鹰图公司的 SPF 平台，如图 3.23 所示。

通过数字化交付平台，在施工阶段可以实现进度总览，实现二三维直观展示；按照施工流程实现自动可视化管理。在运维阶段，可实现生产数据的三维可视化、设备检维修管理等。

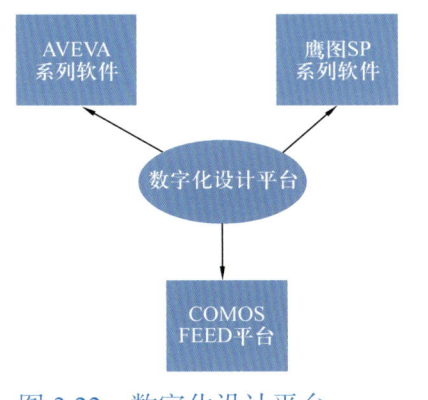

图 3.22　数字化设计平台　　　　图 3.23　数字化交付平台

（3）发展规划。

由现阶段数字化工厂向智能化工厂发展。利用现有数字化系统平台，以加强设备管理、实现安全生产、在线流程优化、仿真培训、提高工作效率为主要目的，实现工厂运行和工厂管理的自动化。

3.1.3　数字化集成系统带来的变革

数字化设计集成系统的开发应用是一个设计理念和手段的重大变革。在石油行业的工程设计领域揭开了新的一页。主要体现在五个方面：

（1）工艺流程（系统）设计由传统的 AutoCAD 图纸绘制转变为数据建模设计方式。

（2）工厂布置设计由二维平面设计转变为三维模型设计，实现设计图纸计算机自动出图。

（3）工作模式由独立的手工作坊式作业方式转变为在同一平台上流水线式多专业协同作业方式。

（4）设计协同由以往的网上电子文档传递方式转变为数据传递与共享模式，保证了信息的一致性。

（5）整个工程建设的工程管理，由过去孤立的图纸交付管理转变为工程全生命周期的数据移交。

"中国制造 2025""工业互联网+"等新理念为石油工程建设的信息化建设打开了新的天地，大数据、云计算、VR 等技术将为数字化集成设计系统发展增添新的动力。根据国家管网集团的工程总承包（包括设计、采购、施工、调试及维护）(Engineering Procurement Constrcction Commissioning and Maiutenance，EPCCM) 工程信息化理念，我们将继续努力加快技术创新的步伐：一是向设计的上游，与工艺分析与研究的前端工程设计（Front End Engineering Design，FEED）阶段进行数据集成开发，实现工程设计前端与详细设计的数据全集成；二是向设计下游，开发延伸采购和施工管理的数据集成，逐步建立起集设计、采购与施工管理于一体的数字化工程管理集成系统，实现国际大型 EPC 工程远程协同，跨地域、跨国管理，满足工程建设完整的数字化移交要求；三是进一步向后端延伸，开展油田工程和长输管道工程数字化、虚拟化、智能化的新技术研究，为实现全生命周期管理提供服务，主要是向运营维护管理延伸，采用工厂虚拟化手段，为实现全生命周期管理提供技术支撑，重点研究三维数字化重构、虚拟技术开发及云计算、大数据技术与它们在工程投产试运领域的开发应用。

3.2 数字化集成设计发展趋势及理论分析

3.2.1 数字化集成设计构建孪生数据模型

当前,以物联网、大数据、人工智能等新技术为代表的数字浪潮席卷全球,物理世界和与之对应的数字世界正形成两大体系平行发展、相互作用。数字世界为了服务物理世界而存在,物理世界因为数字世界而变得高效有序。在这种背景下,数字孪生体技术应运而生。

近年来,随着云平台、大数据分析、机器学习等新技术的飞速发展和计算能力的增强,油气行业加速了数字孪生的应用。管网的数字孪生体可实现全方位的完整数字化复制,诸如管道、集输系统、换热器、泵、压缩机或整个管网系统,能够预测各种设备及系统未来的性能表现,并提出具体的工艺优化建议,从而达到减少计划外停车和优化操作的目的;能够对工艺流程和控制进行全方位建模,以实现工艺流程的操作优化。

3.2.1.1 数字孪生定义及架构

数字孪生利用传感器、物理模型、运行历史等数据,集成多学科、多物理量、多概率的仿真过程,在虚拟信息空间中对工程建设实体进行镜像映射,反映物理实体行为、状态的全生命周期过程,是实体系统对象在数字空间的全生命周期的动态复制体,两者同生同长。

数字孪生可实现油气地面工程在虚拟空间中的全方位真实再现,在虚拟空间内,为油气工程规划设计、工程建造、生产安全运行优化及生产经营提供辅助决策。

数字孪生体通用的技术架构主要由物理层(感知层)、数据层、模型层、功能层组成,各行各业的应用层建立在数字孪生技术架构之上,油气管道地面工程数字孪生体是其中一类,根据实际需求开发设计应用场景。

3.2.1.2 数据建模是数字孪生体关键技术

(1)建模技术。该技术是数字孪生建设的核心技术,可进行三维模型、机理模型、内外部接口、控制算法等全数字化建模。

(2)仿真技术。该技术是模型验证的关键方法,是运用具备确定性规律和完整机理的模型及软件的方法来模拟物理实体的技术。

(3)云计算与边缘计算。它们提供重要计算基础设施,采用分布式计算方式，并靠近物理实体部署，满足系统时效、容量和算力需求。

（4）大数据和人工智能。它们是实现认知、诊断、预测、决策的主要技术支撑，借助人工智能算法，在物理机理不明确的情况下，进行预测。

（5）物联网。它是承载数据流的重要工具，通过信息感知技术及设备，实现物物、物人的泛在连接，完成智能规划识别、感知及管控。

（6）VR、AR、MR。它们是数字空间交互更贴近实体的实现途径，提高数字世界的感官和操作体验，使之更接近于现实世界。

3.2.1.3 数字化设计助力孪生体模型构建

站场工程作为油气管网重要组成部分，同样也是数字孪生体建设的重点，从工程角度来说主要包括接收站、分输站、末站、压气站、接转站、阀室等多种类型，它与线性工程不同，功能复杂且集中，在油气集输过程中起到关键作用。数字化集成设计是构建数字孪生的主要方式和组成部分。从源头开始实现数字化和集成化。

站场数字孪生体架构如图 3.24 所示。

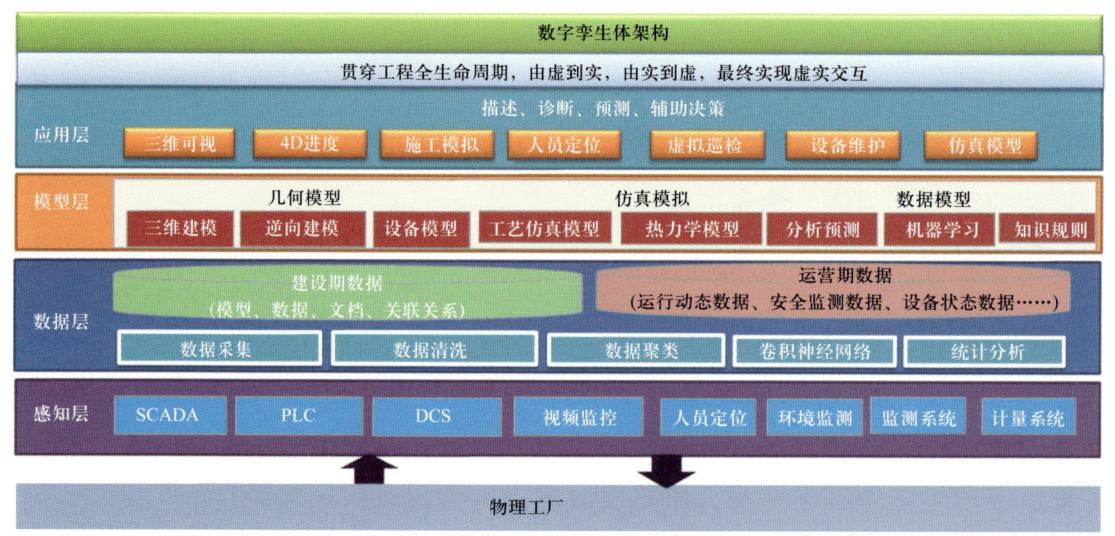

图 3.24　数字孪生体架构

管道工程的孪生体构建主要涉及建模技术、仿真技术等，数字孪生体的基础是模型，模型从孪生体构建来说主要分为几何模型、仿真模型及数据模型三种。数字化集成设计是实现数字孪生建设的基础，在数字化集成设计过程中实现数字孪生的数字化，形成工程设计相关数据、仿真模型、三维模型等静态数据。在数字化集成设计系统中，不仅包含工艺计算仿真模拟，而且包含三维模型设计、工艺智能设计、自控智能设计、电力智能设计、建筑三维设计、总图设计、机械设计等多个专业，通过数据集成软件形成一个整体。

3.2.2 基于数据模型的数字化集成设计

3.2.2.1 MBSE 概述

　　基于模型的系统工程（MBSE）是建模的形式化应用，以支撑系统的需求、设计、分析、验证和确认活动，始于系统概念设计阶段并贯穿整个生命周期。MBSE 本质上是利用模型定义系统取代过去以文档描述系统的方法，以逻辑连贯一致的多角度通用系统模型为框架，实现跨领域模型的可追踪、可验证和全生命周期的动态关联，进而驱动贯穿于概念方案、工程研制、使用维护、报废更新的系统全生命周期，以及从体系往下到系统组件各个层级内的系统工程过程和活动。MBSE 将沿着基于模型的系统生命期管理向基于模型的产品线/系统族生命期管理、基于模型的企业生命期方向发展。

　　数字孪生的概念是为了获悉、知晓系统在运行使用中的健康状态而提出来的。互联网、传感器技术的发展，为及时获取系统运行使用数据提供了便利条件，人们可以通过采集的大量数据建立系统的健康模型，并实现虚实双向关联、互动，从而能够及时准确地开展系统维护活动。当然，数字孪生应贯穿于系统全生命周期，即从系统需求设计到系统退役。数字孪生离不开建模与仿真技术，而建模与仿真技术又是 MBSE 的基础，可以说，数字孪生技术是 MBSE 技术体系的组成部分。

3.2.2.2 基于数据模型的数字化集成设计

　　利用 MBSE 方法打通从研发设计、施工建造、交付到运营的全生命周期管理链条，实现跨专业协同和系统性优化，持续迭代完善工程数据资产模型，可有效提升工程本质安全水平，赋予企业数据利用能力和业务洞察能力，其应用价值主要体现在研发设计阶段、建造安装阶段、使用维护阶段。

　　在研发设计阶段，可以建立各专业衔接的数字化交付标准，改变传统的基于文档的系统数字化模型设计，可高效实现各类专业设计软件的集成，提高设计效率。采用专业设计工具/软件建立本体数据模型，打通各专业数据链条，实现数据集成共享，同时利用模型生成材料统计表及施工图纸用于指导采购和施工。

本体数据与活动记录的关联，采用基于模型的系统工程方法，以本体数据的位号为核心建模，实现设计、采购、施工相关活动的记录和关联。不同的专业模型集成主要是以工厂对象的位号作为联系数据、文档和三维模型的关键核心，对多种类型的信息进行快速检索、查看和数据分析。

综上所述，为了建设工程数字孪生体，同时建立以数据模型为核心的数据资产，大多数设计单位均采用基于模型的系统工程方法的数字化集成设计系统开展工程设计，从设计源头开始让设计实现数字化和数据集成。构建设计阶段的数字孪生体信息模型，实现设计数据的转换、整合、校验、变更与分发，打通数据资产在设计各阶段不同专业之间的内部链条，确保每一个专业都充分掌握所需的数据，并为数据的准确性提供保证。

通过基于模型系统工程方法的数字化集成设计系统，实现了以对象为中心的单一高质量数据源的访问，不仅有利于降低设计不同专业之间的提资时间，消除信息孤岛，同时有利于设计模型自动传递到施工端和业主端，为管道工程建设奠定良好的数据模型基础。

3.2.3 建模标准

工程建设阶段通过全数字化交付最终实现智能建设，其中最核心的在于数据层，该数据囊括工程设计、物资采购和工程施工产生的静态数据，而这些静态数据与管道的数字孪生体进行数据的融合、分析、应用和服务，支撑建设期的业务需求。所以得到高质量的数据是至关重要的。需要通过统一的数据标准制定和发布，结合完善的数据标准管理体系，实现数据的标准化管理，保证数据的完整性、一致性、规范性，为后续的数据管理提供标准依据。

3.2.3.1 标准分析

3.2.3.1.1 资产密集型装置信息移交规范

资产密集型装置信息移交规范（Capital Facility Information Handover Specification，CFIHOS）。该规范为业主、运行方、承包商、厂家提供标准化项目信息移交规范。它是由 USPI/ENAA 发起，2019 年底改为由 IOGP 主导。

2012 年，荷兰皇家壳牌石油公司与总部位于荷兰的流程工业联合标准组织（United Standards of the Process Industry，USPI）接洽，将 CFIHOS 企业信息标准转变为行业标准，2020 年 1 月，形成第 36 号联合行业项目（Joint Industry Project，JIP）。

该项目目的是为运营商、承包商、供应商和设备制造商创建移交规范，以规范项目信息移交符合要求的规范。

CFIHOS 利益相关者的可交付成果：

（1）CFIHOS 是"工业制造"的交付规范，以数据格式提供信息交换的规则和原则。

（2）CFIHOS RDL 引用 ISO 15926-4 作为使用 CFIHOS 规范的利益相关者的通用语言。

（3）商业软件供应商采用 CFIHOS 规范作为系统标准。

（4）所有利益相关者如何实施 CFIHOS 的指导文件。

CFIHOS 的提供结构包括指导文件、规范文件、模板及核心 RDL。

3.2.3.1.2　ISO 15926

ISO 15926 包括"流程工厂生命周期数据集成"标准（"Integration of life-cycle data for process plants" Standard），该标准参考数据的应用如图 3.25 所示。

（1）该标准的主要意义：① 保留企业数据的全生命周期历史；② 使用标准协议以标准格式交换结构化数据；③ 按需自动整合来自多个外部来源的数据；④ 完全自定义的数字化可交付成果。

（2）标准制定的目的：① 为计算机系统提供通用语，从而整合它们产生的信息；该技术是为涉及多方的大型项目的流程工业建立的，并且涉及持续数十年的工厂运营和维护过程；② 专门用于提供所有应用程序之间的数据通信规范；③ 整合工厂设施在其整个生命周期内的所有技术和运营信息；④ 支持信息集成的可操作性，也支持归档和知识挖掘。

（3）该标准主要内容：

第 1 部分：综述与基本原理（已于 2003 年转化为国家标准 GB/T 18975.1—2003《工业自动化系统与集成流程工厂（包括石油和天然气生产设施）生命周期数据集成　第 1 部分：综述与基本原理》）；

第 2 部分：数据模型（已于 2008 年转化为国家标准 GB/T 18975.2—2008《工业自动化系统与集成流程工厂（包括石油和天然气生产设施）生命周期数据集成　第 2 部分：数据模型》）；

第 3 部分：几何和拓扑参考数据；

第 4 部分：初始参考数据；

第 6 部分：参考数据的开发和验证方法；

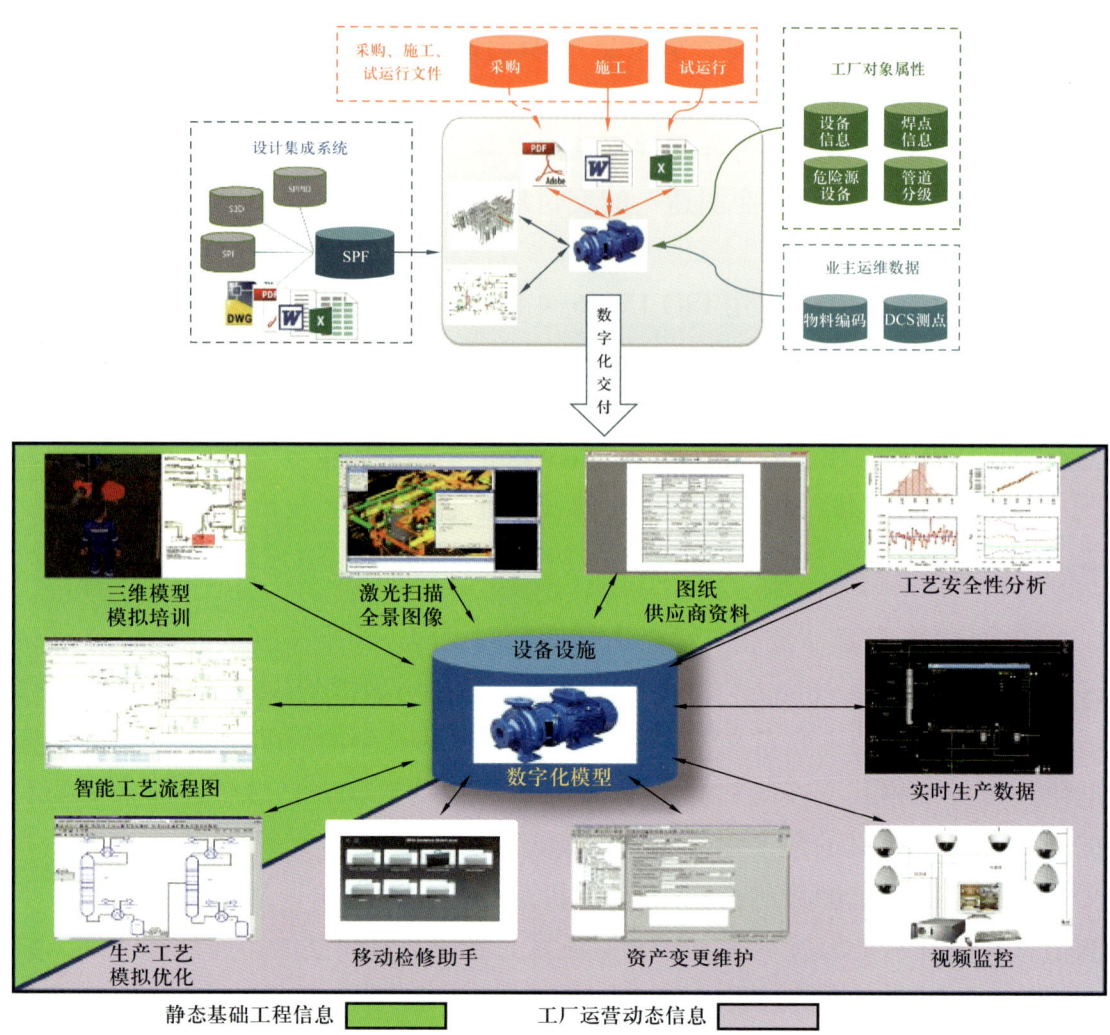

图 3.25　ISO 15926 参考数据的应用

第 7 部分：分布式系统集成实施方法——模板方法；

第 8 部分：分布式系统集成实施方法——Web 本体语言（OWL）实施；

第 10 部分：合规性测试；

第 11 部分：简化的参考数据工业使用方法；

第 12 部分：Web 本体语言（OWL）表示的生命周期集成本体；

第 13 部分：集成资产计划生命周期；

第 14 部分：适用于 OWL2 直接语义的数据模型。

3.2.3.1.3　IFC

通过工业基础类（Industry Foundation Classes，IFC）在建筑项目的整个生

命周期中提高沟通效率、生产力和产品质量、节省时间、降低成本，为全球的建筑专业与设备专业中的流程提升与信息共享建立一个普遍意义的基准。

IFC 给建筑业提供一个贯穿建筑决策、施工运营等全过程且不依靠任何系统的数据标准，以实现建筑工程各个阶段间信息交换与共享。IFC 标准主要内容为 IFC Schema，提供建筑项目全过程中对建筑构件、空间关系或组织等信息进行描述和定义的规范。

在数字化集成设计系统中建筑设计是其中重要的组成部分，目前应用比较广泛的是 Revit 软件，该软件也是集多专业于一体的协同设计软件。为了保证三维模型信息的完整性和准确性，在设计前期就应确立各专业模型所使用的设计软件及各专业软件间的数据交流方式，保证 BIM 设计顺利进行。现阶段一般使用 Revit 软件平台为主要平台构建整体建筑框架，使用 Tekla 软件进行钢结构设计，使用 Rhino 软件进行曲面幕墙等设计等，最终通过 IFC 等通用数据规范汇总至 Revit 软件集成数字化模型。

3.2.3.2　国家管网集团数据标准

国家管网集团工程部持续推进高质量建设"智慧管网数据规范"体系，规划构建工程建设数据标准、资产完整性数据标准等 150 余项数据规范，打通各阶段数据链路，保证数据质量，提升共享效率，辐射全生命周期，全面夯实数字化转型数据基础，助力国家管网集团安全生产和高质量发展。

从国家管网集团油气储运工程数据标准系统架构可以看出，标准整体包括技术标准、管理标准及工作标准。从性质来看，主要分为数字表达层、数据定义层、结构分解层、信息技术层和系统应用层。该标准的制定为数字化集成设计软件定制开发提供依据。技术标准部分从结构分解层规范规定了国网油气储运工程最基础的编码，包括工程编码，比如工作分解结构（Work Breakdown Stracture，WBS）、产品分解结构（PBS）等，物料编码为集成系统材料等级数据库提供最基本的编码规则，同时该编码的制定打通了设计、采购和施工建设全过程的数据编码。在数据定义层，制定了设计数据交付规定、数据元字典等标准，为集成系统内部及采购施工数据基本元素给出了明确定义，并明确了交付的数据类型、属性、精度等相关规定，从数据本身打通了各阶段的数据通道，做到"车同轨、书同文、行同伦"。统一全生命周期数据模型，统一管理、数据治理基础，以数据驱动发挥价值，是建设管道站场数字孪生体的前提，形成了智慧管道坚实数据集成框架，助力数字化迈向智能化。

3.3 数字化集成设计

3.3.1 数字化集成设计架构

3.3.1.1 总体架构

数字化集成设计系统包括工艺流程设计软件、三维配管设计、设备设计及材料选用、集成平台管理、仪表设计/电力设计、结构设计等专业设计，需要在设计初期形成集成设计系统的整体概念。前期需要建立集成设计工作流程规定，保证集成设计系统内各软件之间的数据传递。

数字化集成系统完美融合智能设计、项目管理和 ERP 的多功能平台，通过校核机制、版本管理，完整有效地记录工厂设计数据，并进行数据、文档、工作包等管理，最终实现数字化移交。

数字化集成系统可建立一个覆盖 EPC 项目管理全过程的、统一的、跨地域远程协同的数字化集成设计平台，实现工程的"数字化、智能化、虚拟化、集成化"设计，满足工程全生命周期管理的需求。

3.3.1.2 功能架构

站场数字化设计平台系统的功能架构是在总体架构的基础上，考虑平台的总体应用需求，通过分析国家管网集团建设目标和建设业务需求，从系统实现角度对应用服务的支撑实现进行描述，从而在更加详细和具体的架构设计上反映平台的应用实现设计，系统功能架构设计如图 3.26 所示。

图 3.26 应用架构示意图

站场数字化设计平台主要包括工程材料编码系统、工程数据管理系统、三维布置设计系统、二维逻辑设计系统、建筑设计系统、总图设计系统等。

（1）数据库管理。对基础数据库进行分类、分层次管理，进行版本化管理。

（2）智能工艺设计。建立以数据为中心、规则驱动的智能 PID 设计，并实现工艺与下游专业（例如配管专业、仪表专业、电力专业）的数据传递和集成。

（3）多专业三维协同设计。通过云平台实现多专业实时协同设计、真实的现场环境，多个专业组可以协同设计以建立一个详细的 3D 数字站场模型。配管、仪表、电力、通信、给排水、消防、热工、结构、阴保等十几个专业协同设计，通过数据和规则驱动极大地保证设计数据的准确性和可重复利用性，专业间协同设计更加合理和有效，对设计变更进行有效管控。

（4）建筑三维设计。包括建筑设计模型、结构设计模块、机电设计模块、建筑多专业协同模块、建筑多专业出图模块、建筑族库管理模块、标准化模块管理模块、建筑多专业模型整合及碰撞检查模块、建筑模型向站场平台模型输出及数据输出模块、建筑数据检索及数据管理模块。建筑三维设计包含了建筑、结构、给排水/消防、暖通、热工、电力、仪表、通信专业的数字化设计工作。主要包括油气管道站场建筑模型设计工作、建筑模型数据录入、基于中心模型工作模型完成模型整合工作及设计成果输出与数字化移交。

（5）总图三维设计。利用三维自然地形模型和三维设计场地模型计算土石方工程量，利用总图三维构筑物模型计算构筑物工程量，满足不同设计阶段总图工程量统计的要求。

（6）仪表设计。基于公共数据库和规则驱动，管理和保存仪表和控制系统的历史记录，进行工厂设计和运维管理。通过电缆敷设模块、三维桥架设计模块、安装图设计模块、索引表模块（包括 IO 表、设备表、电缆表等）、接线图设计模块等实现智能仪表设计。生成仪表索引表、仪表规格书、回路图、接线图和仪表安装图等设计成果，可以跟上下游系统进行数据交互。

（7）电力设计。包括电气设备安装布置、电气设备信息、电缆路由设计、电缆敷设信息、供配电系统设计、接地防雷设计、爆炸危险区域划分等。

（8）数据校验管理。通过二三维数据校验、设计规则校验、数据库校验减少设计错误和不一致性，通过规则验证设计数据与成果的准确性和合理性，以便查找设计问题及外部数据库缺陷，提高设计质量、效率和安全性。

（9）模块化、橇装化管理。将设计系统进行模块设计，采用组合式的通用设计方法实现场站模块化设计，统一设计标准，提高设计质量和效率。实现将设备、管道、阀门、仪表、电气等集中组装成为一个整体设备，以满足站内设备橇装化的设计、制造及采购要求。

（10）模型审查。将传统二维图纸校审转变为智能化模型校审，实现模型在线校审、多方异地协同校审、多媒体方式校审、审查意见追踪与管理。

（11）智能校审。多人同时在线浏览、异地协同的方式，用于设计人员三维检视、建造人员施工模拟、业主运维和培训模拟，以其真实的三维环境适用于设计、制造和运营等工厂全生命周期。智能校审实现意见实时批注、模型比对、异地协同审查、实时语音沟通、多媒体审查、与图纸可相互索引等。

（12）在线提资。实现专业间在线提资并自动生成提资单，用于专业间提资、校审、存档及数据移交。

（13）智能应用拓展。设计智能化体现在知识的碎片化以及智能化的整合，主要体现在极致的用户体验，表现为数字化、知识化、服务化、协同共享化等各个方面。将工程设计从以文档为中心搜索转向以认知为中心搜索，形成人工智能助手，进而使设计智能化得以实现。通过先进的软件技术和二次开发功能实现设计工具的智能应用，持续开发工具集，提升系统的便捷性和易用性；通过定义管道布置原则和数据规则，实现三维自动布管功能，不断提升管道的信息化、智能化水平。

3.3.1.3　集成架构

站场数字化集成设计系统在应用层面依托工程建设云平台，以数据集成为核心，二维逻辑设计和三维协同设计为手段，实现工程站场数字化集成设计。

3.3.2　二维逻辑设计系统

3.3.2.1　工艺系统数字化设计

工艺系统数字化设计是站场设计的核心，它全面表达了工艺、设备、管道、控制及配套系统之间关系，是设计水平的重要体现。作为工程数据发起的源头，工艺系统设计的好坏从根本上影响到最终的操作运行，在项目的整个生命周期中都发挥着重要的指导作用。

工艺系统数字化设计应以数据库为支撑，具有强大的系统逻辑设计功能，能有效利用数据，实现工艺数据的全生命周期管理。在智能化的工艺系统设计工具中，工艺流程不再仅仅是图面上设备、管道和仪表的表达，还包含了每个对象之间的内在逻辑关系，涵盖了对象的命名规则、工艺操作参数及物理属性等，所有上述信息存储在数据库中，形成一种"可视化"的数据库。工艺流程设计由原来的图形和零散数据转变为与图形对应配套全面的数据管理，使工艺设计管理水平得到全面、系统的提升。在工厂全生命周期管理和数字化交付日益重要的时代，工艺系统智能设计提供的完整的结构化工艺数据，为工程设计、采购、施工和运维提供了数据基础。

3.3.2.1.1 工艺系统设计

（1）工艺流程图智能设计。

工艺流程图是用图形与表格相结合的形式，反映设计中一个区域或一个系统所用的设备及管线的来龙去脉，以及相应的物料平衡结果的图样。工艺流程图通过工艺模拟分析来确定，通过工艺模拟分析，可以寻求最佳工艺条件，找到工艺方案与经济效益的最佳匹配，从而实现节能、降耗、增效的目的。工艺模拟分析的成果主要是工艺流程图和物料平衡表，工艺流程图是工艺管道仪表流程图设计的基础，物料平衡表则是工艺系统设备、管道工艺数据的来源。

实现工艺流程图的智能设计，即是要采取一定的技术，获取工艺模拟软件中的流程、属性、工况等信息，并能对这些信息进行智能化管理和调用。

目前西门子公司的 COMOS 软件中的 COMOS FEED 与 Pro/Ⅱ、HYSYS 等工艺模拟软件有接口，可以将工艺模拟的流程和数据信息导入到 COMOS FEED 中开展工艺设计，能实现多工况的数据管理，并生成项目 PFD 和物料平衡表。COMOS FEED 中的工艺流程图，可以转化成 PID 图纸，以进行下一阶段的详细工艺设计，实现了工艺设计数据源的唯一性，实现了数据处理的自动化，大幅减少工艺专业内部的重复工作。COMOS FEED 是以工艺数据和工程文档为核心的数据库管理系统，其基本架构见图 3.27 所示。它集成了工艺设计常用软件，实现对工艺设计过程各项活动的集成，是一个集成化的工艺设计系统。

COMOS FEED 具有以下功能和特点：

① 数据源唯一。采用数据库和面向对象技术。与工艺设计过程相关的设备、物流、参数等在该软件中都是以对象的形式在数据库中唯一存在，这就决定了数据源的唯一性，确保了数据的一致性。

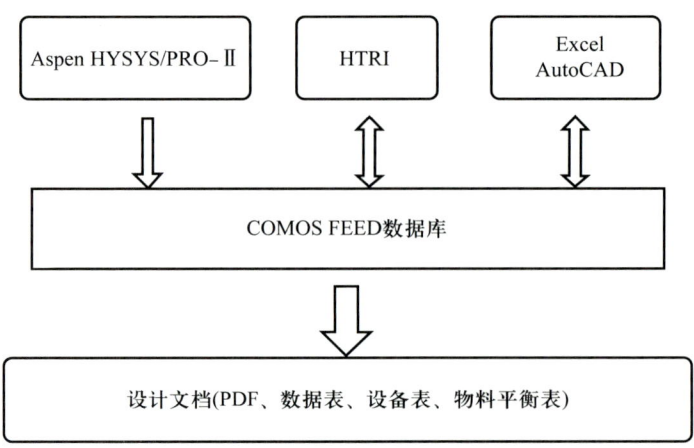

图 3.27　COMOS FEED 基本架构

②数据高度共享。设计信息全部存放在数据库中，通过创建映射关系或定制接口可以使之在不同的设计文档或软件中自动传递，实现数据高度共享。

③实现了工艺设计常用软件集成。工艺设计所需软件，例如流程模拟软件（Aspen Plus、ProⅡ、HYSIS 等）、HTRI、Microsoft Office（Excel 和 Word）以及 AutoCAD 等均集成在了 COMOS FEED 中，实现了各软件间的数据共享和自动传递。

④完善的知识库管理功能。用户可将设计标准和设计经验在该软件中定制成知识库，以进行统一管理。

⑤具有数据变更及文档版次管理功能。通过不同的颜色来标记数据变更，其文档版次管理功能可以有效保留设计、校对、审核、审定痕迹。

⑥具有工况管理功能，方便工艺方案对比。

⑦外部文档管理功能。外部文档（如 Excel、Word、AutoCAD 等）可拖拽至该软件中，方便对项目所有文档进行统一管理。

⑧分专业权限管理。该软件通过对每一个属性工作区的设定来实现分专业权限管理，确保各专业在进行协同设计时只能编辑本专业的相关属性。

⑨具有项目复用功能。该软件可以将整个项目或项目的一部分保存为数据文件，可在将来的设计中重复利用。

⑩开放性好，用户可以根据自身需求很方便地对该软件进行二次开发，扩展其功能。该软件在石油化工工艺设计过程中的应用可以弥补当前工艺设计模式的不足，对提高设计效率和质量具有重要意义。

（2）工艺管道仪表流程图设计。

工艺管道仪表流程图设计是根据项目 PFD 的要求，借助统一规定的图形符号和文字代号，用图示的方法把建立石油化工工艺装置所需的全部设备、仪表、管道、阀门及主要管件，按其各自功能，在满足工艺要求和安全、经济的前提下组合起来，以起到描述工艺装置的结构和功能的作用。油气管道地面工程的设计，从工艺包、基础设计到详细设计中的大部分阶段，PID 都是工艺专业的设计中心，其他专业（设备、机泵、仪表、电气、管道、土建等）都在为实现 PID 里的设计要求而工作。工艺管道仪表流程图不仅是设计、施工的依据，也是企业管理、试运行、操作、维修和开停车等各方面所需的完整技术资料的一部分。工艺流程图设计质量对工程质量有重要作用。

与传统的非智能绘图工具相比，智能 PID 最大的特点在于其工程数据遵循相应的规范存储在数据库中，而图形只是 PID 数据的一种表现。在绘制智能 PID 图的过程中，设计人员不仅要用图例符号描述工艺流程，而且要为设备、管道、仪表等输入正确的数据。智能 PID 设计软件突破 AutoCAD 限制，其设计的 PID 图中，所有设备、管道、仪表等属性信息通过数据库存储，数据存取灵活方便，并能实现数据在集成设计系统中的流转，确保工程数据源头唯一，保证工艺数据在工程全生命周期的准确性。智能 PID 设计的成果是二维的逻辑模型。

智能 PID 涵盖管道和仪表设计过程，是一个以数据为中心的工艺设计系统，工艺系统设计通过数据库完成，设计过程由规则控制和驱动。图形表现是数据的用户视图，是图形和数据模型同步的结果。智能 PID 使用"在线规则"概念和"一致性检查"操作的方法，保证设计的一致性，并且遵循设计惯例。PID 数据是构成大部分下游设计工作的基础，例如仪表和管道设计，工厂运行工作，定期检修、检查和 HAZOP。同时，智能 PID 还应可以与下游配管、自控等设计实现数据集成，数据可以在一个可控的环境中处理，在工厂全生命周期中管理工作流程。

3.3.2.1.2 工艺系统智能设计原理

实现工艺系统智能设计的根本在于设计软件有强大的数据库支撑，数据库能够提供工艺系统设计所需的图形、数据、数据传递规则等，在数据库的支撑下，工艺系统设计的所有工艺参数均存储在数据库中，利用数据库技术，可以快速查询满足条件的数据，高效地输出各类报表。智能工艺系统设计工具还应有开放的接口，以便能为上游工艺设计、下游配管和自控等专业设计软件提供接口，达到集成设计的目的。工艺系统智能设计的原理，从以下几个方面体现。

（1）定义通用的数据字典。

数据字典是工艺系统智能设计的核心。通过数据字典，可以定义工艺系统设计中所有对象的属性，定义各类对象属性的级别。管道的设计压力和设计温度，泵的扬程和功率等属性，均通过数据字典进行定义。

（2）定义统一的图例符号库。

图例符号是工艺系统设计的基本元素。在智能工艺系统设计环境中，主要有三大类图例符号。一是设备、管道、仪表、阀门等工艺流程图的基本元件，通过对工艺系统设备、管道、阀门和仪表的图元定制，将图元与数据字典合为一体，通过图形体现 PID 工艺数据；二是用于读取元件位号、属性等信息的标注类图例，如设备位号、管线号等，且标注的属性应能随元件属性的变化而实时更改；三是用于完善流程图图面信息的说明、范围分界等辅助性图例。在智能工艺系统设计中，所有类型图例符号均由管理员统一定制和管理，工艺专业人员选择图例符号库中的元件进行流程图的设计，无论是图例外形还是对元件的标注规则均实现统一，这样就确保了项目 PID 图纸风格统一，并能大大提高 PID 设计效率。智能工艺系统设计的图例符号还应具备逻辑连接关系，相连的图例符号应能进行属性的传递或对比。

（3）定义适用规则驱动。

工艺系统智能设计软件应能定义使用的规则驱动。一方面，定义绘图的基本原则和关联对象的属性传递规则、一致性校验规则，以此来规范 PID 图纸部分设计内容，减少设计过程低级错误，提高图纸质量。另一方面，还应可以将工艺设计的专家经验，通过定义规则的方式嵌入到智能 PID 设计过程中，对工艺设计本身进行校验，以减少工艺流程的错误。

（4）有强大报表功能。

工艺系统智能设计的成果，即 PID 图和其包含的数据，应能通过智能工艺系统设计软件，定义相应的报表，可以方便地对 PID 图中的元件和属性进行输出，用于工艺设计过程的互提资料或工艺专业的成果文件。从传统的数管线、数阀门到智能 PID 报表自动输出管段表、阀门表，大大减少了设计人员的工作，且自动输出的报表有更高的规范性和准确性。

（5）有开放的接口。

工艺系统智能设计软件应有开放的编程接口。一方面，智能工艺系统设计软件面向众多用户，各用户需求不尽相同，开放的接口方便各用户对软件进行二次开发，提高软件本身对客户的适用性。另一方面，智能工艺系统软件应能与前端工艺模拟、下游三维设计、自控设计、电力设计等软件建立数据关系实现多软件、多专业的协同设计。最后，智能 PID 的交付还应能为工厂运维提供模拟仿真的工艺流程和数据支撑。

（6）能实现异地协同设计。工艺系统智能设计应能实现项目异地协同设计，一个大型项目可以被分解成多个子项目分发给不同地点的项目组。每一个项目组只能修改属于自己范围的 PID 图，由中心服务器负责协调，使整个项目保持统一的设计模式，数据可以在项目组之间进行传递，获得授权的项目组可以得到其他项目组的 PID 图，进行查看和修改，在项目结束时，所有子项目的 PID 数据可无缝地合并到中心服务器，简化数据的移交过程并且提高数据的质量。异地协同设计对于海外大型项目尤为适用，全球各个办公室之间可以在统一的项目平台下设计 PID，随时查看和修改，大大提高了图纸传递的速度、质量和效率。

3.3.2.1.3　工艺系统智能设计在集成设计中的作用

工艺系统智能设计是站场设计的核心，工艺设计的大量工程数据，一是能输出工艺设计的成果文件，如设备表、管段表、阀门表中的工艺数据均能从智能工艺系统中输出；二是可以在集成设计中，提供给下游专业进行专业设计，如配管设计、自控设计、电力设计等均需项目工艺数据，为保证项目工艺数据的准确性，最好的方法是使所有引用的工艺数据源头统一，不经过二次加工。因此，工艺系统智能设计在集成设计中占据重要的地位。通过智能 PID 的发布，下游专业可以接收 PID 图纸及其包含的数据，是下游专业设计的数据来源。其次，工艺系统智能设计能接收下游专业软件对 PID 的反馈，用以提高 PID 数据的准确性。

（1）与三维配管设计软件的数据交互。

① 为三维配管设计提供数据。三维配管设计软件能够接收智能 PID 的图形和其中的数据信息。配管设计所需的工艺流程图和设备、管道、管件等位号参数，管道材料等级参数，设备、管道工艺数据均可由智能 PID 提供，从而减少配管设计二次属性输入。工艺与配管设计软件之间的二三维校验规则，大大提高了配管设计的效率和准确率。不同版本智能 PID 修改的信息，在智能 PID 重新发布后，在三维配管软件中会显示不同颜色，从而提示配管人员进行对应的修改。

② 智能 PID 从三维配管数据库提取数据。为保证工艺与配管专业数据的一致性，智能 PID 可从三维配管软件中取得部分数据，如管径系列（DN 或者英寸）、管道的材料等级系列等。

（2）与自控设计软件的数据交互。

① 为自控设计提供数据。自控设计所需设备、管道、仪表位号参数，管道、仪表工艺参数等可由智能 PID 提供，避免自控专业对数据的二次录入。

② 智能 PID 接收来自自控设计软件的数据反馈。为保证工艺专业与仪表专业数据的一致性，自控专业对仪表设计选型的部分数据需传递到智能 PID 软件。

（3）为电气专业提供工艺数据。

电气设计所需的机械设备位号、电机功率等参数可由智能 PID 提供，电气专业可以接收电机功率信息，进行接线图的设计。

（4）为设备专业提供工艺数据。

设备专业进行设备采购需要出具设备数据表，设备数据表中的工艺数据可由智能 PID 提供，避免设备专业对数据的二次录入。

3.3.2.2 自控系统智能设计

3.3.2.2.1 自控系统智能发展现状

随着信息化技术的飞速发展，新技术在工业控制领域的应用日新月异。工艺技术的发展和专利工艺的复杂性，以及工程项目日趋大型化、复杂化、智能化，使得在自控设计实践中仅仅依靠 AutoCAD 技术及 Office 办公自动化软件明显地显示出局限，因此工艺技术逐渐向着基于数据库原理的仪表工程管理软件发展。

随着技术的进步，石油化工项目的规模不断扩大，工程效率要求不断提高，多方合作的情况越来越常见，这就对工程设计过程中的设计进度、数据整合及出图管理等各个设计环节提出了更高的要求。最初设计时只用手填纸板文件，后来过渡到使用 Excel 等基础电子文件进行数据传递，现在陆续开发出数据量越来越大、功能越来越全的工程设计软件，如 SPI、AVEVA Instrument 等。这些以数据库为核心的仪表设计与管理软件，属于全球领先的仪表工程软件，在国际化工程公司仪表设计领域中被广泛应用。近几年，国内大型工程公司也开始陆续引入此类软件，并在石化行业推广开来，逐步获得了设计方和业主方的认可。

3.3.2.2.2 自控系统智能设计原理

自控系统智能设计为工厂生命周期中仪表系统的工程设计和维护而服务，包括了仪表索引、仪表技术规格书、工艺数据、计算、接线、回路图和仪表安装图等完整模块。简明和容易使用的界面，使得用户能够减少培训和提高生产力，另外，设计和数据的一致性检查功能将大大地减少错误以及提高设计质量。

以数据库为基础的自控仪表的集成设计较以往的传统文档设计有很多新的特点：设计内容数据化，依靠数据库实现仪表数据的完整性和准确性；专业互提规则化，依靠软件数据流结构保障数据传递的准确性；设计过程流程化，通过固定设计流程保障设计质量；设计文件规范化，规范的设计文件格式提升了设计质量；设备布置三维化，为施工建造、运行维护提供了方便；设计内容数字化，可以实现数字化移交，为业主生产维护仪表提供了有据可查的数据。

利用自控系统智能设计，可以实现下列的功能：系统管理、仪表索引、仪表规格书、工艺数据、流量计的计算、控制阀的计算、泄放阀的计算、接线、回路图、按照图、电缆路径和电缆盘等。

3.3.2.2.3 自控系统智能设计在集成设计中的作用

自控设计集成数据流，是指自控集成软件与其他专业工程软件之间因设计需要在软件集成方式下交换的设计数据。数据流的作用是传递集成所需信息，其目的是保证数据的共享性和一致性，解决传统设计方式中重复录入和专业接口不清等问题。运用数据流在软件集成方式下的工作流，约束专业间的接口行为，彻底避免人为因素的干扰，保证设计工作的标准和规范。数据流的作用是在集成软件中能实现和开发能扩展的数据。

以 SPI 为例，包括 SPI 软件在内的 SmartPlant 系列集成设计软件的优势在于通过数据库之间数据的共享，以及固化一定设计规则及工作流程来保证设计数据的一致性、规范性以及设计深度，同时减少数据的重复录入等工作量，提高了工程设计的效率。自控专业设计人员得以从繁琐的图文工作中解脱出来，专注于自控专业技术层面的完善及改进。

在 SPI 软件内部所有的设计内容均转化为数据存在于数据库中。各种设计数据不再孤立，不再属于单独的某个设计文件或文档，而是相互关联。工艺数据模块、规格书模块、接线模块、回路图模块、安装图模块中分别设计的内容均能够通过不同过滤规则过滤出来，从而方便地实现设计选型内容的查看及修改。

SPI 在项目中应用之前需要做大量定制，这包括：仪表类型的设置及基本规格属性的预定义；与智能 PID 的仪表类型的匹配；命名规则及工厂结构；数据表、接线图、回路图、安装图模板；材料定制以及数据库中添加使用自定义字段来满足不同项目的需求。

3.3.2.3 电气系统智能设计

3.3.2.3.1 电气系统智能发展现状

电气集成设计是指利用集成平台将电气设计全流程进行整合，将数据进行流转，最大化利用工程中产生的设计数据进行系统设计和布置设计。以往的电气设计，主要以平面设计为主，三维设计为辅，以检查碰撞为主要目的。集成设计平台改变了这一现状，让电气专业更多地参与到三维设计中，成为集成设计不可缺少的参与者。多方面利用集成设计平台的优势，提升电气专业的设计质量和效率，在多方面取得突破。

电气设计软件在市场上已活跃了 20 余年。这类系统通常以图形为导向。近些年，系统以虚拟设备模型为基础，所有对象都被保存在中央数据库中，通过绘图和文字数字两种方式都能对电气文档进行编辑。

3.3.2.3.2 电气集成设计技术原理和方法

（1）电气集成设计原理。

电气集成设计软件首先要建立在集成平台上，能够接收 PID 软件发布的数据，并能将电气相关的设计数据传递到三维布置软件中。将设计数据进行流转是集成设计的核心，以数据为理念的设计是建立电气集成设计的关键。

以数据库为理念的电气集成设计软件应致力于电气配电网的设计和建造，并提供安全、正确和可靠的电气数据以保障用户现在的工作以及将来工厂扩充的需求。其支持所有工厂运营的模式，从概念设计，到详细设计、试车、连续运营、事故和退役；可以自动生成相关报告和设计文档。对一个公司而言，由工程师的综合基础知识而创造的数据是非常重要的资产。电气集成设计软件更好地阐明、维护和保存了相关的知识和数据资产的价值。软件中的标准保证了设计的一致性、连续性、精确性和效率，降低了出错几率和昂贵的消耗。

（2）实现电气集成设计的方法。

电气集成设计能够顺利开展的基础是要进行数据库相关定制，定制与自己公司的业务相匹配的数据库或种子库，可以从以下几个方面进行定制或开发。

① 数据字典的开发。根据设备材料的参数属性，对各个参数属性进行定义和分析，规定它的适用阶段、负责专业、中文描述。例如，变压器的数据字典部分参数属性如下：对各种参数进行归类定义，解释中文含义，能够有效帮助设计人员快速理解参数，指导其准确使用该数据。

② 数据库的开发。专业的数据库包括产品样本库、典型产品参数表、典型供配电方案、典型二次原理图，通过项目的不断积累，不断完善专业数据库，节省样本查找和参数录入的时间，提高设计效率。这些基础的数据库数据支撑起电气集成设计软件最基本的参考数据库，能够让设计人员在工作过程中减少重复输入数据的工作，保证了数据的准确性及一致性。

③ 基于数据库自动生成数据表和各类报表。利用软件报表功能，将数据表和报告以 Excel 格式定制到软件中，与数据库建立关联。设计人员在完成设备选型后，软件自动提取相关属性完成数据表和报告的填写，设备参数修改，数据表及报告同时自动修改，随时生成，灵活多样。通过工程不断积累，形成标准化模板，样式一致，数据完整，降低错误概率，提高设计质量和工作效率。

④ 自动建立计算模型。电气集成设计软件应与专业计算软件建立接口，进行深层次的电气计算，保证设计的完整性。将两者属性进行匹配，电气集成设计软件数据库数据及模型可导入到电气计算软件中，自动建立计算模型，省去重复建模的工作；同时可将计算软件中的模型再返回到电气集成设计软件中，调整设备参数。

⑤ 电缆清册自动生成。在完成配电系统主结线后，自动生成电缆清册，避免了漏开电缆的现象。将电缆数据通过集成平台传递到软件中，自动建立电缆，完成电缆敷设，精确统计电缆长度。同时将电缆长度返回到电气设计软件中，校验压降，校正电缆选型，保证设计质量。

3.3.2.3.3 电气集成设计在全生命周期中的意义

传统专业之间数据交互停留在纸质文件方式上，这种方式低效且易错。集成软件之间进行数据交互，可以较好地解决这个问题。电气集成设计的数据流，是指电气集成设计与其他专业软件之间因设计需要在集成方式下交换的设计数据。与集成系统中其他软件之间通畅的数据流通，保证了数据传递的准确性，能有效地解决设计中重复录入和各专业接口之间的问题。在数据流的约束下保证了有效数据的传递，多余数据的过滤。

（1）与工艺 PID 设计软件之间数据交换。工艺 PID 设计软件与电气设计软件之间可通过集成平台进行数据交换，这种方式相较于传统的数据交换方式具有明显优势，可在很大程度上代替传统提资方式。从工艺专业角度而言，主要接收的数据是与负荷相关的内容。

（2）与三维设计软件之间数据交换。传递到三维设计软件中的数据，应能帮助三维设计软件进行电气安装设计。在三维设计软件中，需要进行电气设备布置设计、电缆路由设计、电缆敷设设计、照明灯具布置设计。

（3）与自控设计软件之间数据交换。处于同一集成平台中的电气设计软件和自控设计软件，可通过集成平台进行数据交换。传统上，自控专业提交给电气专业的资料内容，主要包括设备控制信号等。

3.3.3 三维协同设计系统

数字化是流程工厂行业未来发展的趋势，三维设计作为整个工厂数字化阶段最重要的一环，很大程度上影响着整个工程项目的进度。多专业三维协同设计覆盖工程项目设计涉及的各专业，包括设备、管道、建筑、结构、暖通、电气、仪表等，多专业在同一个三维环境中进行实时协同设计、同步建模。在设计阶段解决专业之间的碰撞，通过模型统计施工材料，抽取施工图纸。逼真的三维可视化工厂模型实现了多专业工作平台统一性和协作性，实现了数字化工厂与真实工厂的一致性。

在三维系统设计平台中，可辅以大量结合工程实践经验的软件二次开发和智能化应用，为项目建设在提高设计效率和质量、材料管理、施工管理等环节提供信息化管理数据支撑。

3.3.3.1 标准材料数据库

实现各专业三维设计的基础是需要在设计软件中储备大量的材料库，以保证三维设计的顺利进行。由于每个项目对材料的要求都有所不同，导致材料库多乱繁杂，需要一个统一的工作平台、设计标准、数据库来降低项目风险，提高材料管理水平。

标准数据库是指基于确定的规则统一管理、维护公司的数据库信息，建立规范的材料等级以及各专业数据库，并为三维设计软件提供数据基础。

标准材料数据库主要包括管道材料数据库、自控数据库、电力数据库及暖通数据库等。材料数据库作为设计、采购和施工的数据基础，贯穿工程的整个生命周期，为其提供准确可靠的数据，显得尤为重要。

3.3.3.2 智能图元库

工程图元库是三维建模的基础和核心，三维集成设计在实质上就是利用工程库中的各种元件，进行各种组合、排列，以满足工艺要求、安全间距、可操作性等各种要求。目前建立了一整套包括设备、管道、电缆、桥架、钢结构、风管、支吊架，满足国内外各类型工程的多专业工程图元库，从根本上保证了设计内容的标准和规范。

依据国行标准及国家管网集团标准化成果，建设国家管网集团标准图元模型库，以参数驱动模型，实现图元的标准化、系列化，并可按需自由扩充，可以提高三维数字化设计的效率和质量，确保三维数字化成果的统一性。

3.3.3.3 开放式多平台集成

一款独立的三维模型设计软件很难完成各个专业的三维安装布置，同时还会遇到不同承包商使用不同三维设计软件的情况，将不同三维软件设计的模型集中在同一个三维安装布置设计平台来参与碰撞检查和接口对接，可大大提高设计准确度，降低现场施工带来的变更费用。

一个较大的工程项目会分成不同的区域，每个区域可能会是不同的承包商。同一个区域内也会有建筑物、非标设备、撬装设备等不同类型的建（构）筑物，完成不同类型的建（构）筑物设计使用的软件也会不同。建筑物设计通常会使用 Revit 进行三维建模，非标设备和小型撬块设计通常会使用 SolidWork 进行三维建模。

集成三维设计软件需要规划总体坐标、区域坐标、撬块乃至非标设备的坐标，通过对坐标系统的管理，让不同格式的三维模型都能准确无误地融入三维模型，完成三维模型的协同设计。

3.3.3.4 多格式数据融合

在集成设计系统中，通过对象的标识（Item Tag），实现工程对象与其相关数据、模型、文档的关联与管理，提高了工程建设与运维阶段的管理效率，为数字化交付奠定基础。

3.3.3.5 虚拟化设计审查

基于数字化设计三维模型，与虚拟现实技术充分融合，实现虚拟化设计、沉浸式校审的全新设计手段。在虚拟显示环境中，用户可以进行漫游、测量、查询信息、仿真操作等。结合多人协同工作模式，可以将多个用户集成到同一个环境中，实现更加真实的交互操作。同时可以进行三维模型体验式校审，并进行审查批注等操作，对传统设计方式是一种变革。

3.3.4 BIM 设计系统

建筑信息模型（BIM），是以建筑工程项目的各项相关信息数据作为模型基础，进行建筑模型的建立，通过数字信息仿真模拟建筑物所具有的真实信息。它具有可视化、协调性、模拟型、优化性和可出图性五大特点。BIM 是一种技术，也是一种理念，在不同的阶段有不同的作用。

设计阶段：解决各专业不协调、不交圈问题。基于 BIM 的协同设计和实时统计分析功能可以实现各个专业的协调，事前将图纸错误率降至最低，快速测算工程量、造价等指标，辅助业主在设计阶段进行投资预测。

施工阶段：解决工期拖延、返工问题。基于 BIM 的可视化沟通和模拟分析功能可以协调施工单位，各个分包商调整进场日期和进行施工场地布置，保障项目的工期；保证重点施工部位的顺利施工，预测施工问题，减少返工，监控施工现场，提高各方的施工质量。

竣工阶段：加强结算审核，辅助进行项目租售。通过 BIM 数据库快速反查结算所涉及的过程中签证、变更等资料，资料信息可追溯，便于"三算"对比与结算工作。同时基于 BIM 模型配合营销部门对项目的各个空间进行可视化展示，方便进行营销宣传工作。

运维阶段：大幅节约运维成本。BIM 技术与运营维护管理系统相结合，对建筑的空间、设备资产进行科学管理，对可能发生的灾害进行预防，降低运营维护成本。通常将 BIM 模型、运维系统与 RFID、移动终端等结合起来应用。最终实现诸如设备运行管理、能源管理、安保系统、租户管理等应用。

实现 BIM 这个理念的工具主要有欧特克（Autodesk）有限公司的 Revit、图软（Graphisoft）公司的 ArchiCAD、奔特利（Bentley）公司的 Microstation、

天宝（Trimble）导航公司的 Tekla 等，目前应用最广泛的软件是欧特克有限公司的 Revit。

3.3.4.1 建筑设计

Revit 系列软件是为建筑信息模型构建的，可帮助建筑设计师设计、建造和维护质量更好、能效更高的建筑。Autodesk Revit Architecture 全面创新的概念设计功能带来易用工具，帮助设计者进行自由形状建模和参数化设计，并且还能够让设计者对早期设计进行分析。借助这些功能，设计者可以自由绘制草图，快速创建三维形状，交互地处理各个形状；可以利用内置的工具进行复杂形状的概念澄清，为建造和施工准备模型。随着设计的持续推进，Autodesk Revit Architecture 能够围绕最复杂的形状自动构建参数化框架，并为设计者提供更高的创建控制能力、精确性和灵活性。从概念模型到施工文档的整个设计流程都在一个直观环境中完成。通常，工程公司会依据有关国行标准和公司统一规定，形成公司 BIM 设计的主要工具软件，完成建筑、结构、电力、自控、通信、暖通等多专业三维协同设计，最终形成完整的建设信息模型。

BIM 三维可视化建模优势及特点包括：

（1）可视化：设计、建造、运营过程中的沟通、讨论、决策都在可视化的状态下进行。

（2）协调性：全专业模型，提前发现问题。

（3）模拟性：节能、日照、疏散、施工模拟。

（4）优化性：针对问题及碰撞，进行持续优化。

（5）可出图性：优化后的综合管网图、结构留洞图等。

（6）全生命期性：BIM 实现贯穿工程全生命周期的应用，包括成本预算、各阶段规划、设计、方案论证、模拟分析、出图、施工管理、运营维护、翻新及拆除等。

① 协同设计，同步更新。

二维图纸用三维模型形式展示，保证设计过程中的决策都在可视化的状态下进行。通过"文件链接"实现多个专业、多个用户协同设计，如图 3.28 所示。

BIM 模型将所有工程信息有序组织、存储起来，并进行各种分析计算，使工程信息成为一个有机的整体，如图 3.29 所示是 BIM 三维管线碰撞检查工程量的统计。

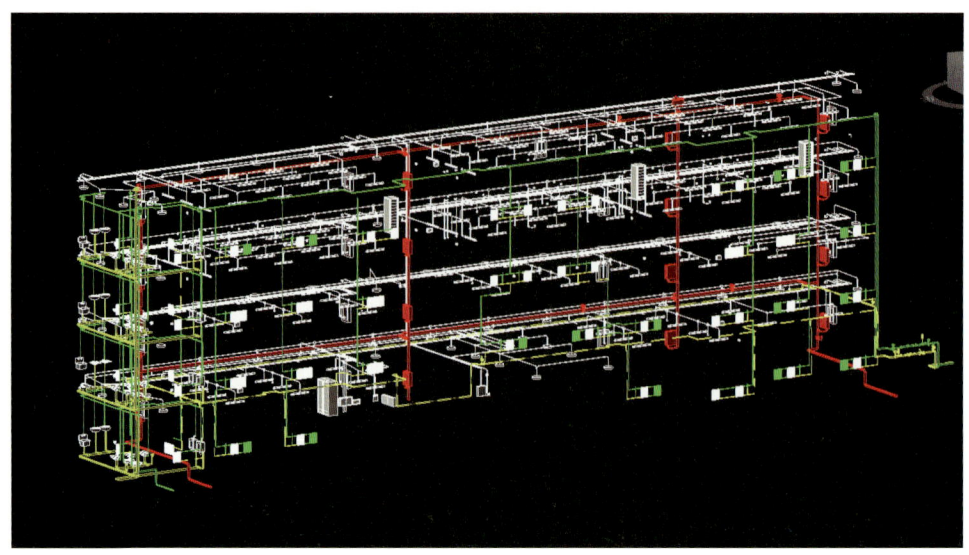

图 3.28　BIM 三维同步设计

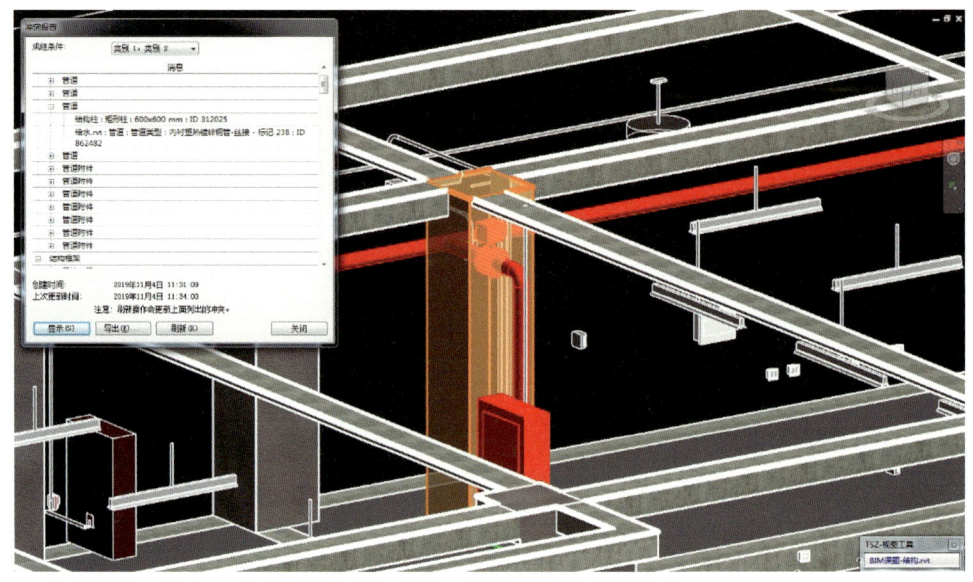

图 3.29　BIM 三维管线碰撞检查工程量统计

提供各类报表，如门窗明细表、材料表、工程量清单、管线、弯头管件，以及机械设备清单等，减少工程量统计错误，确保项目信息的准确性和实时性。

② BIM 设计的可视化。

可视化即"所见所得"，在 BIM 中整个过程都是可视化的。漫游可以身临其境的感受建筑，各方的沟通、讨论、决策都在可视化的状态下进行。

3.3.4.2 总图设计

Civil 3D 是根据土木行业道路与土石方工程进行专门定制的 AutoCAD 工具，它的三维动态工程模型有助于快速完成道路工程、场地、雨水/污水排放系统以及场地规划设计。软件内生成的所有曲面、横断面、纵断面、标注等对象均以动态方式链接，可以更快速地比选和评估方案并生成最新的图纸成果。利用 Civil 3D 软件完成的道路和场地模型，可以导入到三维设计软件或建筑 Revit 软件中。

3.3.5 数据集成

3.3.5.1 数据流

制定符合国家管网集团管理需求的工作流和数据流，对数据进行全息管理，统一各专业设计交互数据的属性、数据流转方式，实现设计数据流的管理和运行，消除"信息孤岛"，实现多专业数据共享、跨地域远程协同工作。

3.3.5.2 二三维智能校验

通过二三维集成，实现二维逻辑设计与三维模型实体设计的智能化自动匹配校验功能，提高设计的准确性和工作效率。

3.3.6 数字化集成设计应用延伸

以数字化集成设计成果为基础，以工程数字化对象为核心，以工程云平台为支撑，数字化集成设计可以为后续采购、施工、交付和运营提供数字化运行支持。

3.3.6.1 采购数字化

数字化集成设计过程中，采用编制材料库进行设计，以位号为基准进行设备数据的管理，这些数据可以通过软件接口，以数据流的方式直接移交给采购平台，可以提高采购的效率和准确性。

3.3.6.2 施工数字化

将数字化集成设计成果与采购和施工管理的数据集成，建立 EPC 项目的全数字化集成信息系统，在此基础上进行多维度虚拟化施工的研究开发，提高施工的质量和效率，提升施工管理水平。

3.3.6.3　数字化交付

工程数字化交付技术贯穿工程全生命周期，将设计、采购、施工阶段等工程建设阶段产生的静态信息（包括工程对象属性数据、文档、模型及关联关系等）进行数字化创建并最终交付整个过程，为运营期提供基础数据支撑，同时为智能化应用奠定数据基础，最终实现管道、站场业务的数字化全生命周期管理。

数字化集成设计以数据库为核心，数据共享、多专业协同、三维可视化、面向对象数据管理等特点，在设计数字化交付中发挥着明显优势。通过多专业数字化集成设计，使得设计数字化、数据结构化，包括成果文件、设计数据、三维模型等，利用集成设计软件能够自动生成文档、数据和模型，以满足设计数字化交付的要求。同时，基于全生命周期管理理念，以工程实体为管理对象，实现设计数据、文档与三维模型自动关联，使得数字化交付数据更准确、模型更直观、方式更便捷。

3.3.6.4　数字化运行维护

以数字化集成设计模型和数据为基础，通过虚拟现实等技术，可以为业主运营方打造一个多功能的数字孪生工厂，为智慧管网建设提供数据基础。采用虚拟现实技术，通过对工艺流程计算模拟和三维模型虚拟化展示进行研究和定制，打破两者之间的壁垒，实现了工艺计算数据与设计数据、三维模型数据共享和递延，提高了数据的利用率，并通过虚拟现实技术进行呈现，为运维人员培训、演练提供支持。

3.4　智能化设计

"智能化设计"从字面上理解就是"人工智能＋设计"。从定义上来讲，人工智能是使机器代替人类实现认知、识别、分析、决策等功能，其本质是为了让机器帮助人类解决问题。其目的是创作出与人类思维模式类似甚至超越人类思维模式的解决方案。

3.4.1　智能化设计内涵

智能设计可以一般性地理解为计算机化的人类设计智能，它是 AutoCAD 的一个重要组成部分。以依据算法的结构性能分析和计算机辅助绘图为主要特征的传统 AutoCAD 技术在产品设计中获得广泛应用，已成为提高产品设计质量、效率和水平的一种现代化工具，从而引起了设计领域内的一场深刻变革。传统 AutoCAD 技术在数值计算和图形绘制上扩展了人的能力，但是难以胜任基于符号知识模型的推理型工作。在设计过程中有些工作是不能建立起精确的数学模型并用数值计算方法求解的，而是需要设计人员发挥自己的创造性，应用多学科知识和实践经验，进行分析推理、运筹决策、综合评价，才能取得合理的结果。专家系统就是一种知识处理系统，所以智能化系统除了具有工程数据库、图形库等 AutoCAD 功能部件外，还应具备知识库、推理机等智能模块。

在智能设计发展的不同阶段，解决的主要问题也不同，设计型专家系统解决的主要问题是模式设计，方案设计作为典型代表，基本上属于常规设计的范畴，但同时也包含一些革新设计的问题。与设计型专家系统不同，人机智能化设计系统要解决的主要问题是创造性设计，包括创新设计和革新设计。这是因为在大规模知识集成系统中，设计活动涉及多领域、多学科的知识，其影响因素错综复杂，当前并行工程与并行设计就鲜明地反映出了面向集成的设计这一特点。

智能化设计具有以下五个特点：
（1）以设计方法学为指导。
（2）以人工智能技术为实现手段。
（3）以传统 AutoCAD 技术为数值计算和图形处理的工具。
（4）面向集成智能化。
（5）提供强大的人机交互功能。

目前的人工智能属于弱人工智能，暂时无法拥有人类的主观能力，即灵感、感觉和感受，也没有人类的跨领域推理、抽象类比能力，只能依赖数据和经验来创作或者解决问题。但计算机有四个优势：
（1）可以在极短时间内完成超复杂的运算。
（2）可以长时间不厌其烦地做同一件事，而且不会累。
（3）记忆力好，积累的经验可以被随时调用。
（4）没有情感等主观因素，能公正客观对待每个方案。

这四个优势可以使计算机在解决超复杂纯智商难题时不断探索新方案，不断积累经验，不断优化方案，通过穷举和对比，找出最佳的方案。人工智能在不同的领域积累经验，使得它对事物间关系的洞察力也会逐步提高，从而不断提高自己解决问题的能力。当人工智能的运算能力、分析能力、洞察力超越人类时，人工智能在很多领域提供的解决方案会优于人类。

所以将人工智能技术应用到设计上，让人工智能的优势在设计工作中得以体现，从而提高和改变设计效率、质量和工作方式。

目前石油石化行业传统的产品设计方式是根据初始参数（包括探明储量、压力、介质、组分等）进行工艺流程的模拟计算，制定出工艺处理方案，然后根据实际情况进行详细设计，最终完成产品的设计工作。每一种类型的工程都需要走这个流程，消耗大量的人力，而这些人力往往不是集中在工艺如何创新、系统如何优化上，而是花费在大量的重复性劳动上，所以将人脑与计算机充分结合，发挥各自优势，改变这种设计方式，能够让设计更加智能化，既能够节约劳动力，又能够促使技术的增长，这是我们想要的结果。我们可以通过对大量的不同类型、不同规模、不同介质的工程进行深入分析和归纳总结，形成一系列的规则，并将诸多的规则写入计算机，让计算机根据制定初始值和目标值通过大数据的分析计算，形成我们想要的结果，后期经过人脑对计算机智能分析出来的产品进行评估和完善，最终形成切实可行的产品，这样可以大大节省人力，还能在最短时间内设计出满意的产品。将人力投入到规则的编制和技术的优化创新上，再进一步改进计算机，使之形成自我学习能力。这样就形成了良性循环，并促使该技术领域不断创新发展。

从国内外文献查阅了解到，目前智能设计技术尚处于初级阶段，尤其是针对石油石化流程行业来说，更是刚刚起步。有些公司在该技术方面做过一些探索，尤其是大型工程公司正在着力研究该技术，因为该技术的发展是时代发展的大趋势。

智能化设计的发展从单一的设计型专家系统发展到人机智能化设计系统，它是面向集成的决策自动化，是高级的设计自动化。当然，正如我们一再强调的，这种决策自动化不会完全排斥专家的作用。随着知识自动化处理技术的发展，计算机可以越来越多地承担以往设计人员及专家所承担的大量决策工作，但不会完全取代人类专家作为最有创造性的知识源。在一个合理协调、有机集成的人机智能化设计系统中，计算机做得好的工作应由计算机去做，同时不断提高机器的智能，使之可做更多的事情。如果智能设计的高质量和高可靠性现阶段机器无法实现，则由专家去做。这样一个系统就可以保证设计的高质量和高效率。

目前阶段的智能化设计主要侧重于两个方面，一个是基于知识的自动化处理和应用，主要采用知识图谱的方式开展智能化设计，并辅助决策；另外一个是基于计算机系统，主要是数字化设计软件本身基于规则的或者说基于数据模型的自动化/智能化提升，能够更好地将规则植入到计算机软件中，提高设计效率，解放更多劳动力。所以从目前的发展情况分析，智能化设计主要分为基于知识图谱的智能化设计和基于规则的智能化设计。

3.4.2 基于知识图谱的智能化设计

3.4.2.1 总体思路

在数字化设计的基础上，将 AI 技术、云计算、大数据分析、知识图谱等先进技术进行综合利用，通过规则约束、参数输入等手段实现工程设计的智能化，提高设计效率和质量，减少人力资源投入。通过建立图模型和索引，进而实现智慧检索、智慧问答及设计人员分析，最终可对已有设计资料进行数字化构建，从而为智能化设计奠定基础。基于知识图谱的智能化设计总体技术路线图如图 3.30 所示。

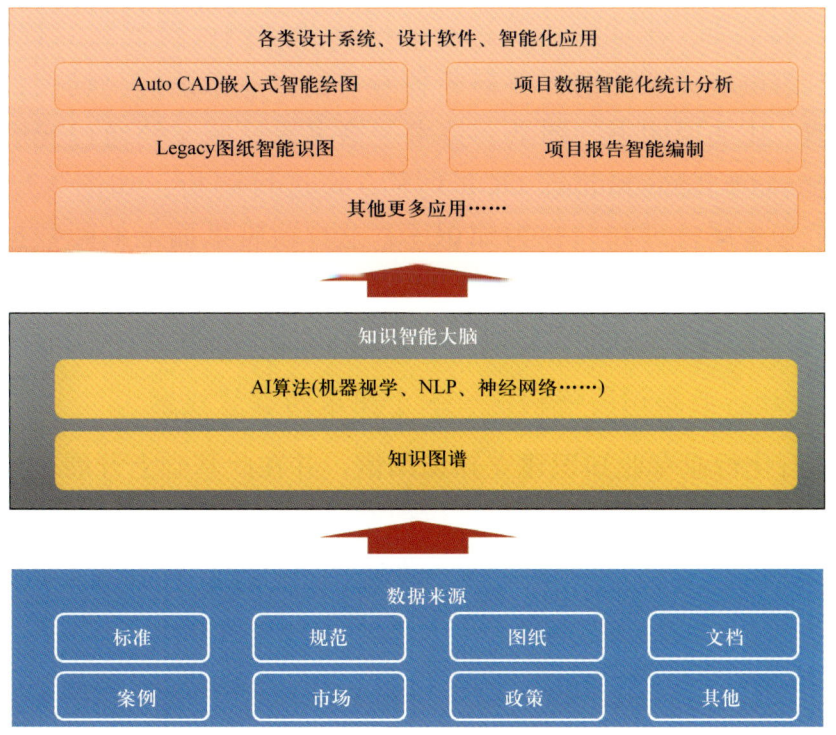

图 3.30　基于知识图谱的智能化设计总体技术路线

3.4.2.2 建设方案

基于知识图谱的智能化设计总体建设方案如图 3.31 所示。

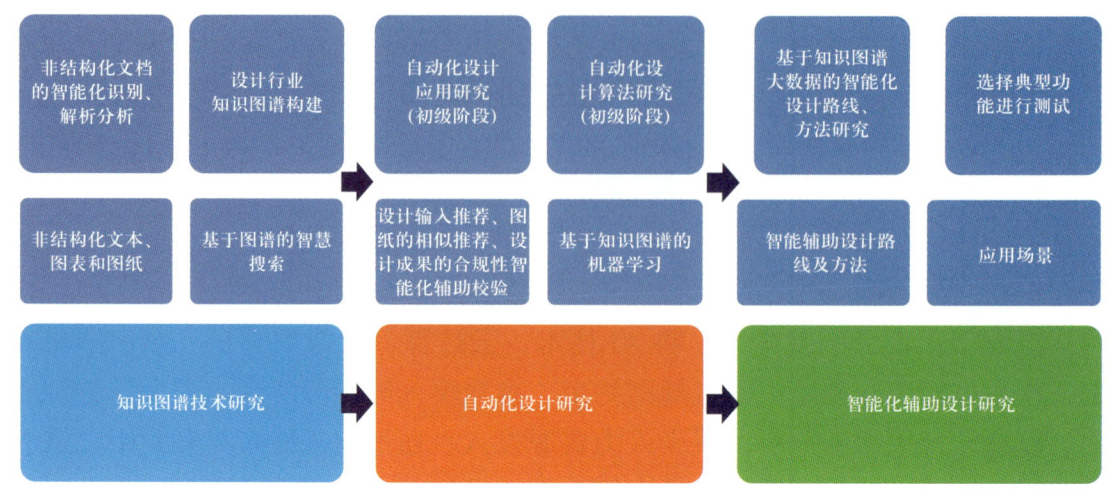

图 3.31 基于知识图谱的智能化设计总体建设方案

3.4.2.2.1 非结构化文档（包含图纸）的智能化识别、解析分析

通过技术手段，比如爬虫等进行非结构化文档（图纸）的智能化识别，构建专业术语层级关系图谱，并形成各专业的专业术语同义词表；再对用户提供的文档，比如说明书、图纸、技术规格书等原始文档通过光学字符识别（Optical Character Recognition，OCR）等方式进行解析，如图 3.32 所示，并按照文件名和页码梳理和储存为知识库，这样就将纸面上的死数据（未激活数据）转换为了活数据，以方便进行查询和管理，也为知识图谱的建设奠定基础。

3.4.2.2.2 设计行业知识图谱构建、基于图谱的智慧搜索

对石油石化行业专业知识建立知识图谱，并在此基础上开展基于图谱的智能检索。通过对关键词或者图形化进行搜索，可以快速实现智能问答，快速查看与之相关的标准规范、名词解释等，加强知识管理，提高设计人员对知识应用的效率。

3.4.2.2.3 设计输入推荐、图纸的相似推荐、设计成果的合规性智能化辅助校验

在大量的设计专业知识数据和图纸等设计成果数据激活的基础上，可以基于知识图谱开展设计输入推荐、设计过程中类似工程的图纸推荐、设计相关成果的

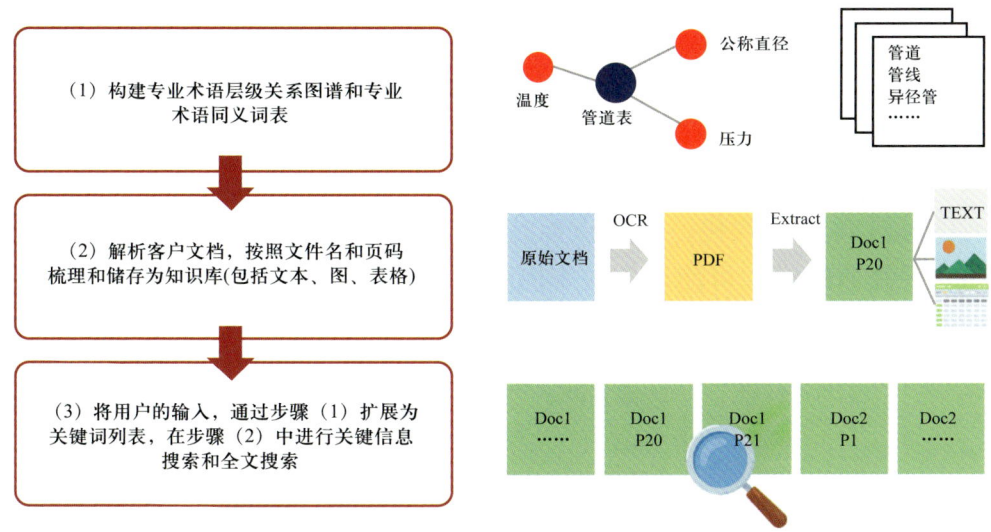

图 3.32 非结构化文档解析步骤

合规性进行智能化辅助校验,让计算机能够在设计过程中主动智能地推送相关知识,保证设计效率和质量,大大节省设计人员翻阅标准规范核对及校审的时间。

3.4.2.2.4 基于知识图谱的机器学习

应用神经网络等机器学习方式,将知识进行智能管理,让计算机像人类一样去主动思考、主动学习,根据边界条件自行开展智能设计,按照设计师的思维和逻辑来体现设计意图,快速生成多种设计方案,并进行对比,自动生成成果文件及汇报材料。实现基于知识图谱的机器学习,辅助设计,提高设计智能化水平,解放劳动力。

3.4.3 基于规则的智能化设计

3.4.3.1 概述

数字化集成系统基于数据模型利用软件开展设计,通过植入标准规范、规则内置、参数化定制等方式实现自动化设计,并不断迈向智能化设计。比如依托数字化集成设计系统开放的 Adapter(适配器)功能,将能够量化和数字化的多专业设计规则(比如发球筒后不能安装温度计、管线的最小直管段原则等)定义到数字化集成设计系统中,通过典型安装定制实现典型设备自动配管、管廊自动布管、仪表套件的自动放置、智能参数建模等多种功能,这些功能的定制和开发大大提高了软件的智能化水平,提高设计效率和质量。

3.4.3.2 案例分析

3.4.3.2.1 参数化图元库开发

基于.NET 开发的多专业三维智能图元建模技术，以参数驱动模型，从而实现图元的标准化、系列化，并可按需自由扩充。通过建设参数化图元库，以规则驱动实现快速建模，可使工作效率提高 30%，参数化图元库如图 3.33 所示。

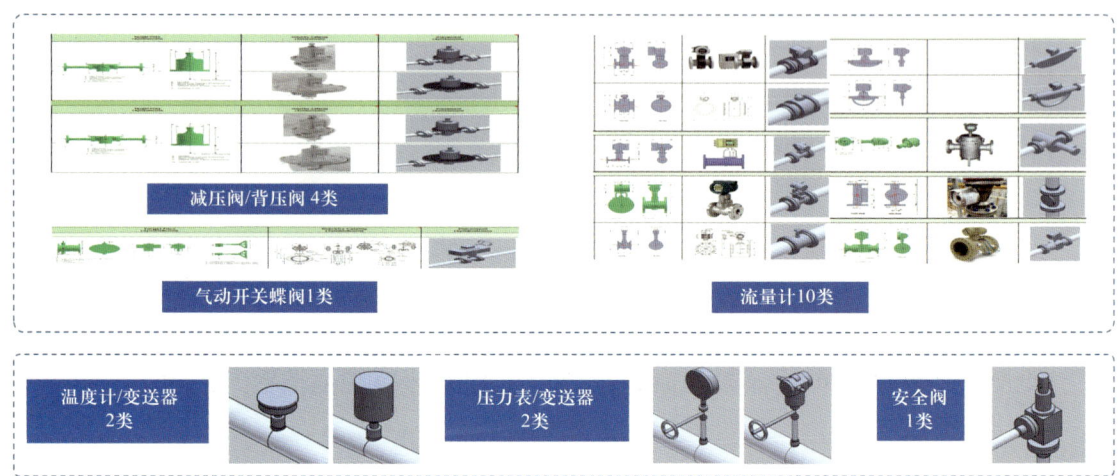

图 3.33　参数化图元库

3.4.3.2.2 管道标准组件的自动放置

通过将标准化组件进行模型整合，形成标准组合元件库，基于规则实现自动放置，如图 3.34 所示，提高设计效率和质量。

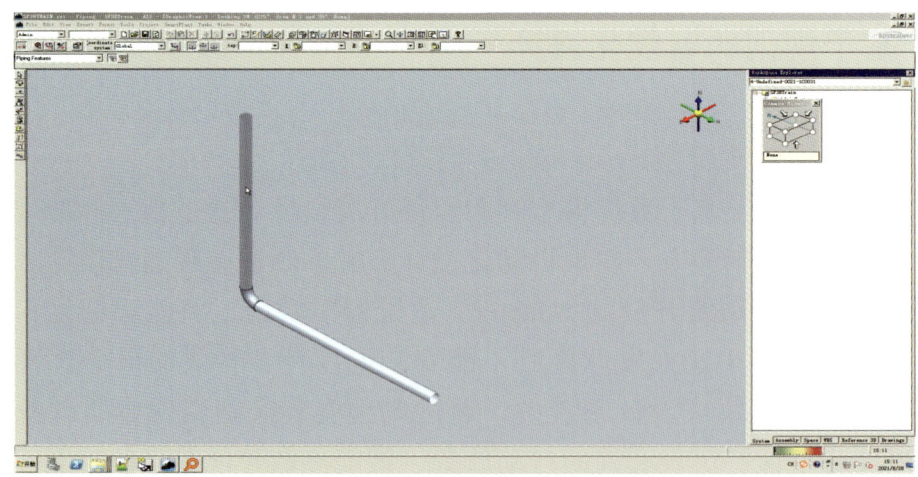

图 3.34　管道标准组件自动放置

3.4.3.2.3 典型装置及管廊自动配管

将配管规则、典型配管安装型式内置到软件中,通过关键参数输入实现单台、多台典型设备、阀组、管廊快速参数化配管,如图 3.35 所示,提高配管安装设计效率,快速生成站场的总图布局和配管安装方案,在方案设计优化应用中效果良好。

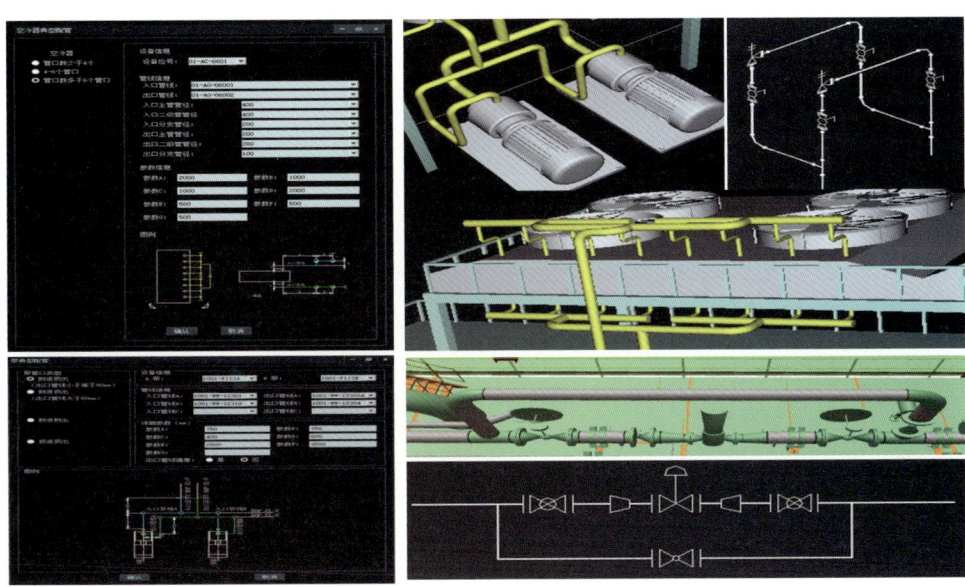

图 3.35　自动配管功能界面

3.4.3.2.4 规则驱动智能支吊架设计

基于规则驱动的智能支吊架能够实现支吊架与管道直径的自动抓取与匹配,自动校验支吊架放置间距,支吊架自动命名、自动出图等功能,如图 3.36 所示。管廊支吊架批量放置工具可使效率提升 85%～92%。

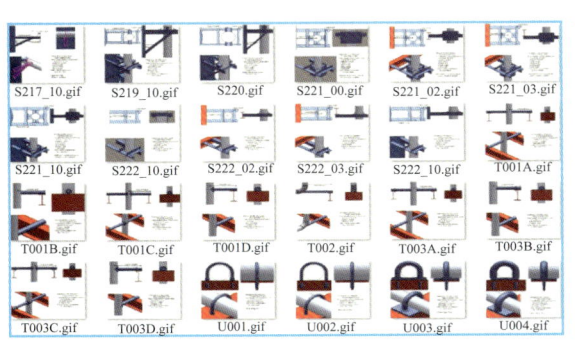 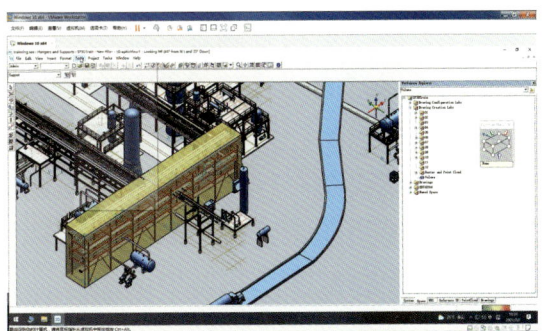

图 3.36　智能支吊架设计

3.5 模块化设计

3.5.1 模块化设计架构

模块化设计是一种创新的设计思想，作为工程设计的重要原则贯穿工程全生命周期。因此，应研究并制定模块化设计技术理论研究架构，并对模块化基本理论和方法开展研究，如图 3.37 所示。

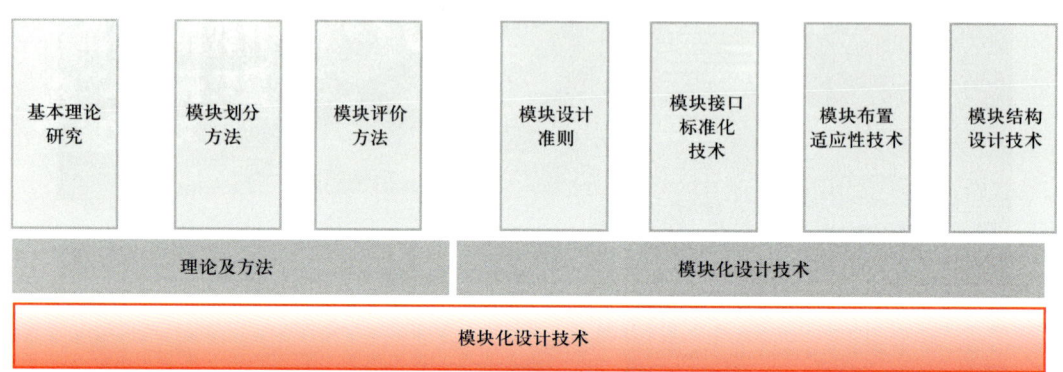

图 3.37 模块化设计架构

3.5.2 模块化的基础理论研究

3.5.2.1 模块的概念和分类

模块是可组合成系统的、具有某种确定功能和接口结构的、典型的通用独立单元。通过对模块的定义理解，可以看出其有以下特征：

（1）模块是系统的组成部分，用模块可以组成新的系统，也易于从系统中分离、拆卸和更换。

（2）模块是具有确定功能的单元，并且不依附于其他功能，本身能够独立存在，可以把它当作一个单独的设计单元（部件），分头并行进行设计，并对其功能进行检验、调试、测试和试验。

（3）模块是一种标准单元。模块的通用性是通过其接口的标准化或通用化实现的。模块还常常按照系列化原理，使其功能和结构形成系列，以满足不同规格、不同容量产品与装置的需求，所以非典型的、不通用的单元不是模块。

（4）模块具有能构成系统的接口，设计和制造模块的目的是用它来组合成系统。系统是个有序的整体，各模块既有相对独立的功能，又互有联系。模块经有机结合而构成系统，共享的界面就是接口，接口可以是有形的或无形的，模块通过接口进行串联、并联、辐射状连接或网状连接而构成具有一定功能的系统。

3.5.2.2 模块化的特点

所谓模块化，就是为了取得最佳效益，从系统观点出发，研究产品与装置（或系统）的构成形式，通过分解和组合的方法，建立模块体系，并运用模块组合成产品与装置（或系统）的全过程。

模块化的判定准则和关键是抓住模块化概念的核心，抓住模块和模块化的基本特征。模块化事物的基本特征是系统呈层次性结构，系统是由模块通过接口组合而成的。模块最重要的特性是独立性。所以衡量一个系统是否为模块化系统的主要依据就是看系统是否具有清晰而简明的层次结构，其中的模块是否有很强的独立性。

现代模块化实质上是对系统进行自下而上的改进和在整体上的创新。虽然设计规则较为稳定，但并不是不可改变，因为模块内部的隐形规则是灵活的，它能够随着外部环境的改变而变化。在对每个模块进行独立改进时，设计规则或者模块之间的标准均会发展进化、创新改进，可以通过增加新的模块使系统更加复杂，也可以关联独立改进后的模块，以促进产品的发展进化。

关于模块化的理论基础已有很多文献及专著进行了分析，主要是通过不同的方法对其进行分析和总结，包括系统论原理的运用、系统工程方法的运用、逻辑思维方法的运用、方法论性质等方面。

3.5.2.3 模块化理论体系构成

模块化是一种综合性技术，是相关学科知识的综合运用，它涉及四个方面：

（1）以系统工程理论为指导。模块化本身就是一个系统工程，在模块化过程中，必须充分运用系统工程的原理和方法，才能取得预期的效果。

（2）以标准化原理为基础。模块化是一种标准化的新形式，它是标准化原理中简化、统一化、系列化、通用化、组合化、模数化等理论的综合运用，是标准化的高级形式。

（3）以方法论为依据，它不仅是系统方法、标准方法及逻辑思维方法的综合运用，并且由于模块化结构的复杂性及组合化特征，还需运用非逻辑思维方法对产品与装置进行巧妙的、创造性的构思，才能形成具有灵活性、柔性、有生命力的模块化产品与装置系统。

（4）以深厚的专业理论知识为前提。模块化的产品与装置结构，因不同专业的具体产品与装置对象而异，只有精通本行业产品与装置系统的性能和结构，才能对产品与装置系统做出恰如其分的分解和组合，只有对产品与装置系统的发展进程和发展方向有充分了解，才能使设计出来的模块化产品与装置系统具有先进性、适用性和长的寿命周期。

3.5.2.4 模块化的标准化属性

典型化是模块化的前提。典型化的目的是使模块化具有典型性，意义在于消除模块在功能上不必要的重复性和多样性。模块化系统的统一化和简化工作是从系统功能的分解开始的，把相似系统中技术特征相似的要素抽取出来，进行统一，并把一致性以典型模式的方式确定下来，即从个性中提取出共性，然后将其品种及规格进行简化，形成一些具有典型性的通用单元模型，这就是由统一、简化得到的模块模型。对于模块来说，典型化是其第一步，并且直接影响系统的质量。

通用化是模块化的基本特征。通用化以互换性为前提，是指在不同时间、不同地点制造出来的部件或零件，在装配维修时不必经过修整，就能任意替换使用。而这正是对模块化的基本要求，或者说模块化具有通用化的特性。

系列化是形成模块化系统的必要条件。系列化是将产品与装置的主要参数、型式、尺寸、基本结构等作出合理的安排与规划，以协调同类产品、配套产品与装置之间的关系。可以说，系列化是使某一类产品与装置系统的结构优化、功能最佳的标准化形式。

模数化是模块尺寸互换和布局的基础。在标准化过程中，不仅需要对标准化对象做定型的描述，而且大多要做定量的规定。为了合理解决多样性与经济之间的矛盾，需要对标准化对象的参数进行合理的选择和分档、分级，形成总体功能最佳的参数系列。标准化中常用的参数系列有优先数系和模数数系。

组合化是模块化产品与装置的构成特点。模块化是组合式结果，并且不是一般意义上的组合，而是模块的组合，它是由通用模块和部分专用零部件组合而成，通过不同模块的组合，可形成功能不同、规模不同的产品与装置系列，使产品与装置的构成具有灵活性和柔性，增强对市场的适应能力。

从模块及模块化的定义到分类，从模块化的特性到与其他标准化的关系，通过对模块化基础理论的研究，明确模块化的具体含义，并且在理论研究的基础上应用到工程实践中去，使其能够更好地指导实践，反过来在不断的工程实践过程中又能加深对理论的理解。模块化设计在工程行业发挥的作用越来越大，并取得巨大的经济效益，已逐渐形成一种设计趋势和理念。尤其是在油气管道场站工程中，它带来了设计施工思维模式的变革，同时也成为一种施工技术的集成创新。

3.5.3 模块划分方法

模块化划分是模块化设计的关键技术之一，客观合理地选择模块化划分方法是至关重要的。目前有很多学者注重解决模块划分问题，因此方法也多种多样，如启发式模块划分方法、遗传算法、模糊树图算法等。其中，启发式模块划分方法以产品的能量流、物料流、信号流以及力等作为基础对模块进行规划，但该方法仅仅衡量了能量、物料、信号以及力的作用过程，只能从功能角度探讨模块的形成方法，不能体现模块约束条件等问题。遗传算法是模拟自然界中生物进化机制的一种迭代算法，它将所有的产品单元看作是一个染色体，其中涉及计算相应的适应函数、相关概率，随机选择种群进行交配等步骤，相比之下计算繁琐，对于大规模问题的实现计算量过大。而模糊树图算法是以最大模糊生成树来表示产品基本单元之间的关系，该方法与研究选择使用的无向图算法的原理一致。

根据石油天然气工程的实际情况，选择两种可行性较强的模块划分方法，分别是基于模糊关联的模块化设计方法和基于图分割的模块化设计方法，这两种算法都是对工程模块的相关性进行定量分析。两种算法在不同程度上依赖于模块化设计人员的主观性，图分割法比模糊关联法复杂度低、较直观，易于实现。模糊关联法虽然提供了一条高效的数学计算途径，但是当问题复杂度很高时，计算复杂度就会随着问题复杂度的增加而指数增长。

3.5.3.1 模块划分的定性分析

（1）启发式模块划分方法。

启发式算法是一种为了提高搜索效率、快速解决问题而提出的基于直观或经验构造的算法，它利用与所求问题有关的某些特殊信息来求解问题。首先建立由功能元所表示的产品与装置的功能模型，然后在功能模型中表示出产品与装置的能量流、物料流、信号流以及力等，最后根据支配性流、分支流以及转换传输流将功能元聚合成模块。

（2）图分割模块划分方法。

图分割模块划分方法，即以最大模糊生成树来表示产品与装置基本单元之间的关系。

（3）模糊聚类模块划分方法。

模糊聚类方法采用 $\lambda-$ 截矩阵对产品的模糊相似矩阵进行截割，从而将单元聚类为不同的模块。

3.5.3.2 相关性分析

相关性分析即分析单元间的关联程度、相互影响程度，以此作为模块聚类的依据。针对产品与装置的特点，考虑所需的影响因素，进行各种影响因素下的各单元间的相关度分析，例如功能相关度、制造相关度、装配相关度、维修相关度等，结合影响因素的权重，得到产品与装置各单元间的总体相关度。

3.5.4 模块化设计与数字化集成技术结合的必要性

模块化工程采用模块工厂预制和现场组装化施工的建设方式，改变了过去现场作业的施工模式，提高了生产效率，节约能源，发展绿色环保工程，有利于提高和保证工程质量。与传统工程施工工法相比，模块化工程有利于绿色施工，因为模块化建设更符合绿色施工的节地、节能、节材、节水和环境保护等要求，降低对环境的负面影响，包括降低噪声、防止扬尘、减少环境污染、清洁运输、减少场地干扰，节约水、电、材料等资源和能源，遵循可持续发展的原则。同时，模块化工程可以连续地按顺序完成工程的多个或全部工序，从而减少进场的工程机械种类和数量，消除工序衔接的停闲时间，实现立体交叉作业，减少施工人员，从而提高功效、降低物料消耗、减少环境污染，为绿色施工提供保障。

利用数字化集成技术能有效提高模块化工程的生产效率和工程质量，将模块建造过程中的上下游企业联系起来，真正实现以信息化促进产业化。借助数字化集成技术三维模型的参数化设计，提高了设计精确性，增强了可施工性。结合施工进度的 4D 模拟，进行虚拟化施工，提高了现场施工管理的水平，缩短了施工工期，减少了图纸变更和施工现场返工情况，节约投资。因此，数字化集成技术的使用能够为模块化工程的生产提供有效帮助，确保模块化设计的精细化、通用化，进而推动模块化的发展，促进油气管道工程发展模式的转型。

模块化设计与数字化集成技术结合的必要性，主要有如下几个方面：

（1）提高了模块设计效率。油气管道工程模块化工程涉及油、气、水、电控等多个工艺系统，同时还与结构、设备等多个专业相关，通过数字化集成平台，各个专业在同一设计平台集成设计，有效解决了设计期间专业之间协同设计的问题，通过碰撞模拟发现三维模型中的设计疏漏，减少设计变更。

（2）实现模块化设备、构件、工艺系统标准化设计。通过数字化集成技术，对模块化工程对象予以编码，建立标准库，进而推进模块化工程标准的制定，同时减少了模块化设计的成本和时间。

（3）减小模块化工程的设计误差。通过数字化集成技术，可以对模块设备、管件、构件等进行精确定位，精细化设计，在三维模型中，可以判断构件连接情况，并可以通过碰撞检测避免碰撞，减小设计误差。

3.5.5　基于数字化集成技术的模块化设计方法

基于数字化集成技术的模块化设计方法是根据标准通用的标准构件、设备、管件以及工艺流程建立标准库。在模块化工程设计中，设计人员可以快速从标准库中选择所需的设计要素，方便设计过程中的构件设计、工艺流程计算、设备选型，降低设计人工成本和减少设计时间，以此达到总体上降低造价的目的。

数字化集成设计技术应用的关键是实现信息共享，而信息共享是标准库的前提，标准库是设计和建造单位共有的，保证了二者的协调性，工程效率得到大大提高。

3.6　效果展示

3.6.1　成品油管道首站

成品油管道首站效果图如图 3.38 至图 3.40 所示。

3.6.2　天然气压气站

天然气压气站效果图如图 3.41 至图 3.44 所示。

3.6.3　分输站

分输站效果图如图 3.45 至图 3.48 所示。

3.6.4　地下储气库井场及集气站

地下储气库井场及集气站效果图如图 3.49、图 3.50 所示。

图 3.38　全站鸟瞰图

图 3.39　罐区

图 3.40　办公楼

图 3.41　整体鸟瞰图

图 3.42　压缩机厂房

图 3.43　空冷器区

压缩机和润滑油空冷器同侧布置

图 3.44　压缩机系统

图 3.45　全站鸟瞰图

计量调压双层撬块布置方案

图 3.46　过滤分离区

图 3.47 放空区

图 3.48 一体化小屋

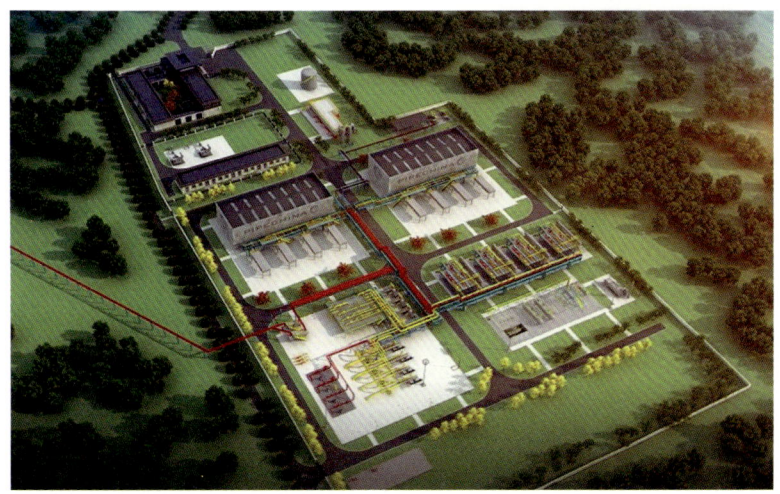

图 3.49 全站鸟瞰图

图 3.50　综合办公楼

第4章
油气管网施工智能化技术

4.1 概述

4.1.1 研究背景

在油气管网工程建设领域，一方面工程建设对工作环境和安全质量的要求不断升级，工地现场在追求文明整洁、内优外美、安全绿色的同时，对安全、质量、进度的要求越来越高；另一方面，工人老龄化、事故多、能耗高、工期超、成本超、利润低、质量差等现状成为工程建设产业发展的瓶颈。所以，工程建设对工作环境和安全质量的要求升级与落后的生产力水平之间的矛盾日益凸显。

随着云计算、大数据、物联网、移动互联、人工智能等新一代信息技术在油气地面工程建设行业中的应用，推动了各单位在企业服务化、综合管理、资源集约化以及智能平台等方面的数字化转型与创新。

智能工地指应用数字信息技术、智能技术等手段，对施工现场实施数字化、可视化和信息化管理的工地管理模式。围绕"人、机、料、法、环"的各个环节，依托相关新一代信息技术实现数据的分析和挖掘应用，实现工程建设资源优化配置，进而推动业务模式创新、业务流程优化，打造面向国家管网集团各单位的智能工地云平台，将有效助力国家管网集团的数字化转型。

此外，长输管道施工大多在野外进行，焊接设备（手工焊机、半自动焊机、全自动焊机）的地理位置随着施工进程不断改变，工程管理者难以及时、准确地掌握和有效管理焊接设备异地的工作情况。焊接是影响施工速度和施工质量的关键环节。非全自动焊施工质量很大程度上依赖于焊工的技术水平和责任心，焊接的过程缺少有效的监控手段。近几年发生的管道环焊缝开裂事件，如中缅天然气管道黔西南州晴隆段"6·10"泄露燃爆事故，其主要原因就是施工过程中焊接工艺执行不严格，但类似焊接道数层数的减少及焊接参数的异常变化导致的焊缝力学性能不满足要求的情况无法通过无损检测发现，因此给焊接质量管控带来诸多不确定性。

焊接数据智能监控系统可以对手工焊、半自动焊和自动焊的焊接参数进行实时采集分析，对焊接过程实时跟踪，及早发现质量隐患，减少重大质量问题的出现，进一步提升油气管道质量管控能力。油气地面工程建设具有工序多、作业过程复杂、施工过程始终处于动态变化中的特点，特别对于受限空间、高空作业、吊装作业等高危作业以及环境敏感地带等施工现场，从施工安全到环保管控，对施工过程都提出了严格的要求，油气地面工程建设的管控需要不断加强。利用信息化手段可实现监管模式的创新，解决建设工程中出现的"监管力度不强，监管手段落后"等难题，成为项目建设管理的必然选择。

物资管理方面，随着物资管理智能化建设的飞速发展，其信息化建设程度受到了越来越多的关注。随着后勤现代化、信息化建设的不断深入，如何充分利用现代高新技术改进物资管理工作，提高物资管理的科学性和准确性，已成为当前信息化条件下物资管理工作的重点问题。同时，随着物资种类的日益增加和保障任务的日益繁重，过去传统的物资管理工作已经暴露出诸多弊端，例如缺乏标准化与信息化、难以实现库存的精细化管理等，无法满足现代化后勤管理的要求。因此，建立完善、稳定、高效的物资管理平台，实现物资管理信息化、精细化，提高物资管理效能，具有极其重要的工程意义。

物联网技术的迅速发展给物资管理带来了新的机遇，在传统物资管理系统中引入较为成熟的物联网技术，实现货物的电子化出入、电子化货位管理，从而最大限度地提高物资管理的效率。这一过程主要依赖于工业互联网二级节点下的多种电子标签，如射频识别（RFID）标签、二维码标签等，通过对物品的快速识别、追踪与监控，实现信息的实时共享和统筹管理，进而提高物资管理的效率。

施工机械智能化方面，随着科学水平和经济水平的提升，机械制造效率和产品质量得到了显著提升。物联网技术、大数据技术以及人工智能等的普及和运用，使施工机械朝着智能化的方向不断发展，推动了传统建筑业向"智能建造"的方向发展。通过改变建筑物建造时全生命周期过程的组织方式、生产工具，使建造系统有类似于人类智能的各种能力，从而实现更安全、更高效、更优质、更快速、更绿色的建造过程，进而提高施工机械的建设效率和质量。

在施工全数字化交付方面，为保障油气管道安全、环保、高效、可靠运行，以数字化为基础，通过云计算、大数据、物联网、移动互联及人工智能等新一代信息技术与油气管道开发技术的深度融合，开展数字化、智能化油气管道的建设，通过数字化交付实现对设计成果数据、设备（材料）数据、施工数据的管理，并辅助后期智能化运营，实现油气管道的全生命周期管理，推动企业向智能油气管道迈进，助力油气管道工程高质量发展。

4.1.2 项目必要性

针对目前油气地面工程建设在质量和速度方面存在的问题，势必要做好充分的准备，加快对焊接智能管理系统的技术研究，并打造焊接智能管理数据中心，实现对各焊接机组焊接质量的有效监控和焊接数据的统一管理。通过焊接数据的积累及大数据分析，得到焊接质量关键影响因素，进而达到焊接质量提升的目的。同时，为实现公司对施工工地的实时监控，通过智能工地平台的建设，对现场工作进行全过程管控，为业务管理人员进行数据分析、远程协作、安全预警等提供技术支撑，达到施工过程可追溯、施工质量可查证、项目风险可预警的管理目标，为施工现场人的不安全行为、物的不安全状态和环境的不安全因素的识别和管控提供技术支撑，确保工程建设安全优质地完成。

（1）物资管理方面。传统的物资管理大多采用手工记录模式，记录过程繁琐、笔误繁多，致使效率低下、成本过高。而随着物联网等技术的发展，虽然出现了许多以计算机管理系统为核心的仓库管理模式，但仍需要先手工记录数据，再人为录入系统，这一过程极易出现数据伪造、虚报、瞒报等现象，导致数据准确性较差，造成库存过量、物资丢失等问题，进而增加管理维护与人力资源的成本。而通过引入二维码、RFID等电子标签，构建易于操控、高度自动化的智能物资管理系统，实现库存精确管理、精准定位等管理目标，增强对油渍、灰尘污染等多种恶劣环境的适应能力，确保工程物资管理的稳定性。

（2）机械装备智能化方面。施工机械智能化可以减少企业的劳动生产成本，提高企业的科技化、智能化水平，增加企业在市场中的核心竞争力。智能化技术对于机械装备制造产业的发展具有深刻影响。一方面，现代工业生产模式下，机械装备制造多采用流水线生产方式，这种生产方式具备一定的自动化特征。随着智能化技术的发展，其在机械装备制造生产过程及装备本身方面的应用逐渐增多，这不仅提升了机械装备制造的效率和质量，而且有效地提升了机械装备自身的使用性能。另一方面，在智能化机械装备的支撑下，现代工业生产管理模式发生了较大变化，即机械产品自身的智能化程度提升，这满足了现代工业精细化生产的需要，确保工业产业的持续、稳定发展。

（3）施工全数字化交付方面。数字化交付的核心是基于数据同源的原理，提升数据在实体工程建设和管理中的价值，使实体工程建设与生产运行管理通过信息技术获得更高的管理效益。通过数字化交付，可形成信息的发送、接收、使用的过程管控，促进企业业务流与数据流融合，为企业之间的业务协同创造条件，业务协同造就更高效、更科学的基础设施建设过程和智能化生产运行管理基础，确保更高效、更优质的生产组织管理的生态环境和可持续的行业竞争力。

（4）施工进度智能化管控方面。我国现阶段油气管网技术获得飞速发展，油气管网工程的需求不断增加，促进油气管网工程更具有综合性和系统性，因此，急需建立符合现代油气管网管理的模式。以 Building Information Modeling 5D（BIM5D）技术为基础，针对综合油气管网特性开展综合油气管网施工进度动态控制研究，具有重要的理论研究意义和实践应用价值。在对 BIM5D 技术深入分析的基础上，结合施工进度理论，探索对 BIM5D 应用的需求，提出基于 BIM5D 的进度管理理念。以油气管网 BIM5D 施工模型为基础，探讨施工进度计划的优化与调整方法。对 BIM5D 工程进度内容进行扩展研究，对油气管网工程进度管理的方法及其理论予以丰富，不断完善工程施工进度管理理论体系。同时，根据油气管网工程的施工特点，探索 BIM5D 在施工进度管理与控制中的应用要点，为类似工程的施工进度管理提供参考。探究 BIM5D 技术在 5D 施工模型建立、5D 进度计划优化、施工进度监测、进度偏差分析、施工进度动态调整等方面的应用，为油气管网施工进度管理提供新的技术方法，也为施工方在进度管理中应用 BIM5D 提供实践指导，有利于 BIM5D 技术在工程项目中的应用推广，进而提高施工的效率。

（5）移动助手方面。BIM 模型能够解决施工中面临的诸多问题，它通过将工程项目不同阶段的建筑信息、过程和资源整合到一个 3D/4D 模型中，并运用数学参数来模拟建筑物的各种构件信息，组成一个系统性的整体模型。在此基础上，提供构建与实际建筑尺寸一致的信息模型，为建筑设计和现场施工提供技术支持，从而降低项目的生产成本，确保项目能够保质保量地完成。

伴随着互联网的发展，BIM 从桌面端走向移动端是信息发展的必然趋势，特别是 HTML5/WebGL 技术的更新换代，为我们在 Web 端和移动终端上展示 BIM 模型提供了新的选择，这必将是未来的发展方向。基于 HTML5/WebGL 技术的 BIM 模型轻量化，能有效运用 BIM 模型，从 Web 端精准获取监理进行管理所需的信息，能达到全面管理的效果，具有较大的实践意义。

4.2 国内外现状及发展趋势

4.2.1 国外现状及发展趋势

4.2.1.1 智能工地国外现状及发展趋势

国外很早就提出了工程建设全生命周期信息管理的理念，根据美国国家标准及技术协会（NIST）的报告，工程成本失控与管理中信息传递与处理不佳有关，其中 45% 与建设、运行和维修信息管理有关。因此，对工程建设阶段的数据采集与管理已经成为国外众多工程公司关注的热点。

在焊接方面，国外管道焊接施工经历了手工焊到自动焊的发展历程。手工焊主要为纤维素焊条下向焊和低氢焊条下向焊。在管道自动焊方面，有苏联研制的管道闪光对焊机，其在苏联时期累计焊接大口径管道数万千米。它的显著特点就是效率高，对环境的适应能力很强。美国 CRC 工业公司研制的 CRC 多头气体保护管道自动焊接系统，由管端坡口机、内对口器与内焊机组合系统、外焊机三大部分组成。法国、苏联等其他国家也都研究并应用了类似的管道内外自动焊技术，此种技术方向已成为当今世界大口径管道自动焊技术主流。

国外智能工地建设主要集中在建筑和能源行业。在能源行业，鹰图公司提供了智能工地应用层智慧施工管理系统 Construction。此软件涵盖了项目管理关注的人力资源管理、沟通管理、风险管理、采购管理、安全及质量管理、进度管理等。它将传统的基于线下流程及纸质文件流转的管理方式转移到线上，通过运用科学而系统的观点及先进的信息手段对施工的组织、管理、监督、协调等进行全过程的管理。

在建筑行业，全球最大的建筑和采矿设备制造商之一——Komatsu 和英伟达合作，通过无人机收集和映射的场地三维图像，标记和部署设备和人员位置，实现远程调度。通过在重型设备上安装摄像头识别附近的人员和机器，防止碰撞事故的发生。美国最大的私营建筑公司麦卡锡建筑公司还使用谷歌 Jump 和无人机来扫描和捕获 360°的建筑物模型，通过 VR 技术实现身临其境般的参观。

4.2.1.2 RFID 技术国外现状及发展趋势

美国、日本和欧盟等发达国家对 RFID 等技术的物资管理应用研究已达到很高的水平，产品种类繁多，应用领域广泛。从全球的范围来看，美国政府是 RFID 应用的积极推动者，在其推动下美国在 RFID 标准的建立、相关软硬件技术的开发与应用领域均走在世界前列。欧洲 RFID 标准追随美国主导的 EPCglobal 标准。在封闭系统应用方面，欧洲与美国基本处在同一阶段。美国的交通、车辆管理、身份识别、生产线自动化控制、仓储管理及物资跟踪等领域已经开始逐步应用 RFID 技术。在物流物资管理方面，美国已有 20 多家企业承诺支持 RFID 应用，包括零售商沃尔玛，制造商吉列、强生、宝洁，物流行业的联合包裹服务公司以及政府方面国防部的物流应用。按照美国国防部的合同规定，2005 年 1 月 1 日以后，所有军需物资都要使用 RFID 标签进行管理；美国食品药物监督管理局（US Food and Drug Administration，USFDA）建议制药商从 2006 年起使用 RFID 跟踪最常造假的药品；美国社会保障局（Social Security Administration，SSA）于 2005 年年初正式使用 RFID 技术追踪 SSA 各种表格和手册。

4.2.1.3　智能化机械制造国外现状及发展趋势

智能化机械制造自 20 世纪 80 年代末提出以来，世界各国都对智能制造系统进行了各种研究。首先是对智能制造技术的研究，为了满足经济全球化和社会产品需求的变化，智能制造技术集成应用的环境——智能制造系统被提出。日本于 1989 年提出智能制造系统，且于 1994 年启动了先进制造国际合作研究项目，其中包括公司集成和全球制造、制造知识体系、分布智能系统控制、快速产品实现的分布智能系统技术等。美国于 1992 年执行新技术政策，大力支持包括信息技术和新的制造工艺、智能制造技术在内的关键重大技术。欧盟于 1994 年启动新的研发项目，选择了 39 项核心技术，其中信息技术、分子生物学和先进制造技术领域中均突出了智能制造技术的地位。Caterpillar 公司生产的铲运机采用电控喷油和微机控制的转向、变速集成维普资讯控制系统。该控制系统将转向、变速集成在一个操纵手柄上，大大简化了操作，提高了操作效率，在市场上具有较大的知名度。澳大利亚野外机器人技术中心的自主挖掘项目（Australian Center for Filed Robotics，ACFR），通过对小松微型挖掘机进行一定程度的改造，使其具有任务分解、状态监控及路径规划等功能，采用模糊滑模控制将自主挖掘机的轨迹作业精度控制在 20cm 以内，同时在液压系统非线性及系统不确定性方面具有较强的鲁棒性。

4.2.1.4　数字交付国外现状及发展趋势

目前，市面上常见的工程项目数字化交付模式，按照设计模式与交付平台的特点，大致可分为渐进式交付和后交付两种。

渐进式交付模式指数字化交付实施过程伴随着项目的建设阶段批次交付，并在项目交后 3~6 个月内完成竣工交付的模式。该类交付模式按照现行主流的数字化交付平台又可分为正向设计交付、集成设计交付、同步设计交付三类。

国外企业主要采用正向设计交付和集成设计交付。正向设计交付指以 SmartPlant® Foundation（简称 SPF）作为交付平台，Intergraph Smart® PID、Intergraph Smart 3D 及 Intergraph Smart Instrumentation 作为设计软件的交付模式。该类交付最大的特点是 Smart 3D 在接收到来自 Smart Instrumentation 的数据后才开始三维建模，并同步完成结构化数据的数字化交付工作，保证了数据同源与交付质量。集成设计交付指以 SPF 作为交付平台，Smart PID、Smart 3D 及 Smart Instrumentation 作为设计软件的交付模式。其中，工程公司需在 Smart 3D 中完成二维三维校验，实现数据同步。

4.2.2 国内现状及发展趋势

4.2.2.1 智能工地国内现状及发展趋势

2017 年 11 月，依托新疆煤制天然气外输管道工程智能化管道项目，中国石化石油工程设计有限公司对智能化管道的难点热点等问题经过分析，认识到解决半/全自动焊机数据采集问题的重要性及紧迫性，随即与主流焊机厂家开始了联合攻关。2022 年在东营原油库迁建工程中，构建了比较完备的智能工地系统，主要涵盖人员管理、技术管理、进度管理、安全管理、质量管理及物料管理六个方面。

中国石油中油龙慧自动化工程有限公司联合焊机改造单位成都熊谷加世电器有限公司对焊接智能化管理平台进行了研发。2019 年研发的"半自动焊接数据智能采传"技术在粤西主干管网项目上取得了应用，主要采集电流、电压和预热温度。智能工地在中俄东线项目上进行了试点应用，目前并未形成统一的标准，系统功能也在进一步完善中，数据的挖掘与应用还在探索过程中，而且产品价格较高

在智能工地的研究上，目前全国范围内的石化企业都在国家及行业的政策鼓励下，大力发展物联网、大数据、人工智能技术，通过先进技术与实际生产相结合，打造新的生产和管理方式。因此，中国石化、中国石油等集团也相继对施工建设阶段提出了智能化的要求。国家管网集团针对国内的油气供应形成了统一的战

略布局和规划，出台了智能工地建设指南系列文件。中国石化推广五化模式，在工程建设阶段，提高智能化水平是大势所趋，也是提高管理水平和效率的现实要求。

4.2.2.2 RFID 技术国内现状及发展趋势

我国也有一批优秀的企业在积极开展 RFID 相关产品的开发和应用，如深圳市远望谷信息技术股份有限公司、大唐高鸿网络股份有限公司、福建新大陆科技集团有限公司、深圳劲嘉集团股份有限公司等。高鸿股份设计出一款可以实现最大 700 个标签每秒的读取速度和约八米的读取距离的读写器，适用于仓库管理、固定资产管理等场景。新大陆在 UHF RFID 领域拥有多个国家级重点项目，并与国内外知名企业合作开展应用示范。例如，新大陆与华为联合推出了基于 NB-IoT 的智能水表解决方案，实现了远程抄表和水质监测；新大陆与阿里巴巴合作开发了基于超高频 RFID 的智能货架系统，提高了零售业的效率，提升了消费体验；新大陆与中铁建设集团合作开发了基于超高频 RFID 的轨道交通施工管理系统，提升了施工安全和质量。

4.2.2.3 智能化机械制造国内现状及发展趋势

智能机械在我国工程项目施工中得到了广泛的应用。在工程施工中，挖掘机是使用频率最高的机器。将铲斗原理应用于挖掘机可以改变施工中遇到的阻力，提高挖掘机的工作效率，并确保整个施工现场的效率都有明显提高，还可以通过智能技术达到省油的目的，同时对机器维修也很有帮助。另一个例子是智能焊接技术在平板焊接机上的应用。平板焊接机是净水器水路板焊接的关键工艺设备。传统的焊接需要在焊接前对焊接材料的特性预先进行焊接测试，根据材料厚度数据、焊接面积等制定焊接参数，并进行多次模拟焊接。由于不同机型的差异，导致水路板的设计不同，造成焊接效率低下，稳定性不高。智能技术在焊接机上的应用，是焊接机根据焊接材料进行科学分析，得出最佳的焊接工艺方案，并根据焊接表面的条件状况自行调整，使焊接应用非常简单，工艺效率也大大提高。华晓精密工业（苏州）有限公司主线配备 43 台大型定制装配智能搬运机器人（Automated Guided Vehicle，AGV），单台承重超过 10t，可实现 1~30m/min 无级变速，相较传统拖链装配线具有更高的柔性，是实现装配自动化的基础。另外，五台平衡悬架、前中后桥分装顶开背负 AGV，七台发动机分装后牵引 AGV，24 台驾驶室分装潜伏式牵引 AGV，统筹实现全厂区内物流的无人化。

4.2.2.4 数字交付国内现状及发展趋势

我国企业主要采用同步设计交付和后交付。同步设计交付，指以 AVEVA AIM（原 AVEVA NET）、北京达美盛软件股份有限公司 PIMCenter Handover、北京互时科技股份有限公司 Onehit 等国内外主流数据中台作为数字化交付平台的交付模式。该类交付的特点是校验与关联工作在交付平台中进行，对集成设计与数据同源不作要求，必须在设计过程中多维度、分阶段审查，方可保障交付质量。后交付模式则是指数字化交付的实施发生在项目竣工后，主要针对在运行的老厂或设计进度缓慢的工程项目。该类模式的交付平台多以国产平台为主，也是当下交付平台商（软件公司）主流的交付方式。后交付模式脱离了与项目设计阶段的关联，实现了建设阶段静态数据的集成与展示，但是交付过程中出现的数据完整性、正确性、一致性问题已无法反馈于设计，无法从源头上保证交付物的质量，进而很有可能在运营阶段出现交付数据无法有效使用的问题。

近几年中国石化的中科（广东）炼化有限公司、镇海炼化分公司渣油加氢装置及中国石油的榆林乙烷制乙烯项目、广东石化等新建炼化工程项目，在工程建设初期就确立了数字化交付的目标和内容，在三维数字化工厂正向建模方面进行了实践探索。中科（广东）炼化有限公司通过全面的数字化交付，实现了虚拟可视化工厂与实体工厂的动态联动，汇集来自工程公司、施工单位和设备制造商不同阶段交付的各类工程数据、工程文档、三维模型等，形成静态的数据成果库。基于这些成果搭建 4D 管道、三维模型、设备主数据等应用，指导工程建设期的管道焊接进度、质量管控和材料管理等业务，提高施工管理效率。东华工程科技股份有限公司利用 AVEVA NET 交付平台等数字化工具，高质量地完成了数个百亿级大项目的数字化交付，如沙特阿美哈拉德天然气处理厂项目、沙特阿美哈拉德石油处理厂项目。

4.3 需求分析

4.3.1 智能工地需求分析

根据工程建设要求，对焊接智能管理及智能工地的应用需求进行分析，主要包含以下几方面的内容。

4.3.1.1 满足管理单位、建设单位管理需求

根据中国石化安全监管部和工程部相关文件要求，长输管道建设过程中应完成线路、站场以及隧道工程的智能工地部署，并实现焊接过程数据采集和输出功能，实现焊接参数的实时记录和报警。

4.3.1.2 满足国家管网集团高质量发展需求

为满足国家管网集团在长输管道、储气库、LNG接收站等多个业务领域及复杂环境的现场工程建设的管理需求，开展项目群现场关键施工要素的数字化、可视化"一张图"的远程管理，为实现国家管网集团的数字化转型、打造一流企业奠定坚实的技术底座。

4.3.1.3 工程建设现场安全管控需求

长输管道建设点多、线长、面广，所经区域地形地貌复杂，对工程建设的安全管理提出了较高的要求。以项目现场安全生产、人员人身安全保障为目标，以安全管控为核心，将新一代信息技术应用于施工现场，进行视频智能分析、受限空间人员定位，可识别安全隐患、预警重大安全风险、严防环境污染事故，采用先进高效的安全管控手段，避免安全事故。

4.3.1.4 工程建设现场"人、机、料"综合管控需求

通过二维码、RFID等物联感知技术，将工程建设现场的人员、机具设备以及材料进行综合管控，实现人员位置定位、机具设备位置定位和运行状态监控，以及材料的物流信息、仓储管理以及现场安装位置定位等功能，满足工程现场"人、机、料"综合管控的需求。

4.3.1.5 现场工地远程数字化管控需求

利用物联网技术，实现了工程建设现场"人、机、料"的综合管控、焊接过程数据采集以及人员不安全行为等信息的采集，通过智能工地物联网平台的建设，开展"人、机、料"数据、工程建设数据、焊机/防腐机具等工况数据、视频数据、环境数据等的采集、传输及存储，并实现数据的历史追溯、阈值报警、视频智能识别等功能，为管道建设提供辅助决策，最终实现对现场施工环境的实时监控与质量管理。

4.3.1.6 移动应用业务需求

移动应用打破了传统的空间限制。在建设阶段,通过手持移动端实时采集施工数据,使企业决策者、领导者第一时间了解项目建设进度、现场施工情况,辅助项目管理。

4.3.1.7 信息系统安全需求

从系统功能、应用场景、数据类型、技术路线、集成部署等纬度进行分析,对油气地面工程数字化建设的使用环境及业务特点等有了初步了解,依据中国石化等级保护标准相关要求,结合系统 IT 现状及实际安全要求,总结并归纳了数字化建设系统的信息化安全需求,包括认证安全需求、业务安全需求、数据安全需求、应用安全需求、网络安全需求、主机基础安全需求等。

4.3.2 物资管理系统需求分析

由于使用物联网技术,系统设计比传统的浏览器/服务器(browser/server,B/S)模式应用软件更为复杂,不仅需要考虑软件服务的稳定性,还需要注意电子标签和 RFID 阅读器间通信的可靠性。因此,需要解决以下几个难题:

(1)软件系统、硬件设备、网络通信的开发和建立。基于物联网技术的物资管理系统工作核心在于后台软件的管理应用,创新在于使用 RFID 终端硬件设备完成数据的采集和更新,系统通过 TCP/IP 协议建立数据连接。

(2)RFID 电子标签的部署和读写。目前物流中心资产种类众多,较为分散。必须准确采集资产信息,由系统生成与实物资产对应的电子标签信息,统一写入 RFID 电子标签,粘贴于实物指定位置,便于维护和读写操作。

(3)数据的安全性、完整性的保证。通过 RFID 终端设备进行电子标签读写操作时,对记录能随时删除、插入及恢复,并通过 MD5 加密验证,防止数据被恶意篡改,保证每个记录的真实性和完整性。

4.3.3 施工机械智能化需求分析

施工机械智能化是指在工程机械的设计、制造、运行和维护等环节中,利用人工智能、物联网等技术,实现工程机械的自动化、数字化和智能化,提高工程机械的性能、效率和安全性。施工机械智能化的需求分析主要包括以下三个方面:

(1)市场需求。随着我国基础设施建设的不断推进,对工程机械的需求量和质量也不断提高，需要更高效、节能、环保的工程机械产品。同时，随着人力成本的上升和人才短缺问题加剧，需要更少依赖人力操作和维护的工程机械产品。

（2）技术需求。随着人工智能、物联网、大数据等技术的发展和应用，为工程机械智能化提供了技术支撑和创新动力。通过采集和分析大量数据，可以实现对工程机械状态、环境条件、作业任务等信息的实时监测和优化控制，提高工程机械的精准性和适应性。通过利用人工智能算法，可以实现对工程机械故障诊断、预防维护、远程协作等功能，提高工程机械的可靠性和安全性。

（3）政策需求。随着国家对制造业转型升级和绿色发展战略的重视，出台了一系列鼓励发展智能制造产业的政策措施，如《中国制造2025》《新一代人工智能发展规划》等文件。

4.3.4　施工全数字化交付需求分析

根据工程建设要求，对施工全数字化交付应用需求进行分析，主要包含以下内容：

（1）满足设计与施工的协同性需求。通过建筑信息模型（BIM）等技术，实现设计方案的快速传递、修改和验证，避免信息不对称和误差，提高设计质量和精度。

（2）满足优化施工资源的配置需求。通过物联网、大数据、人工智能等技术，实现对人员、设备、材料等资源的实时监测、调度和管理，提高资源利用率和效益。

（3）满足改善施工环境的可控性需求。通过虚拟现实、增强现实、无人机等技术，实现对施工现场的全方位感知、模拟和控制，降低环境影响和安全隐患。

4.4　建设目标和内容

4.4.1　建设目标

4.4.1.1　智能工地建设目标

以"数智"赋能为引领，充分利用当前物联网、云计算、大数据、人工智能等先进技术，赋能国家管网集团油气储运建设各项业务，建设智能工地应用，实现施工数据自动采集、施工智能监控、风险自动识别、质量主动校核，智能管理决策，提升施工现场管理的可视化、智能化水平，逐步减少现场人员工作量，降低工程建设成本，提高国家管网集团的核心竞争力，满足高质量发展的需求。

4.4.1.2　物资管理系统建设目标

引入 RFID 系统，实现对出入库物资信息的自动传输和识别，将原有的人工管理转变为计算机自动化管理，保证数据的准确性，合理保持和控制库存，提高仓库管理的工作效率，实现对物资仓库的智能化、信息化管理。

RFID 技术在物资仓库管理系统中的应用，保证了仓库管理中涉及数据输入环节的速度和准确性，使仓库管理人员能够通过管理系统实时准确掌握库存数据，及时采取相应策略保持和控制库存的合理数额。通过进行科学编码，可以对库存货品的批次、种类、保质期等进行管理，及时掌握库存货物的当前位置信息，在提高仓库管理效率的同时，进一步节约人力物力资源，为物资仓库的科学管理提供了一种新思路，具有一定的经济效益。

4.4.1.3　施工机械智能化建设目标

施工机械智能化是指利用现代信息技术和人工智能技术，实现施工机械的自动化、智能化和网络化，提高施工效率、质量和安全性。施工机械智能化的建设目标是构建一个集成了感知、控制、优化、决策和协同的智能施工系统，实现施工过程的数字化、可视化和智慧化。

4.4.1.4　施工全数字化交付建设目标

数字化交付是以形成项目建设全生命周期高质量的数字资产为目标，数字化信息在交付平台上实现共享和管理，集成多种工程软件的操作。其兼容常用的文件格式，形成动态的信息管理系统，便于各参建方收集数字资源形成数字资产，实现数字交付及整合管理。

（1）填报数据全过程应用。建设过程数据实现实时更新、多方共享、数据传输等功能，真正实现了竣工验收成果的无纸化交付。填报数据在建设项目全生命周期内的在线应用，对企业成本管控起到积极作用。

（2）基于模型的延伸应用。早期 BIM 技术的应用往往强调建设项目的设计，在实施工程项目数字化管理平台的应用中，竣工 BIM 模型归档资料作为数据库的一部分，保证了数字化档案管理过程的完整性。

4.4.2 建设内容

4.4.2.1 智能工地建设内容

建立以工业互联网平台为基础的智能工地云平台，在边缘层加强工程现场的智能感知能力，实现施工过程数据采集和监控，建立统一的基础设施、数据中心，以适应工程组织机构的灵活调整和业务拓展。根据业务需求开发不同场景的工业 APP，满足工程全过程可视化、数字化管理以及工程数字化交付要求。

（1）通过物联网边缘处理技术，对施工现场"人、机、料、法、环"等环节建立更准确、及时、全面的数据采集方案，采集数据经智能化处理，可为焊接的智能管理、工艺工法的优化固化、施工过程的安全预警、质量提升提供有力支撑。

（2）根据业务发展需求，开展焊接智能管理系统、现场视频智能识别、智能工地平台以及大数据挖掘等方面的工业 APP 开发。

围绕油气管网工程项目工程建设管理，建立支撑现场管理、互联协同、智能决策、数据共享的管理机制，实现信息技术与现场管理深度融合的新型施工管控模式。智能工地应包括智能感知、关键工序智能化管理和智能识别分析三项主体功能。

（1）智能感知。应涵盖视频影像自动采集、焊接工况自动采集、防腐工况自动采集、大型施工机具设备运行参数自动采集、环境信息自动采集、人员信息位置自动采集、二维码数据自动采集等功能。

（2）关键工序智能化管理。应涵盖焊接全流程管理、无损检测全流程管理、防腐补口全流程管理、下沟全流程管理、高危作业风险识别与技术交底全流程管理等功能。

（3）智能识别分析。应涵盖重点区域进出人员智能识别分析、施工质量在线分析、施工现场不安全场景识别分析、影像文字识别、施工资源预测预警、设备故障在线监测等功能。

4.4.2.2 物资管理系统建设内容

建立以电子标签 RFID 为核心的物资管理系统，预期实现功能如下：

（1）自动数据采集。物资贴上标签后，在出入库时能够实现对物资的种类、名称、数量等信息进行自动采集，提高出入库的工作效率。在进行物资盘点时，能够自动获得货架上的物资信息，减少人工操作。

（2）详细查询。能够实现对不同种类物资的详细信息查询，包括所在货架位置、基本信息、数量等数据。

（3）批量录入。实现标签数据的批量录入，提高工作效率。

（4）人机交互。由于操作人员的计算机知识和能力普遍不足，这就要求系统交互界面简洁明了、便于操作。

4.4.2.3 施工机械智能化建设内容

施工机械智能化的建设内容包括以下五个方面：

（1）智能感知技术。通过传感器、摄像头、雷达等设备，收集并处理施工现场的环境数据、机械状态数据和作业数据，实现对施工场景的实时监测和识别。

（2）智能控制技术。通过控制器、执行器等设备，根据预设的规则或算法，对施工机械进行精确的运动控制和协调控制，高效完成施工任务。

（3）智能优化技术。通过优化模型、算法等方法，对施工过程中的资源配置、路径规划、作业顺序等问题进行优化求解，实现对施工效率和质量的提升。

（4）智能决策技术。通过人机交互界面、专家系统等手段，根据历史数据和当前数据，对施工过程中可能出现的异常情况或风险进行分析和预警，并提供相应的解决方案或建议。

（5）智能协同技术。通过通信网络、云平台等平台，实现不同类型、不同位置的施工机械之间以及人员之间的信息共享和协作配合，实现对整个施工项目的全面管理。

4.4.2.4 施工全数字化交付建设内容

以工厂对象作为核心，面向工程项目建设阶段的静态信息到移交的整个工作过程进行数字化建设，包含信息交付策略制定、信息交付基础制定、信息交付方案制定、信息整合与校验、信息移交与信息验收。交付的相关内容具体由数据、模型、文档、关联关系组成，基于标准体系，以数字化集成设计进一步实现数字化交付，基于采购与施工数据采集实现工程数字化交付，移交于业主，最终实现施工阶段数据资源建设。

4.4.2.5 施工进度智能化管控建设内容

在实际施工过程中,工程项目会因为众多影响因素而导致实际进度与进度计划间出现不一致的情况,有些实际进度落后的时间超过能够控制的范围,这时需要现场工程项目管理人员对偏差进行分析,进而制定具体措施去解决进度滞后问题,为保证进度总目标的完成做好每一环节的进度管理工作。

施工进度管理在项目整体控制中起着至关重要的作用。进度作为工程项目管理过程中三大控制目标之一,进度直接影响了成本和质量目标的完成,进度的失控势必会导致整体目标的失控。制定进度计划,并使该计划付诸行动,在实施过程中要经常检查、修改原计划,直至项目竣工后交付使用。

针对施工进度时间紧迫的工程项目,冬歇期时间长,有效工期短,工期紧张。在工期解决措施方面,需要加大人力、设备投入,尽快完成征地拆迁工作,争取早日开工;确保过程质量,杜绝返工现象,制定详细工期保证措施,严格按计划实施,超前制定材料计划,按工期进展确保材料进场,实行工期考核制度和工期奖励措施。进度管理内容包括以下两个方面。

4.4.2.5.1 进度计划制定

工程项目影响因素众多,在制定进度计划时需要尽可能多地考虑到这些因素,才能在施工开始前提前预测所有可能发生的问题,尽量避免影响实际进度。进度计划主要是根据项目总体时间和单项工程完成时间、施工工艺工序等制定的。编制步骤:收集编制数据及一系列的参考技术资料,包括施工组织设计、合同文件、进度总目标以及人员用量、机械设备需求量、材料供应状况等;划分施工过程,计算工程量,套用计划定额,计算人员用量、机械设备台班需求量,确定施工工程的持续时间,绘制网络计划或者流水施工横道图,以此确定工期、劳动力、机械以及供应是否符合要求,若符合要求,可以编制正式的进度计划,若不符合要求,则需要做出相应的调整优化。单位工程施工进度计划的编制流程图 4.1 所示。

4.4.2.5.2 进度控制

工程项目是一个动态、持续变化的活动过程,进度控制作为其中一项尤为重要的程序,其管理手段、流程也是动态实时的。进度控制的主要工作内容包括进度对比、进度纠偏、进度分析。这三项工作内容也正是进度控制的流程,在施工实际过程中,将进度计划与实际情况进行对比,对与计划发生偏差的施工部位和时间段进行问题分析，现场管理人员及时采取相应措施，控制计划工期和实际工期的偏差。

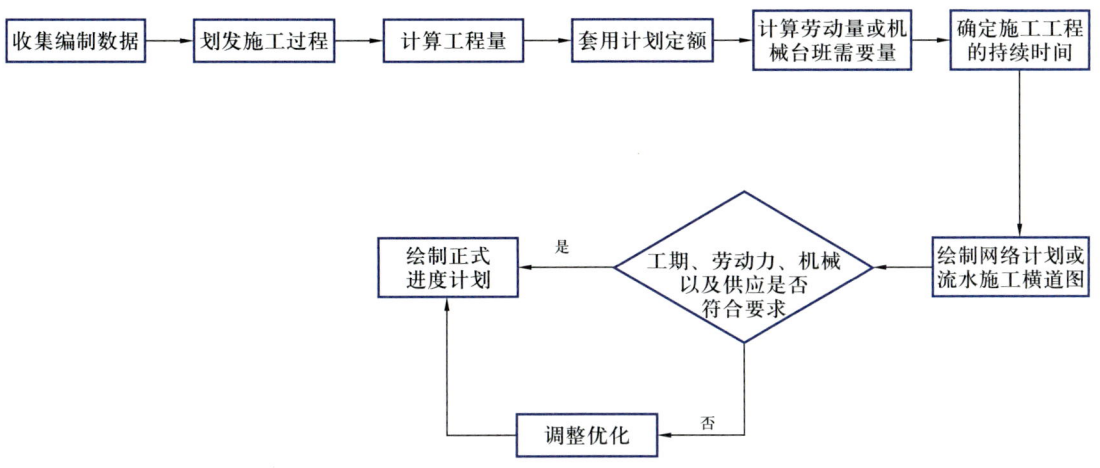

图 4.1　单位工程施工进度计划的编制流程

4.5　技术路线和方案

4.5.1　技术路线

4.5.1.1　智能工地技术路线

基于"端、边、云、网、智"的新一代信息化、数字化、智能化的技术理念，利用工业互联网的技术架构，实现国家管网集团智能工地云平台的搭建，如图 4.2 所示。

图 4.2　工业互联网架构

端，即边缘端的边缘设备。应用移动物联网及感知技术，对施工现场信息、显示等各类设备进行数据采集，包括工地现场焊机、摄像头、各类传感器等，从而实现对施工现场的各类信息进行传感、采集、识别、控制等。

边，即边缘计算，负责对端的设备进行数据的采集、计算和存储，它是带有 AI 能力的计算。

云，即云端的平台层（云平台），包括我们通常所说的 IaaS、PaaS、SaaS，是工地数据的最终汇聚、计算和存储，并对外提供服务的核心平台。可完成施工现场管理业务，包括工程信息管理、人员管理、进度管理、质量管理、安全管理、物料管理等方面。

网，即整体解决方案的网络环境，通过现场 WiFi 组网、4G 网、5G 网等通信技术，实现对施工现场的各类感知的结构化、非结构化以及混合型数据类型进行传输。

智，以"端—边—云—网"为基础，利用人工智能、大数据等技术实现现场质量、安全的预测预警预判，提升项目管理的智能辅助决策能力，提高管理效率。

该技术框架有两大核心特点：

（1）提高工地的全面感知能力。采用各种感知技术和物联网技术对施工现场的环境、设备、材料、人员、施工过程、施工工艺等进行全面的数据采集以实现数字化和模型化，建立全方位的工地模型、全视角的管理业务模型，构建可实时反映现场状态的二三维可视化的数字工地。

（2）提高实时智能能力。在云平台中沉淀数字模型、规则、知识与方法，形成平台中的智能大脑，对源自施工现场的事件信息进行实时计算与智能分析，自动识别已经发生、正在发生或即将发生的异常，及时推送预测预警信息及智能处置建议，在全面感知工地状态信息的基础上辅助施工运营决策。

4.5.1.2 物资管理系统技术路线

基于电子标签的物资管理系统技术路线是指利用 RFID 技术对物资进行标识、追踪和管理的一种方案。RFID 技术可以实现无线通信和数据传输，提高物资管理的效率和准确性。基于 RFID 的物资管理系统一般包括 RFID 工作证、手持终端、RFID 阅读器、RFID 电子标签和服务器等组成部分。

RFID 技术通过无线电信号识别特定目标并读写相关数据，识别系统与特定目标之间不需要建立机械或者光学接触。RFID 技术主要由三部分组成：标签、天线、阅读器。标签是由芯片和内置天线组成的，可以存储和发送数据。天线是用来传输射频信号的，可以是独立的或者集成在阅读器中的。阅读器是用来发送和接收射频信号的，可以读取和写入标签的数据，并将其传输给应用系统进行处理。RFID 技术以无线射频方式，在电子标签和阅读器之间进行非接触双向数据传输，进而达到识别目标和交换数据的目的。其工作流程如下：

（1）由阅读器天线发送一定频率的射频信号。

（2）当电子标签进入阅读器天线信号区域时，电子标签天线将产生感应电流，电子标签获得能量后处于激活状态。

（3）电子标签通过内置天线将自身编码等信息发送出去。

（4）阅读器通过天线接收电子标签发送来的载波信号，并将其传送到阅读器。

（5）阅读器对接收到的信号进行解调和编码，然后交由后台应用系统对相关数据进行处理。应用系统进行逻辑运算并判断发送来的电子标签的合法性，针对不同设置进行相应的控制和处理，进而发出指令信号有效控制执行机构的操作。

基于电子标签的物资管理系统的技术框架有如下优点：

（1）可以实现物资的快速识别、追踪和管理，提高信息化水平和工作效率。

（2）可以减少人工核对、登记和盘点的错误和耗时，提高物料管理的准确性和智能化。

（3）可以利用电子标签存储更多的数据，如物资的来源、属性、状态等，实现物资的精细化管理。

4.5.1.3　施工机械智能化技术路线

施工机械的智能化，就是将智能化技术应用到施工机械中，将信息技术、计算机技术、控制技术等高新技术融入施工机械，以提高施工机械的操纵性、平稳性、舒适性，提高工作效率，并向智能化方向发展。智能化施工机械涉及机械、电气、液压、声学、光学和化学等学科，以计算机技术、控制技术、微电子技术、传感器技术等为基础，将多种技术组合起来进行机械内部的信息处理。

施工机械智能化系统一般由获得环境信息的传感器、控制实际作业的执行器以及认识判断由传感器获得的信息三部分组成。其构成要素如图 4.3 所示。

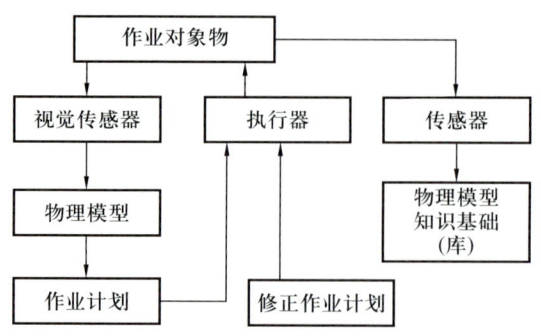

图 4.3　智能化施工机械的构成要素

随着数字化、自动化、计算机、机械设计技术的发展，以及对焊接质量的高度重视，自动焊接已发展成为一种先进的制造技术，自动焊接设备在各工业的应用中所发挥的作用越来越大，应用范围正在迅速扩大。自动化焊接新技术就是将自动化技术和焊接技术有效结合起来，从而应用于机械制造中，如图 4.4 所示，这样的焊接技术具有更好的效益，相对于传统的焊接技术，新技术具有很多优势，因而得到了广泛的应用。

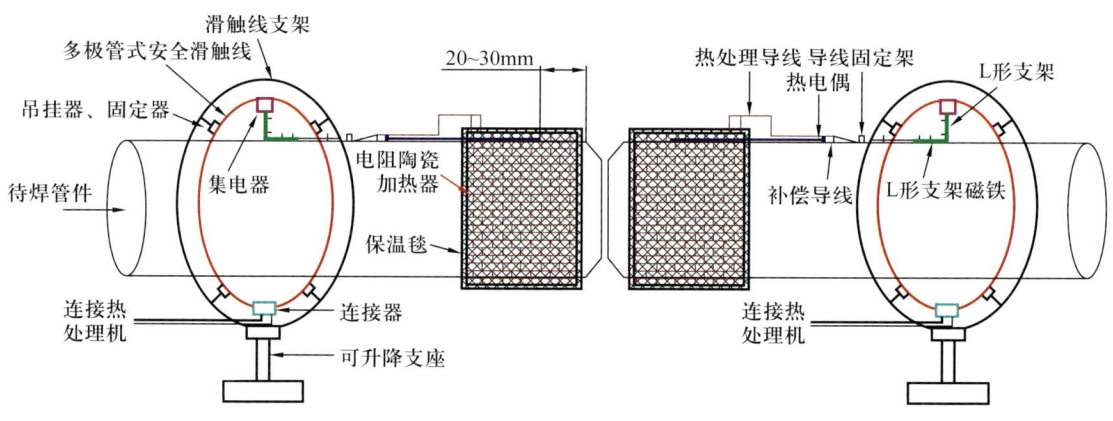

图 4.4　自动化焊接新技术示意图

传统的焊接技术离不开焊接人员，对其工艺水平有较强的依赖性，在焊接过程中需要确保移动轨迹来保证焊接的精确度，在焊接过程中，如果焊接人员出现细微失误就会导致整个焊接的质量出现问题。自动化焊接新技术中很多处理都是通过自动化实现的，从而降低了对焊接人员的依赖，并且具有更高的焊接质量。在现代工业生产中，焊接生产过程的机械化和自动化是焊接机构制造工业现代化发展的必然趋势。

挖掘机是施工过程中常见的机械。智能化挖掘机是在传统挖掘机的基础上采用智能技术升级改造完成的，如图 4.5 所示。智能化挖掘机除具有传统挖掘机的基本系统之外，还具有机器感知系统、网络通信系统、故障诊断系统与智能控制系统，以便实现自主智能化作业。

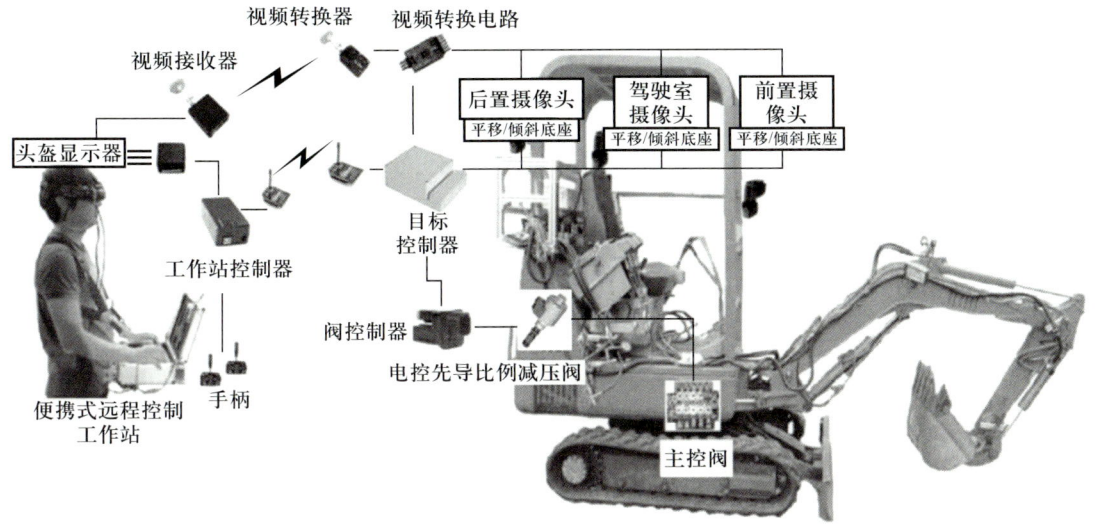

图 4.5　智能化挖掘机技术示意图

4.5.1.4　施工全数字化交付技术路线

数字化交付主要以工程对象为核心，以数字化交付平台为载体，有机关联各专业所生成的工程数据与模型，以构成有机整体，即数字化工厂模型。当前数字化与信息化建设早已成为石油上游企业信息化建设的关键战略目标。而数字化交付不仅是数字化工程与智慧油田建设的重要基础，还是工程交付稳定发展的必然趋势。数字化交付流程如图 4.6 所示。

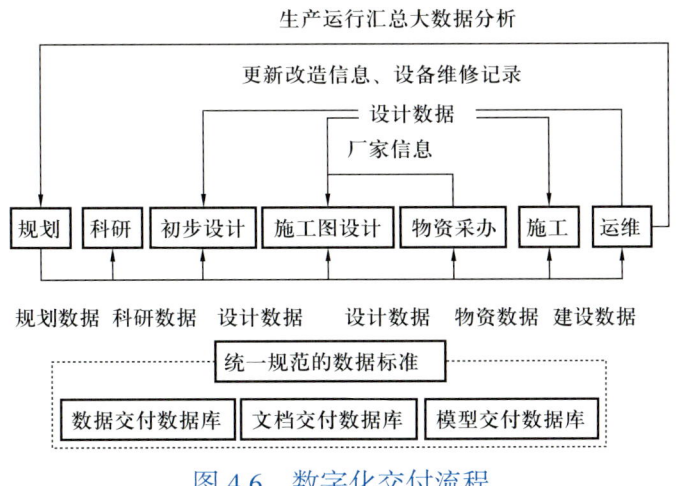

图 4.6　数字化交付流程

传统交付即各个专业交付独立生成的图纸或者文件，交付物彼此间相互独立，难以确保数据的一致性。传统交付与数字化交付的区别具体如图 4.7 所示。

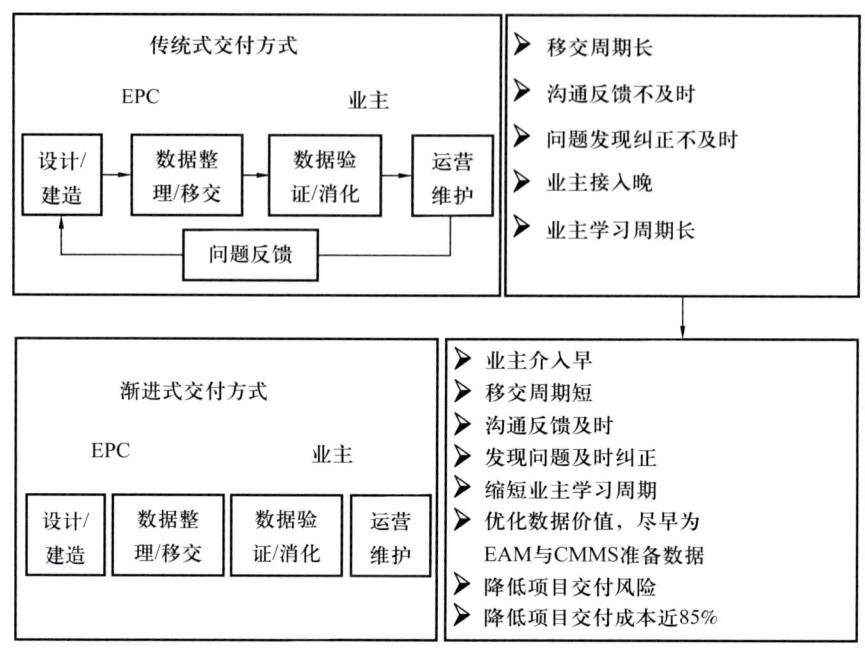

图 4.7 传统交付与数字化交付的区别

智能工厂交付标准主要涉及交付内容、深度要求、流程要求等数字化交付标准，以及各个环节、各个系统、系统集成等竣工验收标准。该标准负责规范智能工厂建设结束之后的验收交付，保障工厂符合预期建设目标，确保交付数据信息满足工厂运营需求。智能工厂标准构成体系具体如图 4.8 所示。

4.5.1.5 施工进度智能化管控技术路线

相关工程技术人员在实施流水施工作业过程中，一般将施工作业的对象分为工程难度相当或者大体相等的若干分段，相关分段也叫作施工分段。施工分段又分为特定施工分段与浮动施工分段。特定施工分段的优点是方便实施流水施工作业，实际应用比较广泛，然而浮动施工分段在实际施工作业过程中应用较少。基于 BIM 技术的 5D 管理体系的流水工作管理突破的一个重大难点是辅助生产负责人在 BIM5D 体系中进行流水作业分段的规划，实施流水作业，便于相关工种协作施工作业，能够发挥缩短工期及提升工作效率的作用。

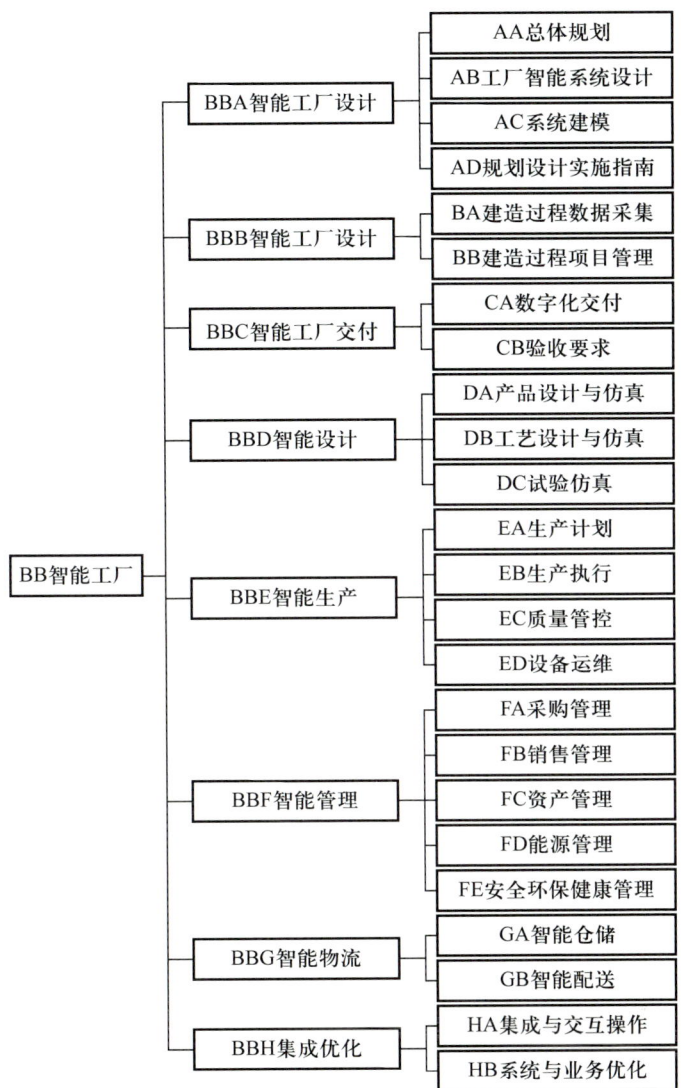

图 4.8　智能工厂标准构成体系

4.5.2　系统架构

4.5.2.1　总体架构

基于工业互联网平台的智能工地云平台架构如图 4.9 所示。

4.5.2.1.1　边缘层

设置边缘处理一体机，在边缘层部署各类现场使用的子系统及传感设备，如手工/半自动焊机、防腐设备、环境监测设备的数据采集、人员定位、视频

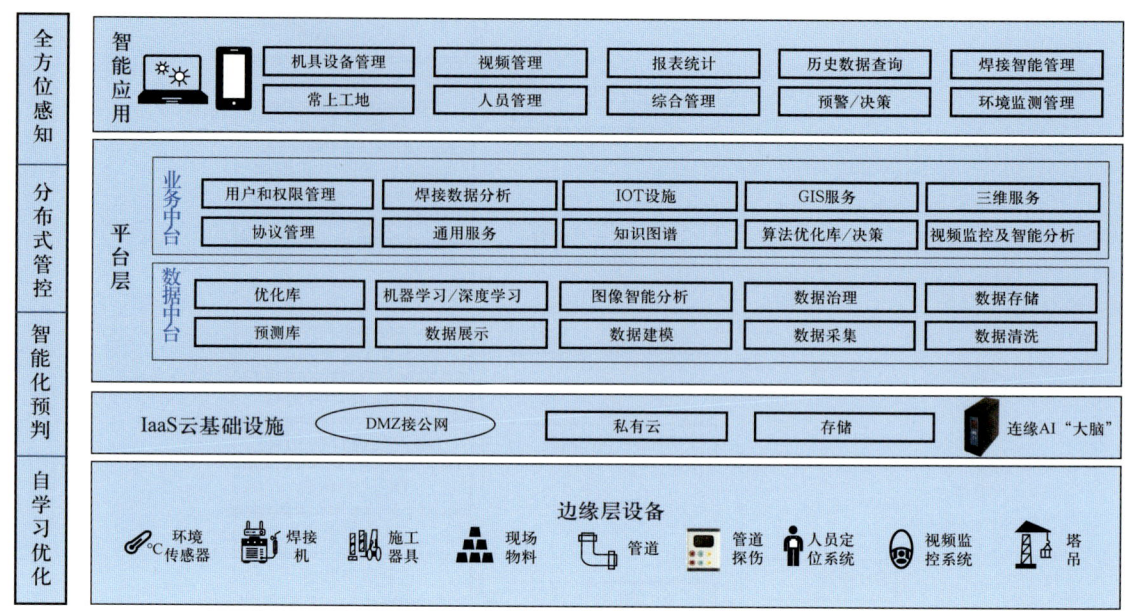

图 4.9 智能工地系统总体架构

监控及智能分析、环境监控等，然后通过现场部署的物联网边缘网关及边缘 AI"大脑"设备，负责现场数据的统一采集。

多个物联网边缘网关将数据通过公网、4G、5G 等方式统一上传至云平台。

4.5.2.1.2 平台层

依托于平台层的搭建，通过微服务的敏捷开发应用能力，快速地开发部署各类前端业务的智能化应用。

4.5.2.1.3 应用层

（1）焊接智能管理。为实现焊接数据的采集与分析，首先需要搭建一个底层物联网基础平台，然后应用大数据平台进行海量数据的管理与分析，在此基础上对焊接现场数据进行实时采集、服务端存储、多终端展示，以实现焊接数据采集与管理为例，主要功能包括焊接智能管理、移动终端数据展示等。

（2）图像识别。为实现工地现场图像的智能分析与行为识别等，要建立图像智能分析平台。通过在现场部署一个子节点或者在云端部署云平台的方式，接入现场端的摄像头，通过对摄像头传入的视频媒体流进行算法分析，识别现场的图像异常，包括安全帽佩戴、工服是否穿着等影响安全的行为。

（3）人员管理。针对工地内的流动人口，需要准确掌握各劳务分包人员动态变化情况，满足工程赶工对劳动力的需求；同时需要准确记录各劳务分包人员出勤信息。针对施工企业人员业务能力，可以建立人员黑白名单，加强施工人员的实际施工技能评判，缩短培训周期及考核周期。基于多种业务需求，通过人脸检测、人脸属性识别实现预警及管理。

（4）视频管理。基于机器视觉，实现人员动作识别，以及场景和对象识别，进行预警及管理，实现对施工全过程进行精密监控，达到"各工序零异常"的全天候视频监控，提高施工质量和监管效率。

（5）设备管理。对现场设备工作状态进行动态管理，例如识别设备运行异常、位置角度异常、缺失异常等。远程影像类应用的低时延，可实现高清图像、高清视频的实时传输与远程指导，进而实现远程诊断、远程指导排故，保障现场的资源和时间，提供快速解决异常的有效路径，提高效率。

在统一的平台架构下，建立了安全施工智能化管控方案，其架构如图4.10所示，旨在将现场各类数据通过4G/5G网络和国家管网集团内网传至数据中心，通过互联网统一出口发布互联网应用。

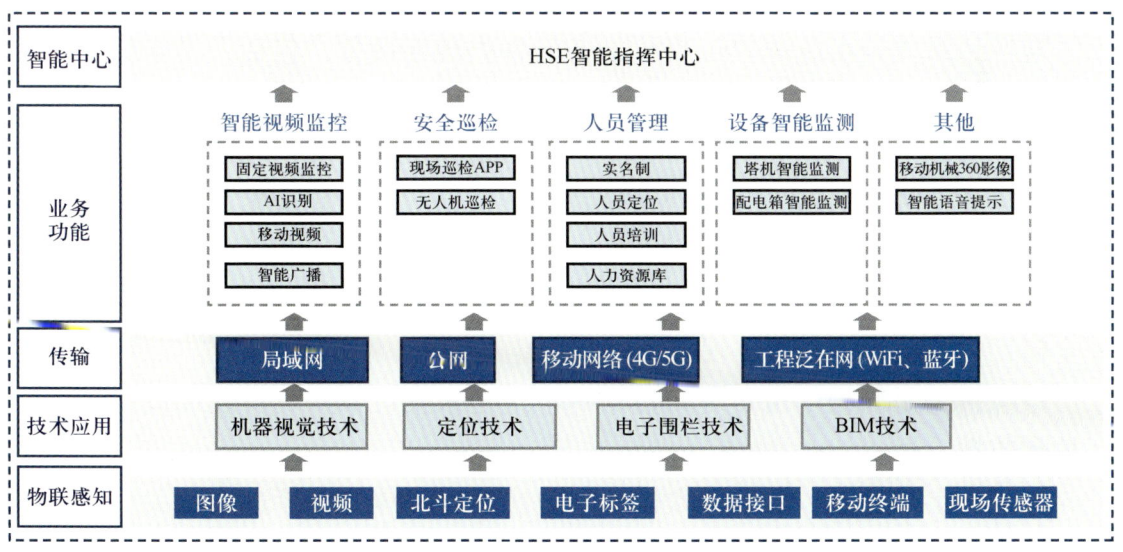

图4.10 安全施工智能化系统架构

4.5.2.2 集团级/子公司/项目部/现场架构

针对总体技术架构，定义了现场安装部署的物理架构，如图4.11所示，包含了集团级、子公司、项目部和现场边缘设备的层级架构。

从管理角度，集团级、子公司和项目部都需要对现场进行监控管理，因此，现场的摄像头通过NVR设备可以同时传输视频流到项目部、子公司与集团总部，以供各级单位对现场进行监控。

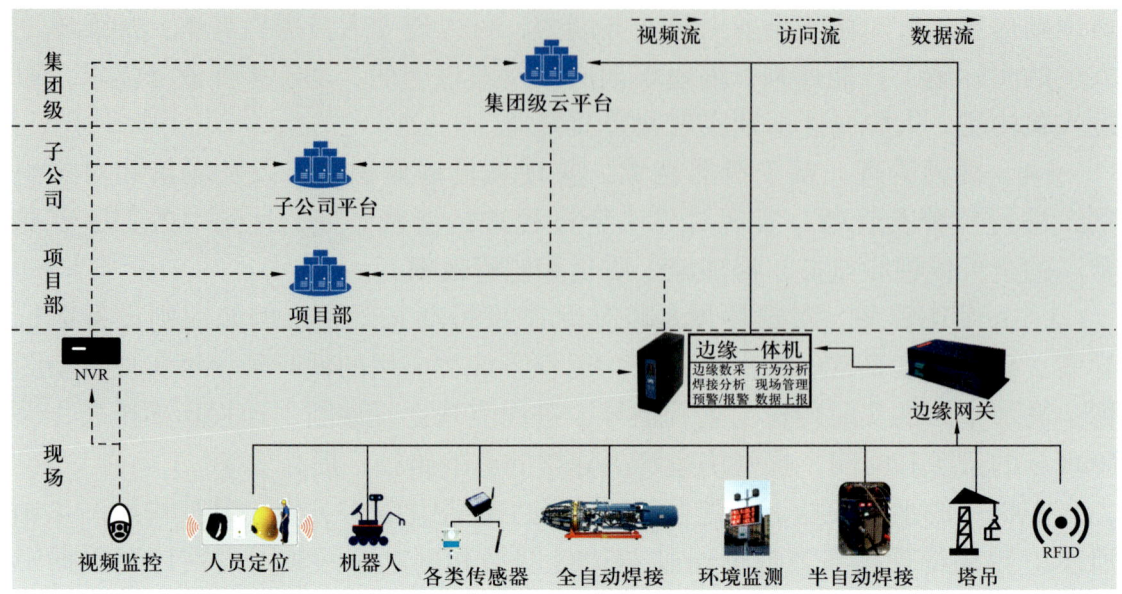

图 4.11 集团级 / 子公司 / 项目部 / 现场架构图

现场边缘端是由施工单位自行配备的各类现场设备，包括人员定位、机器人、各类传感器（环境、温度等）、焊接机数采模块、塔吊、RFID 等。

边缘处理一体机及边缘网关是针对现场设备进行数据采集的边缘层设备。它是一个功能强大的边缘端设备，负责现场数据的本地化采集、计算、分析以及提供现场工地管理的简单应用功能。除此之外，它还能并行接入现场的视频流，对现场摄像头所拍摄的视频进行现场安全行为的分析，主要包括是否佩戴安全帽、是否身着工服等（视实际配置而定）。

边缘网关是简易的负责现场数据的本地化采集设备，负责现场设备的协议对接和数据上报。

从架构上来理解，现场的数据通过边缘处理一体机或者边缘网关直接上报至集团级云平台，集团级云平台负责全部工地现场数据的汇聚、计算、存储、分析、应用。通过云平台的支撑，对子公司、项目部和现场提供应用的访问。

4.5.2.3 视频监控系统部署架构

视频监控系统部署架构如图 4.12 所示。在集团下属各子公司部署工控主机（PC 机），工控主机安装视频综合平台客户端；在集团级云平台端部署视频综合管理平台，各项目部的视频监控接入集团级云平台进行统一管理；集团给各子公司分发视频管理权限，各子公司通过客户端查看和管理自己的监控数据。

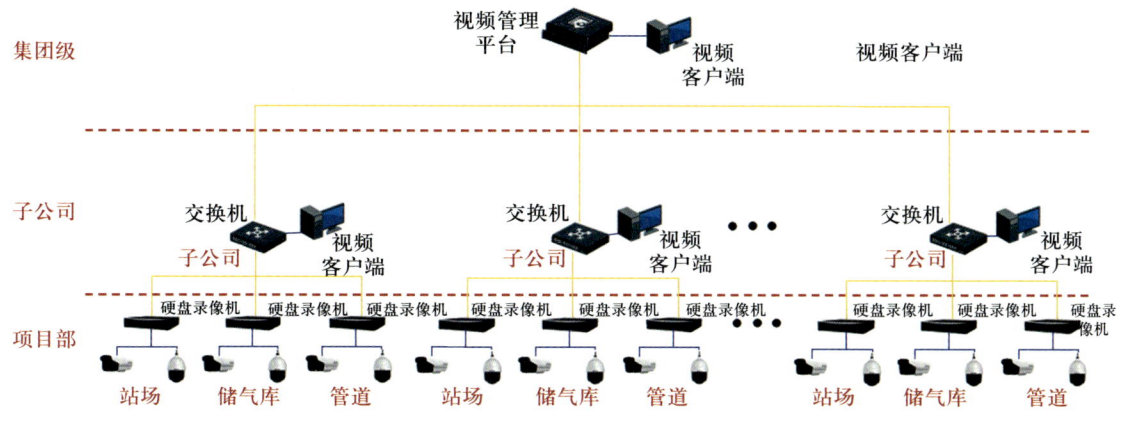

图 4.12　视频监控系统部署架构图

4.5.2.4　物资管理系统架构

结合常见的物联网技术的应用模型和相关的软件设计技术，利用这些技术进行物资管理系统模型的体系结构设计。系统的完整体系结构如图 4.13 所示。

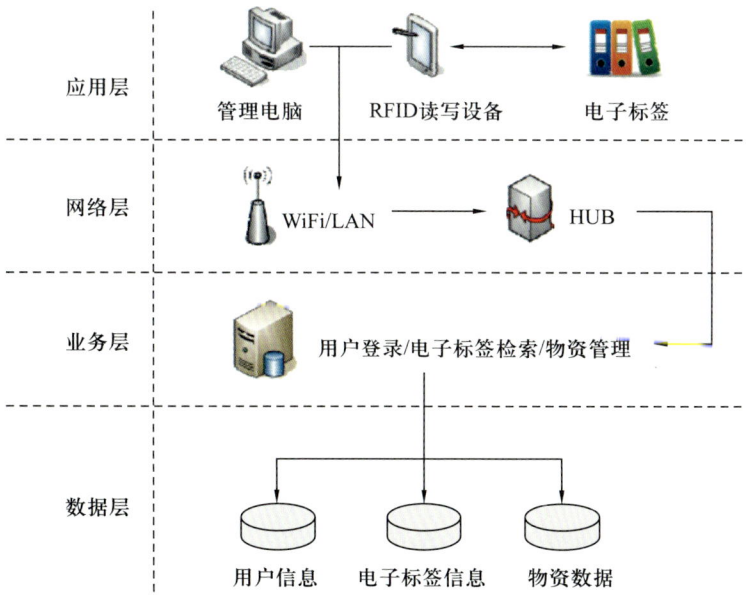

图 4.13　基于电子标签的物资管理系统架构图

4.5.2.4.1　应用层

应用层也称表现层，是用户和系统交互的界面，通过读写设备、物品管理计算机设备，完成与用户的会话和事务处理。为不同身份的登陆者（物资管理员、申请部门、中心领导）提供不同的接口和界面。用户通过这些接口和界面访问实现对物体的智能识别、定位、管理和监控。

4.5.2.4.2 网络层

网络层主要由有线局域网和无线通信网络组成。统一RFID读写设备和管理计算机访问资源。

4.5.2.4.3 业务层

业务层用于封装系统的业务服务，负责应用层的应用请求，在这里主要负责用户识别、电子标签的读写操作、物资管理和数据报表等功能模块的业务服务请求。

4.5.2.4.4 数据层

数据层集合了各种数据的数据库，为系统应用提供数据来源。主要包括用户信息库、电子标签信息库、基础物资信息数据库、业务处理方法库、业务处理记录库。

4.5.2.5 施工机械智能化系统架构

4.5.2.5.1 自动化焊接设备类别

根据自动化程度，自动化焊接设备可分为三类。

（1）刚性自动化焊接设备。

刚性自动化焊接设备亦可称为初级自动化焊接设备，其大多数是按照开环控制的原理设计的。虽然整个焊接过程由焊接设备自动完成，但对焊接过程中焊接参数的波动不能进行闭环的反馈，不能随机纠正可能出现的偏差。

（2）自适应控制自动化焊接设备。

自适应控制的焊接设备是一种自动化程度较高的焊接设备，它配用传感器和电子检测线路，对焊缝轨迹自动导向和跟踪，并对主要的焊接参数实行闭环的反馈控制。整个焊接过程将按预先设定的程序和工艺参数自动完成。

（3）智能化自动焊接设备。

智能化自动焊接设备利用各种高级的传感元件，如视觉传感器、触觉传感器、听觉传感器和激光扫描器等，并借助计算机软件系统，使数据库和专家系统具有识别、判断、实时检测、运算、自动编程、焊接参数存储和自动生成焊接记录文件的功能。

4.5.2.5.2 自动化焊接设备构成

自动化焊接设备主要由以下 10 个部分构成，其结构图如图 4.14 所示。

（1）焊接电源：其输出功率和焊接特性应与拟用的焊接工艺方法相匹配，并装有与主控制器相连接的接口。

（2）送丝机及其控制与调速系统：对于送丝速度控制精度要求较高的送丝机，其控制电路应加测速反馈。

（3）焊接机头及其移动机构：由焊接机头、焊接机头支承架、悬挂式拖板等组成，对于精密型焊头机构，其驱动系统应采用装有编码器的伺服电动机。

（4）焊件移动或变位机构：如焊接滚轮架、头尾架翻转机、回转平台和变位机等，精密型的移动变位机构应配伺服电动机驱动。

（5）焊件夹紧机构。

（6）主控制器：亦称系统控制器，主要用于各组成部分的联动控制、焊接程序的控制，主要焊接参数的设定、调整和显示。必要时可扩展故障诊断和人机对话等控制功能。

（7）计算机软件：焊接设备中常用的计算机软件有编程软件、功能软件、工艺方法软件和专家系统等。

（8）焊头导向或跟踪机构：弧压自动控制器、焊枪横摆器和监控系统。

（9）辅助装置：如送丝系统、循环水冷系统、焊剂回收输送装置、焊丝支架、电缆软管及拖链机构等，主要包括结构设计、电气控制设计、管路系统设计三大部分。

（10）焊接机器人，又称机械手臂，是自动化焊接设备的重要组成部分。其主要工作包括焊接、切割、热喷涂、搬运等。

图 4.14 自动化焊接设备

4.5.2.5.3 智能化挖掘机系统构成

挖掘机自主作业分级如表 4.1 所示，单个作业动作，如移动、挖掘、回转的自动化则达到 1 级自主作业，但这些动作的控制点、时间、完成条件等需要驾驶员输入；多个连续动作的自动完成达到 2 级自主作业，如土方作业的典型工作循环：移动—挖掘—回转—卸载；当系统能够自主计算动作，决定最优的作业方式时，驾驶员便不再关心是否高效，达到 3 级自主作业；4 级自主作业限定某种场景，对施工条件有一定要求，如地形、天气等，能对突发事件进行自主处理；5 级自主作业则面向开放场景。

表 4.1 挖掘机自主作业分级

等级	定义	机器运动控制	高效作业的监测和判断	自动作业中断的响应处理	作业场景限制条件
0	无自动化	人类驾驶员	人类驾驶员	人类驾驶员	有限制
1	单个动作自动化，如自主移动、自主挖掘、自主回转等	人类驾驶员和系统	人类驾驶员	人类驾驶员	有限制
2	系列动作的自动化，如移动—挖掘—回转—卸载的自动完成	系统	人类驾驶员	人类驾驶员	有限制
3	自动监测和判断并做出高效动作	系统	系统	人类驾驶员	有限制
4	突发事件自主处理	系统	系统	系统	有限制
5	开发场景的自主作业	系统	系统	系统	无限制

智能化挖掘机是在传统挖掘机的基础上采用智能技术升级改造完成的，除具有传统挖掘机的基本系统之外，还具有机器视觉系统、网络通信系统、故障诊断系统与智能控制系统（包括行走系统、作业系统、回转系统等），以便实现自主智能化作业。智能化挖掘机的系统组成如图 4.15 所示。机器视觉系统可以实时获取自身及周围环境信息，然后将信息反馈到智能控制系统，辅助操作员完成作业任务；机器与操作员通过远程通信系统实现远距离人机交互，以便操作员实时掌握作业情况；故障诊断系统实时显示机器健康信息，确定故障类型及故障位置，实现自我修复或发出警告。

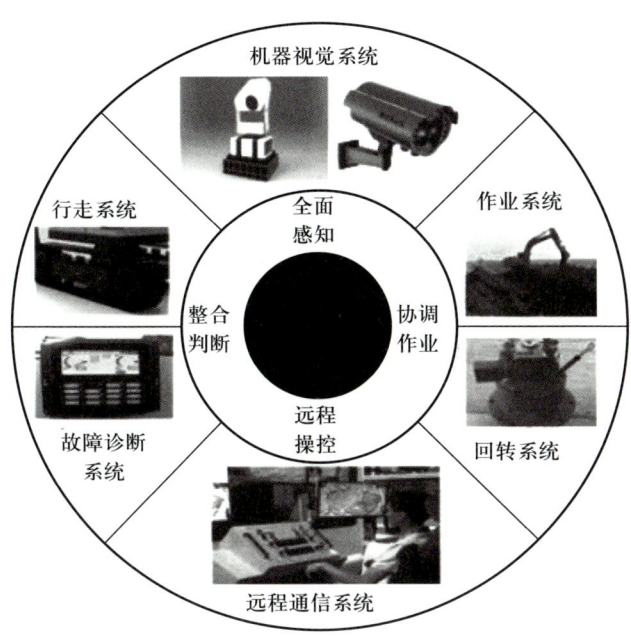

图 4.15 智能化挖掘机的系统组成

4.5.2.6 施工全数字化交付系统架构

该架构以 BIM 三维模型作为主线，整合汇总地理信息数据建设时期数据、竣工扫描模型、焊缝、三桩一牌、高后果区、穿跨越、应急资源、720 影像、视频监控等相关数据，发挥可视化核心技术作用，在三维审图、现场实时管控、物资管理、安全管理、移交中心、移动应用等多方面效果显著，同时构建工程建设期数字孪生体，以此作为工程运营期数据重要基体。油气管道数字化管理移交平台总体架构具体如图 4.16 所示。

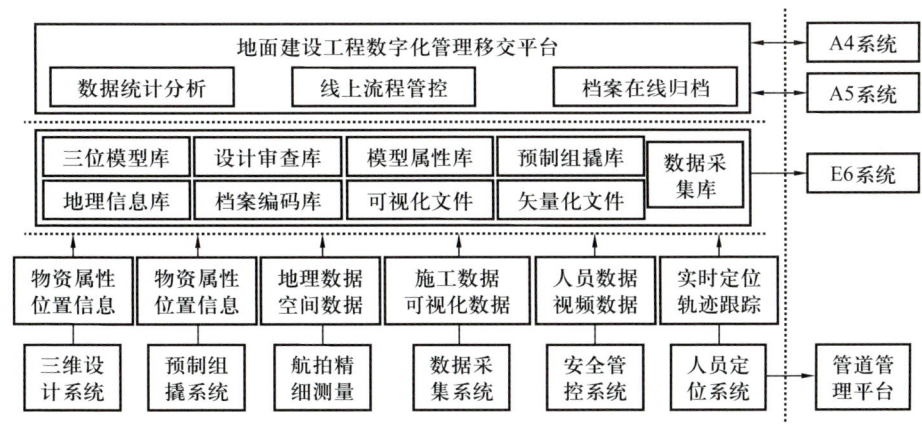

图 4.16 管理移交平台总体架构

在三维审图环节，平台兼容了工程设计不同格式模型，可供不同类型终端使用，还可跨时间、地域、专业进行全方位审查，审查意见指向比较明确，可全方位详细记录整个审查过程。

在现场管控环节，融合了地理信息空间数据+BIM工厂模型，搭建了工程真实场景。在设计时，为管线走向选择、优化变更、场站布设规划等提供了可操作与分析的支持平台；以可视化场景为基础，可整体呈现施工进度、施工安全、施工质量、施工物资等相关信息，从而同步建设虚拟战场与实际战场；就集输工程而言，可精确测量焊口位置，并将施工完整数据传输至三维真实场景，以此实现施工数据真实完整可查看。

在物资管理环节，基于二维码，通过数据产生方详细录入原始数据，物资参与方则负责弥补并填写各自的物资属性与具体状态，以共享传输的方式，实现信息互通，实时掌控物资动态与流向。以业务流程有机关联数据，通过列表或者数据关联图的形式加以呈现，并深层挖掘数据信息，以全过程跟踪追溯物资实时状态。物资管理示意如图4.17所示。

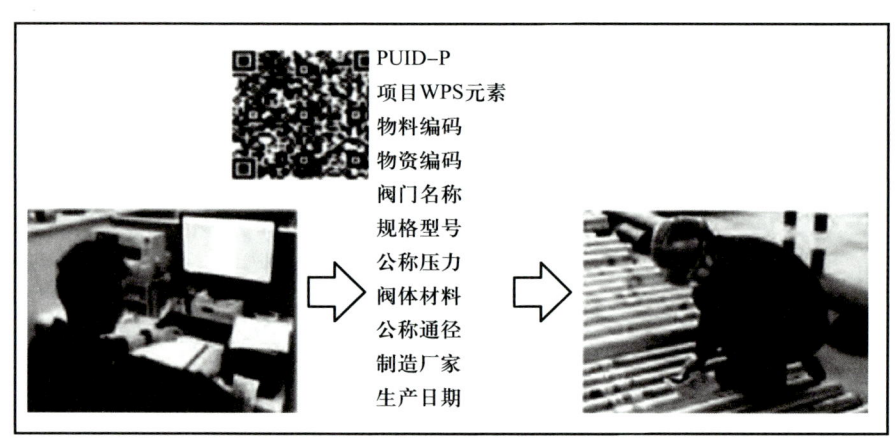

图 4.17　物资管理示意图

基于数字化交付的正向建模实施流程，以数字化接收为起点，设计融数字化接收与数字化应用于一体的集成的信息系统架构，满足数字化交付成果高保真接收与应用需求。系统总体技术架构由基础层、数据层、服务层、应用层构成，如图4.18所示。系统采用基于云原生的微服务架构开发，以云计算平台为底座，统一提供基础软硬件资源。

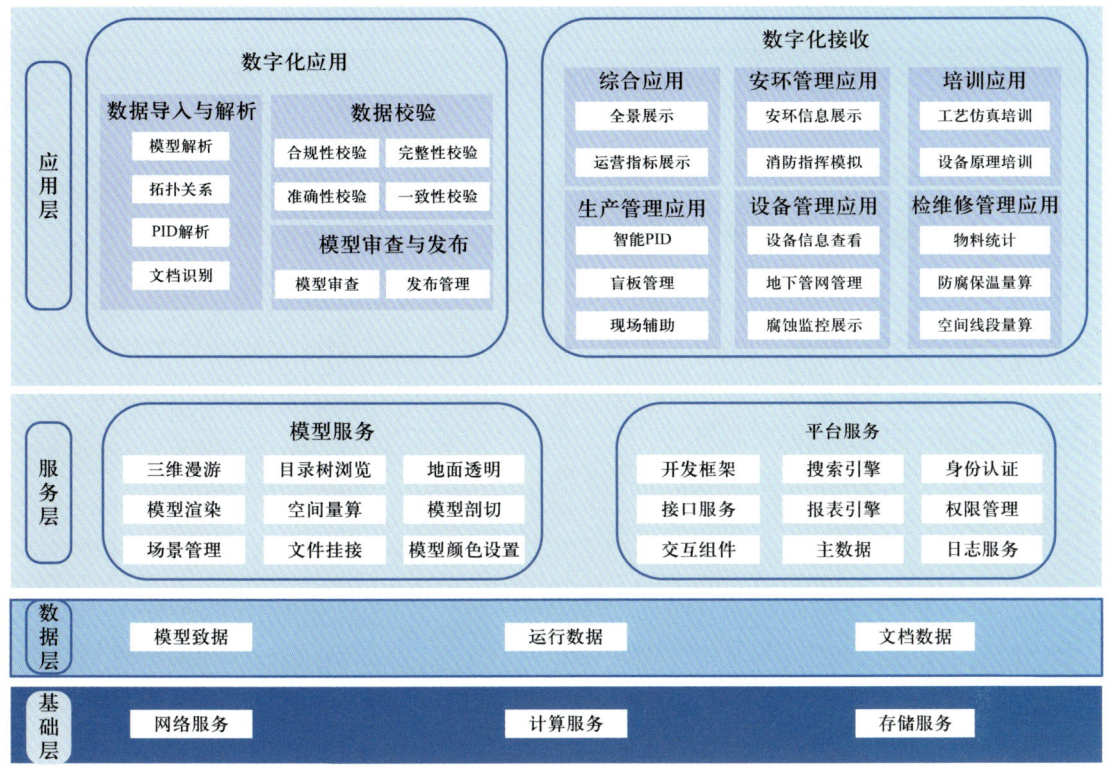

图 4.18 数字化接收及应用平台总体架构

4.5.3 主要的系统功能

4.5.3.1 边缘端感知层

4.5.3.1.1 焊接数据采集

全自动焊机主要是利用机组内部所设的传感器实现焊接工艺数据的实时采集，通过数据接口上传。

非全自动焊机利用石油工程设计公司研制的数据采集模块实现焊接工艺数据的实时采集。焊接数据采集模块支持消息对列遥测传输（Message Queuing Telemetry Transport，MQTT）、Modbus 协议，把前端边缘数据采集程序安装至数采设备，将焊机和传感设备与数据采集设备相连接，以实时测量关键参数，在有网络的状态下将数据通过公有云上报到平台端，进行实时数据展示、汇总、边缘设备状态的监控，在无网络的情况下对采集的数据进行缓存，待有网络后进行上传。非全自动焊接采集数据见表 4.2。

表 4.2 非全自动焊采集数据统计

序号	数据名称	获取方式	用途
1	设备编号	扫码录入或手动录入	实现设备、焊口、焊工、焊接工艺的匹配
2	焊接工艺	扫码录入	
3	人员编号	扫码录入	
4	焊口编号	扫码录入或手动录入	
5	焊接位置（左右）	设定	确定焊枪与焊接位置的对应关系
6	环境温度湿度	实时采集	确定环境对焊接的影响程度
7	焊接电流	实时采集	重要焊接参数，影响熔深、余高及焊接线能量
8	焊接电压	实时采集	重要焊接参数，影响熔宽、焊接线能量
9	送丝速度	实时采集或计算	确定熔敷金属的量
10	焊枪运行位置	实时采集	确定完成焊道的长度
11	焊道/焊层	采集+算法	通过完成的焊道长度确定焊道，进而推算焊层
12	焊接速度	采集+算法	重要焊接参数，影响焊接线能量，与焊接效率直接相关
13	焊接线能量	采集+算法	决定焊接热输入大小，直接影响焊接质量
14	预热温度	实时采集+算法	控制焊接冷裂纹
15	层间温度	实时采集+算法	
16	层间温度	实时采集+算法	

此外，通过视频监控实现焊接机组焊接过程的影像数据采集。

4.5.3.1.2 人员、机具数据采集

根据施工进度计划，合理安排机具的进/出场时间。在机具进场时，管理人员通过二维码、RFID 等附加信息掌握进场机具的位置和使用情况。在机具退场时，管理人员通过二维码、RFID 等附加信息可以及时找到机具，以防机具丢失。

通过视频监控、人脸识别系统、RFID 人员定位系统等技术实现对人员定位、轨迹、作业行为、健康状态等数据的采集及管理。

4.5.3.1.3 物资数据采集

按照相应电子标签标准，物资设备在出厂前应安装电子标签，用于物资物流、仓储及现场工地的数据采集。

4.5.3.1.4 环境监测数据采集

利用温度、湿度、噪声、粉尘等传感器实现对环境监测数据的采集和管理。后期通过环境数据，结合现场的作业数据，可以进行更进一步的综合分析应用，例如通过环境温度、湿度等相关数据，分析环境对焊接等作业的影响因子的分析和应用。

4.5.3.1.5 视频数据采集内容

工程施工现场部署视频监控系统，对现场整体情况、各关键工序的作业情况进行实时监控，加强对现场施工的监管，使关键工序的质量行为可追溯、查询，整体提升质量管控水平。各工程视频监控点见表 4.3。

表 4.3 各工程视频监控点

类型	视频监控	
	作业面监控	棚内监控
全自动焊接机组	需要	需要
非全自动焊接机组	需要	
站场机组	需要	
穿跨越机组	需要	
控制性工程	需要	

4.5.3.1.6 边缘处理一体机

边缘处理一体机主要是为了给现场提供一个完整的带 AI 能力的数据采集服务器，图 4.19 是利用边缘处理一体机实现边缘端部署的典型架构，针对不同工地的特点和现状，需要做适当调整，以匹配工地实况。

通过边缘端部署的典型架构，实现现场数据的完整采集和管理，边缘端的数据主要来源于如下几种设备：

（1）可穿戴设备：用于施工人员穿戴的设备，如手环，可以检测人员的实时位置和健康状态。

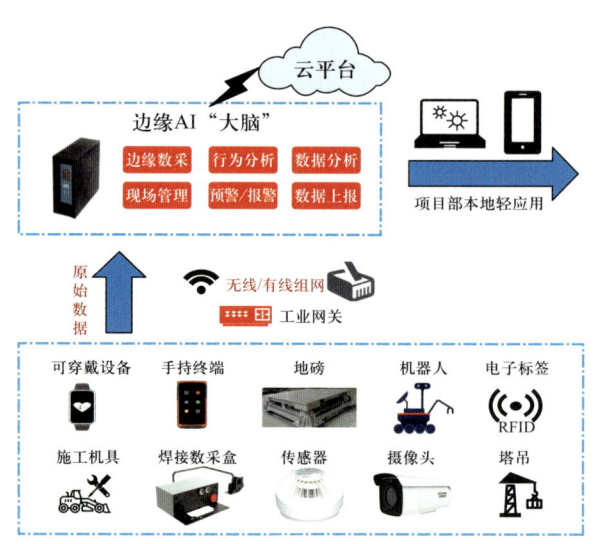

图 4.19　边缘处理一体机部署典型架构

（2）手持终端：现场管理人员使用的手持终端，用于扫码、信息录入等。

（3）地磅：现场堆放物料区域的地磅设备，可以采集到堆放物料的重量变化。

（4）机器人：现场机器人，如机械臂、轮式机器人等，可以检测现场实际加工情况和环境、安全状况。

（5）电子标签：主要是 RFID 等标签，通过标签数据的获取可以感知标签附着物的位置、状态、基础信息等。

（6）施工机具：对于现场的各类施工机具，可以添加标签或者定位装置，可以实时监测到施工机具的状态信息。

（7）焊机数采模块：针对焊接数据的数据采集模块，可以实时采集焊接过程中的电流、电压、焊道、线能量等信息。

（8）传感器：通过对现场加装各类传感器用于监测数据，如空气质量传感器、环境传感器等。

（9）摄像头：对现场视频监控的摄像头做流媒体分析，分析现场安全行为，如是否佩戴安全帽、是否穿工服等。

（10）塔吊：适用于有塔吊施工的现场，可以采集塔吊的力矩、载重、风速、幅度、高度、角度、倾角等数据，监测塔吊的安全状态。

边缘处理一体机是一个功能强大的边缘端设备，负责现场数据的本地化采集、计算、分析以及提供现场工地管理的简单应用功能。除此之外，还能并行接入现场的视频流，对现场摄像头所拍摄的视频进行现场安全行为的分析，主要包括是否佩戴安全帽、是否身着工服等（视实际配置而定）。

边缘处理一体机除了可以提供现场端的完整管理应用之外，还负责将采集的完整数据，经过计算、处理后，上报至集团级云平台，供各级单位进行实时的监控、管理。

4.5.3.2 平台层

4.5.3.2.1 物联网基础平台

物联网平台可针对用户的设备连接、系统协同、数据分析等需求，边缘接入、数据采集、时序存储、实时计算、设备孪生、数据可视化等能力，提供从现场设备、传感器、仪表接入到智能应用服务的端到端解决方案。物联网基础平台配置架构如图 4.20 所示。

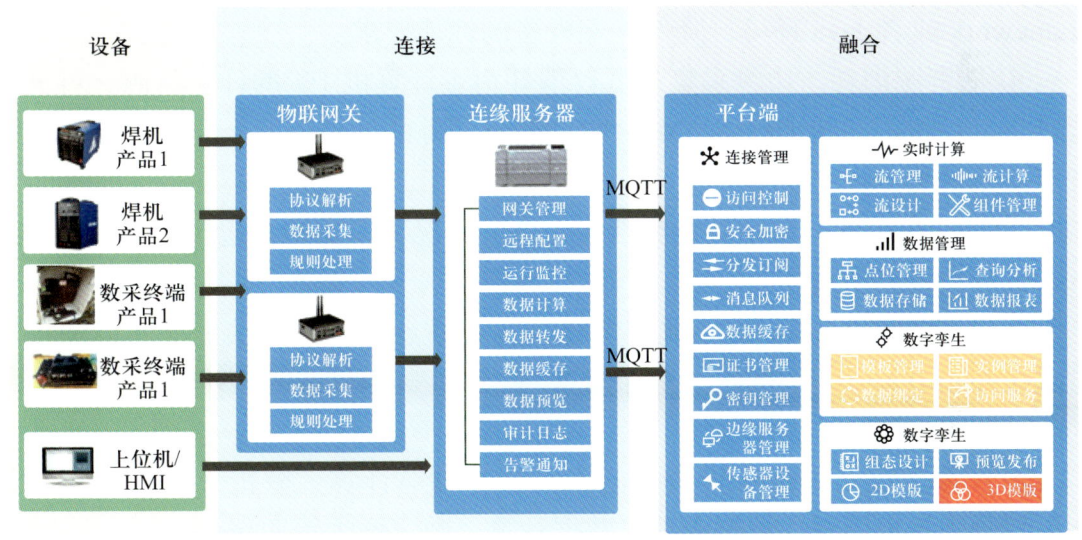

图 4.20　物联网平台基础组件架构图

从功能架构上看，物联网基础平台主要分为边缘和平台两部分，其中边缘服务以边缘网关管理、设备数据接入、数据处理缓存、边缘计算为主，平台提供数据汇总、存储、计算、分析、建模与应用服务。边缘端与平台端以 MQTT 等主流协议为主要通信方式，完成数据上报、指令反馈、远程控制等多种功能。物联网平台对外部提供大数据、人工智能等相关平台的连接与调用功能，支持数据与接口的多系统集成。

（1）边缘端。

边缘接入是以工业设备接入、工业系统接入、工业协议适配、工业数据采集为核心，提供近现场的数据计算、存储、分析功能。边缘端负责管理边缘设备的接入，包括协议的定制、适配。嵌入工业设备、网关、上位机，并且可根据计算资源，灵活部署边缘端计算规则、分析算法或智能应用，实现工业现场设备互联、边缘智能化目标。

边缘端技术要求如下：

① 多运行环境。可在 Windows、Linux 以及嵌入式系统上运行，基于 C、Go 语言的轻量化设计，采集程序可以在任意的终端系统中运行。

② 多设备适配。支持在工业计算机、网关、服务器以及各类嵌入式设备中部署、运行，不需要繁重的配置、开发，并且可根据工业现场需要定制一体机。

③ 低系统侵入性。自包含的运行程序，不需要在终端设备中安装 .net Framework 或者 Java 环境，降低终端设备的性能要求。

④ 低资源消耗。边缘采集最低仅消耗宿主计算机 1% 的计算资源，可灵活运行在上位机、线控或嵌入式电脑中，节省额外的硬件资源，同时监控并控制资源使用情况。

⑤ 智能化服务。在硬件计算性能允许的情况下，支持在边缘终端运行包括 Python 在内的算法脚本。

⑥ 网络传输控制。支持数据多级缓存、断点续传，提供工况环境停机维护或意外断电场景下的数据安全保障机制。

（2）平台端。

平台端支撑对边缘采集数据的汇集、存储、计算、分析、可视化与服务化，划分为连接管理、数据管理、数据计算、数字孪生等四部分。

主要功能如下：

① 连接管理。管理边缘服务器或智能传感器（直连）的接入及状态监控，提供完善的证书与密钥机制，保障接入与传输的安全性。

② 数据管理。基于分布式时序数据库，提供百万级数据点实时数据高效读写，高压缩比低成本存储，具有高性能、低成本、稳定可靠的特点。

③ 数据计算。数据计算是以数据点为核心，对采集和存储的数据点进行二次加工与处理，形成新的数据点。同时，扩展的实时计算引擎，支持 IT、OT 多源数据接入，多目标输出，基于实时流计算，实现多源接入、计算、调

度、存储，满足工业现场复杂、高效的数据处理需求。

④ 数字孪生。构建物理设备在云平台的数字化、智能化映射，基于属性、服务、事件、事件订阅构建物模型，提供设备及服务的数据访问与反向控制功能，并且对外提供 Restful API 以满足任意场景的调用需求。

（3）物联网平台技术要求。

① 多品牌、多系列设备及系统的接入与数据处理的能力。智能工地所需接入的设备品牌及系列型号众多，边缘接入应具备适应多品牌、多系列设备接入的能力，有助于智能工地项目的快速适应与实现。包括支持 PLC、分布式控制系统（Distributed Control System，DCS）、数据传输单元（Data Transfer Unit，DTU）、远程终端单元（Remote Terminal Unit，RTU）、机器人及各类传感器的设备、系统接入与数据采集，并提供开放平台通信统一架构（Open Platform Communications Unified Architecture，OPC-UA）、开放平台通信—数据访问（Open Platform Communications Data Access，OPC-DA）、Modbus、Profinet、Profibus、IEC、MQTT 等十余种标准工业协议及通信协议，支持日志、文件数据采集。

② 高效计算分析工业现场数据。从国家管网集团角度来看，各地的工程项目众多，未来接入的数据是海量的，每一台设备的数据点位从数十个到数百个不等，势必会形成每秒数十万个点位数据的接入与计算，故需要物联网基础平台具备每秒数十万数据记录单节点实时处理的能力，以满足未来工地项目的规模需要。这要求提供高速的实时计算引擎，具备每秒数十万记录单节点实时处理能力。

③ 支持海量数据存储与计算。有别于只能满足单个工程现场级或局部工程现场的数据采集与存储，此平台要求时序数据存储支持 PB 级数据存储能力，可实现逾 100 万测点数据高并发读写能力，实现国家管网集团所有工程现场全量数据的汇总与存储，不需要归档，高性能压缩，实现全部历史数据的在线查询、分析与计算，并结合 AI 模型，实现工程数据资产的盘活与价值利用。

④ 设备组态灵活设计与多端呈现。提供在线可视平台，通过预置设备模型，拖拽式操作即可完成工程现场的虚拟建模与数据监控，可以预置焊机设备、施工设备、机械加工、传感设备等行业设备模型。满足手机、PC、大屏等不同端管理监控的需求。

⑤ 提供强大的计算与智能分析能力。具备良好的可扩展性和通用型，可与大数据平台协同实现海量工程数据的即时在线分析与智能化应用；基于平台

训练的 AI 模型，可以动态实现在物联网平台、边缘现场端的实时应用；赋能传统工业设备，具备智能分析、不断优化的能力。

4.5.3.2.2　大数据平台

工程建设现场数据种类繁多，仅焊接数据来说，每台焊接数采设备每秒要发送二～三个数据包，以每天八小时计，每台设备每天的数据量大约在100MB。所以，面向海量数据的管理与分析能力、实现数据的价值，需构建适应大数据场景的高性能分析平台。

物联网基础平台负责焊机过程中的数据的采集及简单计算，采集数据之后，需要利用大数据平台快速建立统一的数据存储、计算和分析平台，快速支持内外部数据的融合、物联网时序数据及其他业务系统的数据融合，实现海量数据的存储，并提供极佳的数据计算与深度分析挖掘能力。

通过搭建大数据平台，打破传统各系统烟囱式建设模式，实现跨专业、跨层级、跨主体、全过程的数据呈现、敏捷开发与功能嵌入，充分发挥大数据的核心资产能力与价值能力，持续推动透明管控、科学运营和价值创造。

（1）功能描述。

平台层面：主要提供数据存储和数据处理功能，提供统一的集成平台环境，将硬件和平台软件进行有效的集成。搭建 Hadoop 和 SPARK 等计算框架，实现海量数据的分布式处理，通过新技术，降低系统总体成本。

功能层面：主要提供数据整合、数据清洗、转换、加载、数据共享、数据分析与查询、数据挖掘、数据管理功能；提供新的 IT 功能架构，提供多租户的 ETL（Extract、Transform、Load，提取、转换、加载）、统一的数据计算与存储、数据共享、多租户的应用开发、数据平台管控。

① 数据集成套件。大数据平台提供实时、批量等多种数据采集模式，支持多种类型的数据采集，如数据库、本地文件、公有云平台和 FTP 等类型的数据，能够根据企业的需求快速扩展。

② 数据计算存储。大数据平台引入多种核心功能和组件，对复杂开源技术进行高度集成和性能优化。同时，面向基础设施层进行深度调优。

③ 数据开发。大数据平台提供离线批处理和实时流处理任务开发工具，提供高效的图形化大数据工作流配置与执行管理平台，支持可视化的大数据计算任务构建能力。

④ 数据查询与分析工具。大数据分析平台提供数据查询分析和数据

洞察工具，以方便用户通过可视化的方式查询、分析数据并进行数据挖掘工作。

⑤ 平台运维管理。大数据分析平台的运维管理系统，具备便捷的图形化监控运维能力。在提升易用性的同时，可提供软件的自动部署、各节点运行状态的实时监控、各类用户的权限控制、统一的资源配额调度和系统自动告警等多种功能。

⑥ 数据资产管理。将数据对象作为一种全新的资产形态，围绕数据资产本身建立一个可靠可信的管理机制，提供元数据管理、数据资产管理、数据标准管理、数据质量管理、数据安全管理。

⑦ 数据服务。通过整合内部数据资源，实现数据资源开放，连接服务提供者、服务消费者、服务管理者，构建数据服务开放生态，从而盘活企业的数据资产，提升数据价值。

（2）大数据平台技术要求。

① 高性能。深度优化的 Spark 性能，要求性能全面领先开源。

② 与 SQL 兼容性。深度优化的 Spark SQL 解析引擎，满足企业联机分析处理（Online Analytical Processing，OLAP）和联机事务处理（Online Transaction Processing，OLTP）等多类场景支撑，在大幅提升系统易用性的同时，显著降低应用迁移的难度和工作量。

③ 全源数据整合能力。提供十多种数据采集接口，具有数据接入适配能力；通过全图形化的灵活配置，可以实现多源异构数据的快速采集与集成。

④ 高可扩展性。通过在线增加集群节点数，线性提高系统的处理能力；插件式的开放架构设计便捷实现平台功能的快速扩展。

⑤ 高标准数据安全保障。平台支持表列级细粒度的数据访问控制，并扩展了多租户管理及资源隔离功能；支持基于 Kerberos & Sentry & LDAP 实现用户访问和服务间的强认证；支持 AES 128、AES 256 加解密算法；提供全面和高标准的数据安全保障机制。

⑥ 运维操作简单易用。支持产品一键安装、一键升级和图形化运维，并提供了预警和健康监测功能，功能全面、简洁、易用、易维护。

⑦ 图形化的数据开发套件。提供强大的开发组件环境，提供丰富的图形化管理和开发界面，支持运行、调试、日志跟踪、结果预览等功能，极大地方便业务人员的使用。

4.5.3.3 智能应用层

通过端、边、云、网、智的技术架构，完整地采集到施工现场的设备数据后，在云平台形成数据中台，通过业务的分析，搭建数据支撑的业务中台，为业务相关职能部门提供智能化应用。

4.5.3.3.1 焊接智能管理

焊接智能管理是智能工地的一部分，包括历史数据查询、实时监控、数据展示、报警预警、报表统计等智能化应用。

（1）实时监控。

针对同时接收、处理、监控多个高速数据采集点传输数据的需求，开发能够多通道并发、高吞吐率的数据实时监控功能，使其具有多路数据接收、分析、存储、实时显示及远程上传、异常报警等功能，满足现场多点数据采集及处理的需求。

利用曲线、表格对采集的数据进行展示，如图4.21所示。

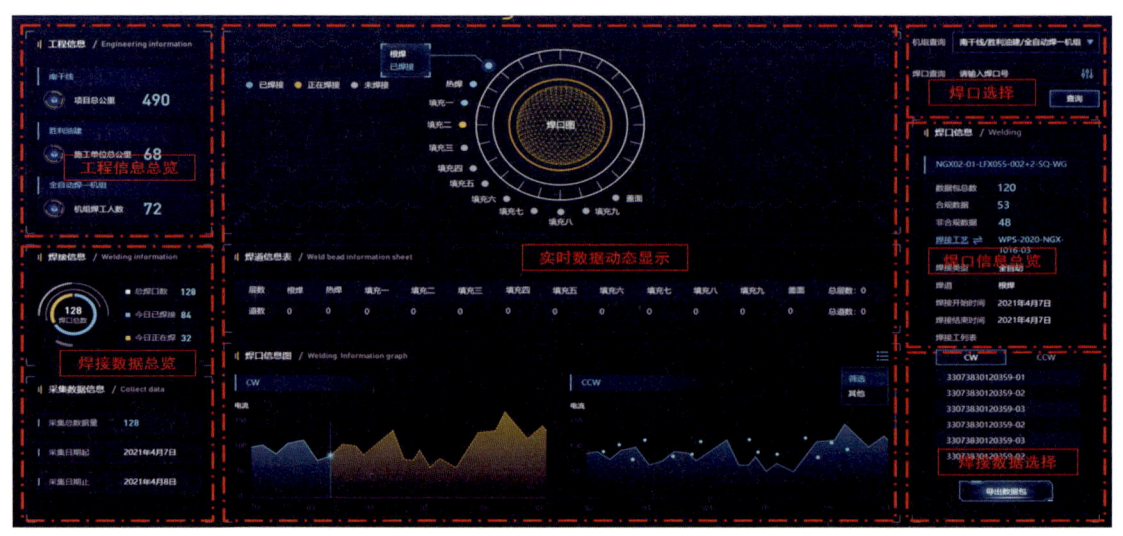

图4.21 实时监控数据示例

（2）实时报警

针对实时采集的数据可以根据需要进行告警值设定，包括焊层数、焊接电流、焊接电压、送丝速度、焊接速度、层间温度，当超出设置的值后，可在掌上工地APP、云平台、展示大屏进行报警，报警方式包括声音、弹出框等，如图4.22所示。

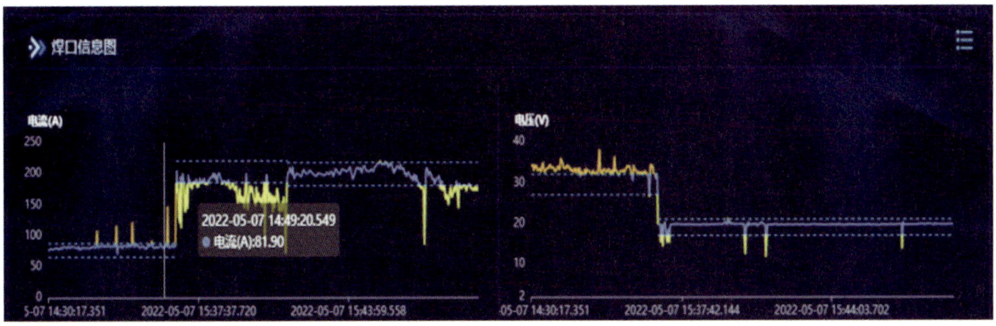

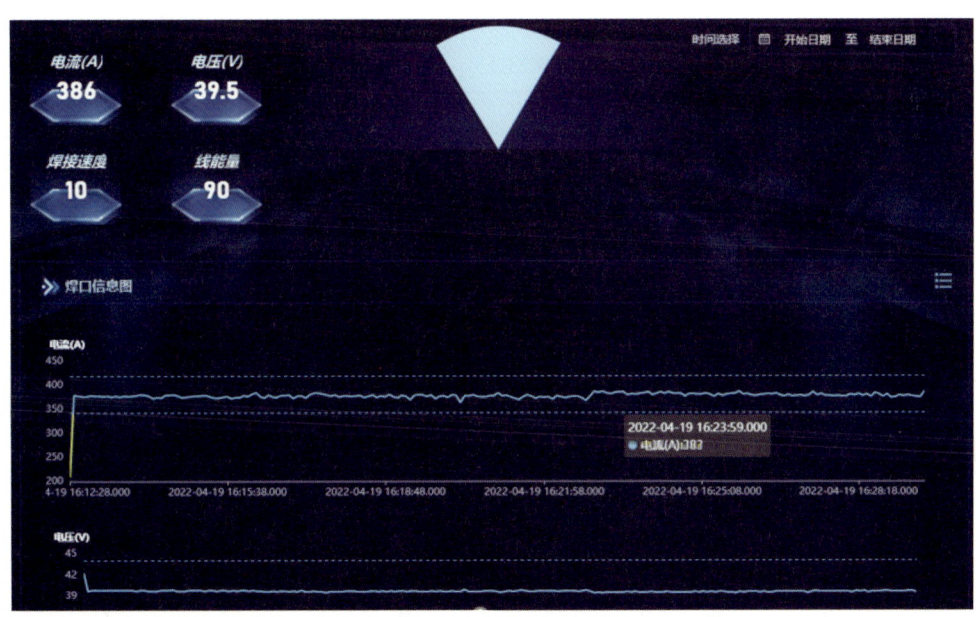

图 4.22　实时报警示例图

（3）历史数据查询。

针对焊接数据查询追溯的需求，可按建设单位、施工单位、项目、班组对历史数据进行查询、报表生成、质量分析等操作，满足对焊接质量历史数据进行查询分析的需求，如图 4.23 所示。

图 4.23　历史数据查询示例图

（4）IoT 数据展示。

按建设单位、施工单位、项目、班组级别实现 IoT 前端设备实时数据等信息的采集，并通过采集曲线、柱状图、饼状图等方式进行展示，数据展示方式见表 4.4。

（5）焊工管理。

焊工管理包括焊工基础信息、焊工证书、焊工焊接情况等的维护管理。

表 4.4 数据展示方式

序号	标题	方式
1	焊接电流	曲线、仪表
2	焊接电压	曲线、仪表
3	送丝速度	曲线、仪表
4	焊枪运行位置	示意图
5	焊接角度	示意图
6	焊道/焊层	表格
7	焊接速度	曲线、仪表
8	焊接线能量	曲线、仪表
9	预热温度	曲线、仪表
10	层间温度	曲线、仪表
11	保护气体流量（STT/RMD）	曲线、仪表

（6）焊接工艺评定。

焊接工艺评定包括线路、站场焊评数据库维护、浏览、查询及下载等内容。

（7）报表统计。

根据数据采集辅助统计焊接工作量，可以按建设单位、施工单位、项目、班组进行统计。

焊接人工时统计：针对焊接时间进行统计，辅助人工时测算等。

4.5.3.3.2 环境检测管理

结合现场传感器，实现施工现场温度、湿度、风速、扬尘实时监控和展示，并对超标情况进行警示，及时管理现场环境异常，分析报表，为管理提供依据。环境检测管理内容如图 4.24 所示。

4.5.3.3.3 机具设备管理

据施工进度计划模拟，合理安排机具、设备的进/出场时间。在机具设备进场时，管理人员通过二维码、RFID 等附加信息掌握进场机具、设备的位置和使用情况。在机具、设备退场时，管理人员通过二维码、RFID 等附加信息可以及时找到机具、设备，以防丢失和损坏。

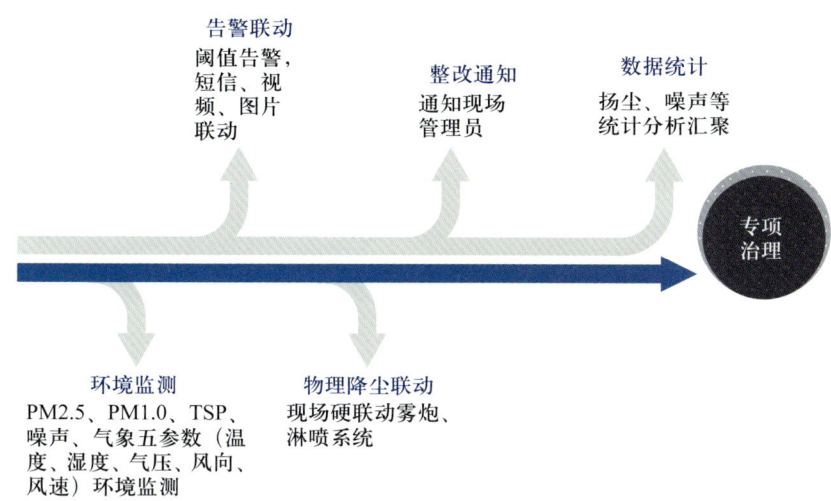

图 4.24　环境检测管理

4.5.3.3.4　视频管理

通过 AI"大脑"的视频分析，实现基于 CNN 等算法的自学习 AI 视频分析和管理。通过接入的视频媒体流，能实时地分析视频监控中的安全行为，一旦检测到有违规行为，视频管理模块将记录相关行为事件信息，供相关人员查看、追溯。

4.5.3.3.5　综合管理

（1）预警/决策。

结合各项管理要求，梳理相关的管理指标，结合施工现场的数据，可以实现依托于管理指标的预测与预警，辅助管理者做决策。

（2）报表统计。

云平台汇聚了完整的施工数据，通过物联网技术采集到现场的设备数据，通过 IT 接口技术（ETL）采集其他 IT 系统的数据，由此可以支撑各级职能部门的报表应用要求。通过数据分析、算法，可以改变传统报表统计的水平，实现基于 KPI（Key Performance Indicator，关键绩效指标）的报表统计应用。

4.5.3.3.6　掌上工地

通过微服务的技术支持，提供移动 APP 的应用，完成掌上工地相关业务功能模块的研发。利用掌上工地可以实现焊接智能管理、人员管理、机具管理、视频管理以及综合管理等方面的功能，如图 4.25 与图 4.26 所示。

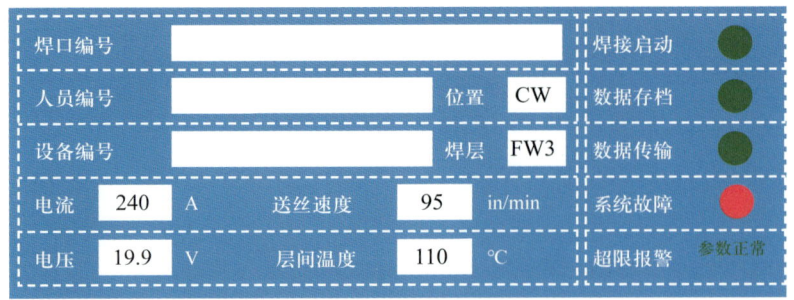

图 4.25 数据采集 APP 显示示例

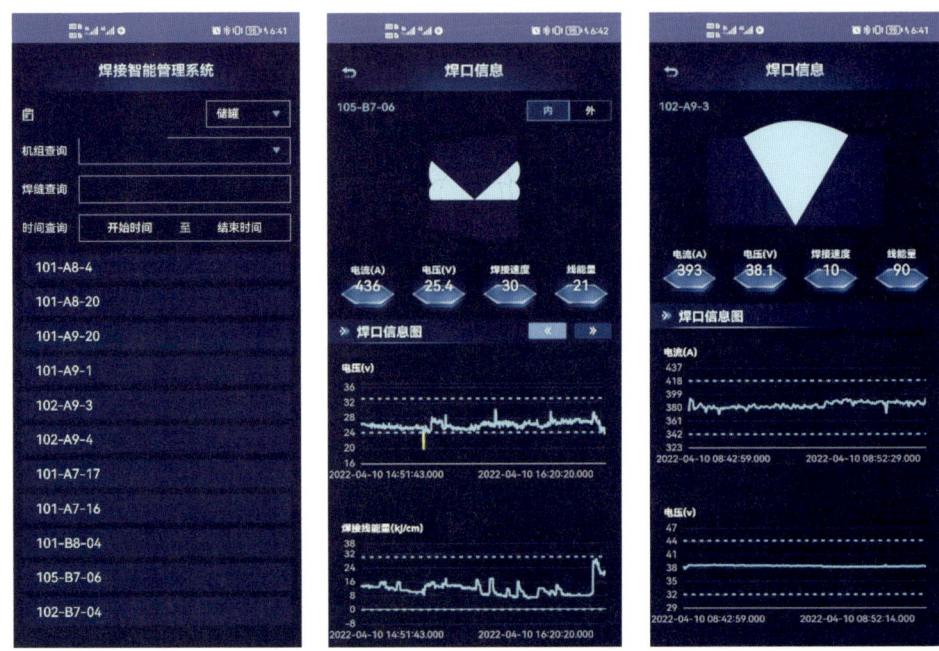

图 4.26 数据采集 APP 曲线显示示例

机具管理数据采集模块应具备以下功能：数据采集模块负责接收终端信号采集模块发送的数据，同时采集焊口信息、层间温度等信息，分析处理后记录并供边缘服务器读取。

针对现场工况设计每个作业点的数据采集控制器，该控制器内嵌强大的数据处理内核，提供友好便捷的交互界面，具有无线传输、焊口扫描、层间温度设置等功能，实现对采集数据的实时处理、显示、传输以及超限报警等。

4.5.3.3.7 人员管理

在现场人员管理中，通过视频监控及人脸识别系统结合 RFID 人员定位系统形成智能化管理平台。通过此平台加强人员轨迹、考勤管理，并实现在特定空间施工中的人员定位与报警，强化人员管理质量。

通过超宽带（ultra wided bad，UWB）、蓝牙、GPS等技术，可以对现场的人员进行定位管理，在高危作业区域，尤其是受限空间，尽可能地通过定位技术实现作业人员的实时定位，通过此人员管理系统，可有效地让各管理职能部门、单位实时获取人员的位置和状态。

4.5.3.3.8 历史数据查询

历史数据的查询应用，对于工程项目管理来说尤为重要。整体的工程管理是依托于各级单位按照不同的职能要求各司其职地共同完成的，云平台提供了工程管理的各项辅助支持，而各类工地的事件无法完全由一个团队或者专人来实时监控，必须通过云平台的各项功能完成相关的数据分析、统计等，由此形成了历史的数据，通过历史数据查询，管理人员可以进行各类事件、各类设备、各类进度的追溯和查找，实现可记录、可追溯、可查询的功能。

4.5.3.3.9 报表管理

智能工地系统实现了对施工过程中的工程数据、作业数据、设备数据、焊接数据、业务数据等的管理，各类数据繁杂，除了实时的数据展示外，还需要有报表管理的应用功能。通过报表管理，快速统计职能部门需要的各类数据，实现自定义的数据统计和分析。

4.5.3.3.10 预警/决策

按照管理要求的KPI，定义各职能管理部门的管理指标，通过指标的梳理，定义数据分析的支撑内容，通过算法的支持，可以不同程度地实现各项管理指标的预警和决策支持。

4.5.3.4 物资管理系统功能

物资管理系统的总体功能如图4.27所示。

4.5.3.4.1 系统用户管理模块

本模块实现对用户的添加、删除、修改、密码管理、权限管理等操作。本模块主要实现对各个系统用户的管理，将不同的访问控制权赋予不同类型的用户，达到各司其职的目的。

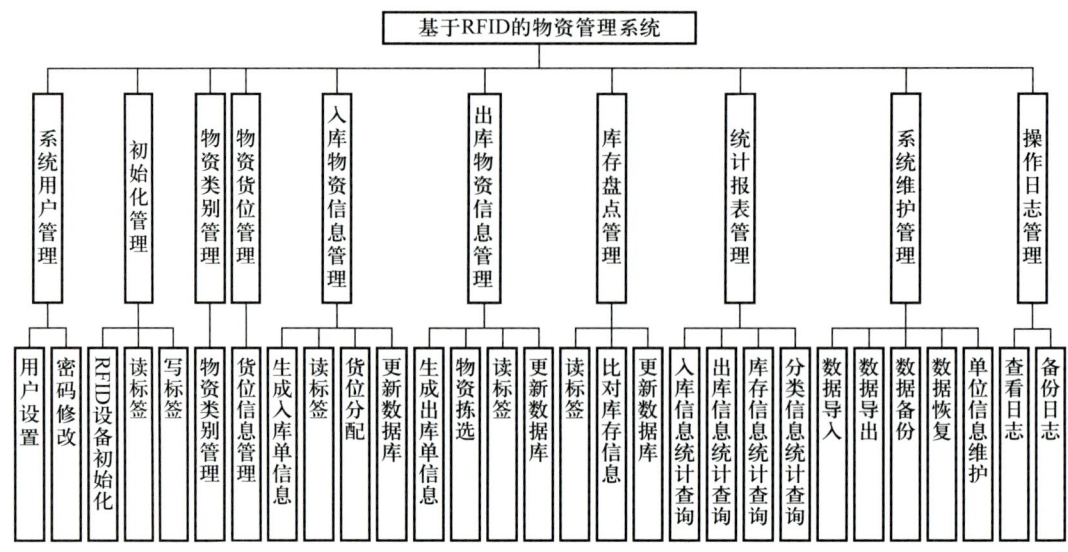

图 4.27 系统功能图

4.5.3.4.2 初始化管理模块

本模块主要对需要初始化的 RFID 设备进行初始化操作，也可对 RFID 电子标签信息进行读写与修改。

4.5.3.4.3 物资类别管理模块

本模块主要对物资的基本信息如 ID、名称、规格等进行维护操作，将物资按照不同的类别进行分类。由于物资 ID 是物资的唯一编号，系统在有物资出入库时只能从已有 ID 的物资中选择出入库物资，若 ID 不存在，则应首先对该物资的物资类别信息进行添加操作。

4.5.3.4.4 物资货位管理模块

本模块主要实现对物资所在货位信息的管理与维护，包括货位的编号、位置、可存放物资种类、最大存放量等信息。

4.5.3.4.5 入库物资信息管理模块

本模块主要实现对入库物资的名称、数量、入库日期、入库单号等信息进行增、删、改、查等管理操作。当有物资入库时，系统会首先生成入库单，然后对入库物资分配相应的货位，经阅读器扫描识别，并将读取的结果与入库单比对后进行确认。

4.5.3.4.6　出库物资信息管理模块

本模块主要实现对出库物资的名称、数量、出库日期、出库单号等信息进行增、删、改、查等管理操作。当有物资出库时，系统首先根据出库单上的物资名称确定其相应的货位，待出库物资进行分拣后经阅读器扫描识别，并将读取的结果与出库单进行比对，最终提交确认。

4.5.3.4.7　库存盘点管理模块

本模块主要实现对库存物资进行盘点的功能，物资经过手持终端或阅读器扫描后，将扫描到的信息与库存信息进行比对，确定实际库存数量是否与记录数量相符合，实现对库存物资的盘点。

4.5.3.4.8　统计报表管理模块

本模块主要实现对出入库物资或库存物资进行统计分析的功能，如物资库存数据和统计数据的分析，也可根据存储物资的库存量等条件实现对数据的分条件采集汇总及相关报表的打印。

4.5.3.4.9　系统维护管理模块

本模块主要提供数据的维护功能，方便管理员对数据进行导入导出、备份恢复等操作，也可以对供货单位与需求单位的信息进行添加和更新等操作。

4.5.3.4.10　操作日志模块

本模块主要对系统的敏感操作信息进行记录，便于系统维护时进行查询，保证系统安全稳定运行。

4.5.3.5　施工机械智能化系统功能

4.5.3.5.1　自动化焊接设备系统功能

自动化焊接设备主要包括以下五项功能。

（1）焊缝跟踪。

由于焊接环境等因素影响，焊接条件经常发生变化，致使焊炬偏离焊缝，从而造成焊接质量下降甚至焊接失败。焊缝跟踪技术能够实时检测出焊缝的偏差，调整焊接路径和焊接参数，保证焊接质量的可靠性。多种传感器相结合的焊缝跟踪技术是当今研究的热点，它能够根据工艺特点采取不同的跟踪方法，从而提高焊缝跟踪精度。

结合研究对象，可采用视觉传感器和电弧传感器相结合的焊缝跟踪技术。电弧传感器焊缝跟踪是利用焊接电极与被焊工件之间的距离变化引起电弧电流和电弧电压变化来检测出接头焊缝的中心；被动视觉的焊缝实时跟踪系统则是通过摄像机获取焊接过程中的焊缝图像，通过图像处理算法提取出焊缝的上下两条边缘，根据焊缝中心线和熔池中心的位置偏差调整焊接机器人的行走轨迹。

（2）焊缝成形质量控制。

焊接过程是一个多参数相互耦合的时变的非线性系统，很难采用传统的控制方法对焊接过程进行控制。因此，本研究采用模拟焊工操作的智能控制方法，对熔池动态过程进行视觉传感、建模，针对焊接过程中间隙大小发生变化的情况，实时调整焊接过程中的焊接速度和焊接电流，提高焊缝成形质量。

（3）焊接机器人与外围设备协调控制。

在生产应用中，单台机器人往往不能充分发挥其作用，要求焊接机器人与变位机、弧焊电源等周边设备实现柔性化集成。焊接机器人与周边设备的柔性化协调控制，有助于减少辅助时间，是提高生产效率的关键措施之一。对于大多数工件而言，其焊缝总存在平焊、横焊、立焊、仰焊等焊接位置，而这对于焊接品质及焊缝成形有很大的影响，若单靠调节机器人位姿来保证获得满意的接头是相当困难的，同时也给操作者带来很大不便。若此时能协调控制变位机，使工件被焊处总处于水平的焊接位置，将会大大提高焊接质量。即变位机在焊接过程中不是静止不动的，而是要做相应的协调运动。弧焊电源和工装夹具等也要在机器人统一控制下做相应的协调运动，才能保证整个系统高效率、高质量地工作。

（4）离线编程。

机器人离线编程系统是机器人编程语言的拓广，它利用计算机图形学的成果，建立起机器人及其工作环境的模型，利用一些规划算法，通过对图形的控制和操作，在不使用实际机器人的情况下进行轨迹规划，进而产生机器人程序。针对涉及的氩弧焊，自动编程技术可以表述为在编程各阶段中，能够辅助编程者完成独立的、具有一定实施目的和结果的编程任务的技术，具有智能化程度高、编程质量高和效率高等特点。要最大程度实现焊接机器人的全自动编程功能，只需输入工件的模型，离线编程系统中的专家系统会自动制定相应的工艺过程，并最终生成整个加工过程的机器人程序。

（5）虚拟仿真。

由于焊接工艺不够完善，焊接材质及焊接温度的不同，致使不能预估焊接过程中存在的问题。工艺过程比较繁琐和复杂，无法提高焊接水平。而焊接水平的高低在很大程度上决定了产品的质量和生产效率，特别是船舶行业。利用计算机技术对焊接过程进行虚拟仿真分析，是完善和改进传统焊接工艺的有效途径。焊接虚拟仿真技术能够解决焊接温度场、残余应力、变形等方面的问题，避免不良现象出现，提升焊接的效率和质量，优化焊接顺序等工艺过程。

4.5.3.5.2 智能化挖掘机系统功能

智能化挖掘机系统主要包括以下三项功能。

（1）轨迹控制。

轨迹规划是指构建一条从起点到终点，无碰、高效、节能的运动序列。轨迹规划可分为关节空间和笛卡儿空间轨迹规划两种。关节空间轨迹规划对关节角、角速度及角加速度进行规划，由于直接规划控制变量，所以控制方便，但需经过运动学求解工作空间轨迹。笛卡儿空间轨迹规划直接规划铲斗末端的位移、速度与加速度，便于工作任务分解，但需通过逆运动学求解关节变量，计算量较大，控制不便。轨迹规划通常采用三次样条插值函数、高次多项式插值函数、B样条函数、正弦及修正的正弦函数进行规划。

（2）感知技术。

姿态数据是轨迹规划的数据基础，智能控制系统会根据轨迹规划的结果来控制工作装置的运动，同时判断实际轨迹与期望轨迹的吻合度。

接触式测量是指在工作装置上安装传感器来测量其姿态，如在液压缸上安装位移传感器来测量其伸缩量，进而通过运动学求解来获取工作装置的姿态信息。由于传感器安装在工作装置上，作业过程中的碰撞会造成传感器的毁坏，同时剧烈震动对数据精确采集产生影响，从而影响测量准确度。

非接触式测量是以光电、电磁等技术为基础，在不接触被测物体的情况下，得到机器位姿信息的测量方法。该方法利用安装在驾驶室的摄像头对机械臂图像进行采集，通过神经网络将姿态信息反馈至PI控制系统，从而对机械手进行控制。

采用车载三维激光扫描仪建立施工现场的全局模型，得到工程区域的范围和生产数据，通过安装在驾驶室上方的2D激光扫描仪进行局部建模，由于机器前端的施工地形不断变化，因而局部模型需要不断更新，但范围局限于挖掘机前方半径8m的区域，如图4.28所示。

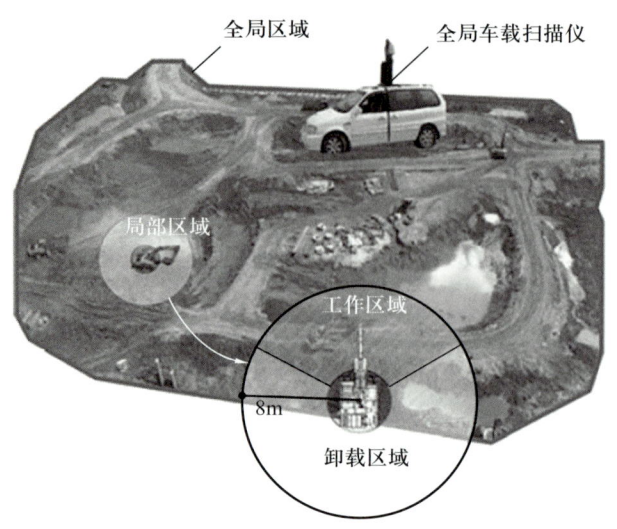

图 4.28　全局与局部地形建模

（3）远程控制。

基于穿戴式的远程控制是指通过安装在操作员身上的传感器，将操作员的动作信息映射到挖掘机。该系统的惯性测量单元通过测量手腕的欧拉角来控制挖掘机回转、动臂和斗杆的运动；测量仪测量上臂相对于重力方向的角度，并通过 RS-232 与计算机通信来控制斗杆的运动；旋转编码器通过测量手臂和小指之间的角度来控制铲斗运动，如图 4.29 所示。

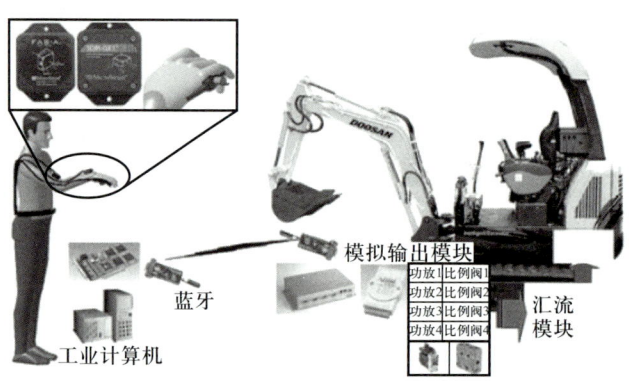

图 4.29　基于穿戴式的远程遥控挖掘机

4.5.3.6　施工全数字化交付系统功能

4.5.3.6.1　应用层

应用层包括数字化接收和数字化应用两大功能模块，包含三维数字化工厂的通用功能和专业化应用功能。

（1）数字化接收。

① 数据导入与解析。利用多种数据处理工具，将不同来源、不同格式、不同类型的数据进行无损解析并转换成统一的数据格式。要求解析的图形、属性、拓扑连接关系与原文件一致，工程属性、空间位置关系、几何尺寸完整无损地呈现，模型层级结构与资产目录树一一对应。解析完成后将数据转换成统一的数据格式，存入数据库中。

② 数据校验。利用设定的质量校验规则对数据进行校验，保障数据的规范性、完整性、一致性。数据校验内容包括工厂对象属性合规性、一致性校验，工厂对象属性位号唯一性校验，文档完整性校验，并生成校验报告。工厂对象属性一致性校验，就是对不同数据包中相同工厂对象的属性信息进行一致性校验。

③ 交付模型审查及发布。系统提供三维交付模型审查工具，如测量、模型变色、截图、模型抽离、模型剖切、模型隐藏、添加标签、浏览对应的文档信息等功能。将校验合格的三维数字化工厂中的项目及装置的模型、数据、文档等发布到应用系统中，供用户使用。

（2）数字化应用。

① 综合应用。以三维数字化模型为基础，大场景展示全厂概貌和装置的构成、设备位置、关键监控点、主要指标等。如利用三维数字化模型实时展示工厂的生产装置关键位号运行数据、重要设备关键参数值、环保监测点数据、关键位置视频监控信息等，形象直观地展示工厂运行状态。

② 专业应用。以三维数字化工厂模型为基础开展专业化应用，包括生产管理、设备管理、安环管理、检维修管理、培训应用等。

生产管理应用。a. 能 PID 管理。通过导航树按企业或工厂组织机构管理 PID 图，在 PID 图上可进行对象信息查看、元件检索、跳转到三维等操作，满足企业或工厂装置数字化图纸集中查阅，辅助完成工艺方案编制。b. 智能盲板。基于智能 PID 生成盲板图，自动获取介质、温度、压力等信息，形成盲板表和盲板台账，提高盲板方案编制效率和准确率。c. 生产辅助。通过三维模型及模型之间的拓扑连接关系，展示管线的流向；查看三维场景中管廊的切面图，并可查看管线的属性信息。

设备管理应用。a. 设备信息查看。可查看设备属性信息及关联文档，根据业务需求定制各类台账模板。b. 地下管网管理。在三维模型上实现地下各类管线和电缆的相关资料信息查看、接头记录维护、动土作业模拟、动土记录维护等功能，支持电缆的日常管理和故障排查工作。c. 腐蚀监控展示。通过与企业已有腐蚀监测系统集成，在三维场景中展示腐蚀监测数据及腐蚀回路，支撑腐蚀管理业务。

安环管理应用。a. 安全环保信息展示。对环境监测点、火灾报警点、周界报警点、气体报警点等在三维场景中标出其空间位置，直观展示监测参数及报警信息。b. 消防指挥模拟。可以编制模拟脚本添加火灾危险源、选择不同类型的救援力量、规划救援路线等，形成模拟方案，在三维工厂模型中进行消防指挥模拟。

检维修管理应用。a. 物料统计。根据管线的组成和拓扑链接关系，自动对管线的物料进行统计，用以辅助完成检修计划中的物料统计工作。b. 防腐保温量算。通过设备的几何外形和属性信息，可自动统计出选择的管线、设备的防腐面积以及保温面积、保温体积。c. 空间线段量算。在三维浏览场景中对任意空间的单线段和多线段进行测量。d. 三维寻阀。可快速找到泄漏点同一管道上下游所有阀门，为操作人员快速关阀及下一步事故处理提供支撑。

培训应用。包括工艺仿真培训、设备原理培训、检维修培训等，通过三维数字化模型与其他方式相结合的方式，快速提高员工对相关专业知识的认知理解，提高学习效率。

4.5.3.6.2 服务层

模型服务提供三维数字模型基础功能和通用软件工具。其中，三维数字模型基础功能服务主要包括模型漫游、目录树浏览、地面透明、模型渲染、空间量算、模型剖切、场景管理、文件挂接、模型颜色设置等。平台服务提供三维模型应用的开发工具和公共服务组件，主要包括开发框架、搜索引擎、身份认证、接口服务、报表引擎、权限管理、交互组件、主数据服务、日志服务等。

4.5.3.6.3 数据层

在数据层建立数据库管理系统，对模型数据、文档数据、运行数据进行分类存储、管理和应用。模型数据库存储行业各种主流的三维设计软件的数字化交付成果，主流数据类型包括工程数据移交系统（Engineering Data Handover System，EDHS）数据包、工厂设计管理系统（Plant Design Management System，PDMS）数据、产品排料系统（Product Discharge System，PDS）数据及 SP&PID 数据等。文档数据库存储设计、采购、施工、试运行、检维修等阶段产生的各类文档资料。运行数据库存储三维数化工厂集成的各类运行数据，如设备数据、生产数据、环境监测数据、腐蚀数据、化验分析数据等。

4.5.3.6.4　基础层

基础层以云服务方式提供计算、网络、存储等硬件资源。因模型数据文件大，对计算资源要求高，除了常规配置应用服务器、数据库服务器外，还需要配置具有专用内存和较多图形处理单元（Graphics Processing Unit，GPU）的渲染服务器，执行渲染图形所需的浮点运算。三维模型加载可以采用云渲染技术，所有的三维模型渲染由云渲染服务器来完成，用户客户端电脑不需要特殊配置。

4.5.3.7　施工进度智能化管控

4.5.3.7.1　项目进度管理

施工进度是一个项目管理过程中最关键的环节，项目进度管理的目的是完成初始设计规划目标，确保项目如期完成。BIM5D 技术在项目工程施工作业过程中的作用表现在：项目负责部门的生产责任人可以依据技术部门编写的项目进度计划书，配合施工现场实际发生的流水作业，研究该计划的可行性并且实施对比研究，依据施工现场实际状况迅速优化 3D 数据模型及生产计划任务书，协调各相关部门及工种对项目工程的施工进度实现精细化及标准化管理。

4.5.3.7.2　模拟施工过程

施工过程模拟是把施工作业进度计划文件传输至 BIM 数字信息 3D 模型系统，并且把空间层面的数据信息以及时间参数信息合成到可视的 4D 数字参数模型中。

WBS 是核心部分的数据信息 3D 模型，其实质上为工作分解结构的简称。WBS 能够同步 3D 数字模型及项目工程进度相关信息，把 3D 数字模型同步到相关工程进度信息以后，相关工程技术人员能够清晰、精确地对施工现场的整个施工流程步骤进行模拟仿真。BIM5D 技术施工过程模拟一般会整合全部专门的相关资源及参数信息，应用动态及静态模式表示项目工程的时间节点及工作状态，并且用视频模式再现重要时间节点，事先评估项目工程的关键施工作业把控方案及项目工作量是否合理，整体规划及现场布局是否符合相关施工作业法律法规，施工顺序是否合理及是否能够迅速升级改造。因此，技术部门及生产部门的相关工程技术人员能够实施工程施工虚拟工作，进行施工现场三维图形可视化技术交底，与此同时能够便捷掌握作业工艺及施工技术的要求，使用相关图像模拟的模式向甲方相关工程技术人员进行及时工作汇报，比较现场实际工程进度与施工计划进度文件的差别，实施项目工程进度计划校正，达到项目工程动态管理的目的。

4.5.3.7.3 进度对比研究管理

相关工程项目技术人员能够依据视频模拟的结果，在 BIM 技术系统中借助理论上的劳动力进行校核、施工任务的分配及可视化的视频模拟仿真，特别是进行工程实际进度与规划设计进度的全周期图像模拟实施时间方面的比较，分析施工周期拖延或者超前的原因，实施资源优化调整，有效提升施工作业管理的工作效率。与此同时，相关工程技术管理人员能够依据 BIM5D 系统产生的函数曲线，更方便地对相关资源实施管理与把控，实施动态化的项目进度管理工作。

4.5.3.7.4 基于 BIM 技术的 5D 管理（BIM5D）体系的施工状况模拟管理

施工状况模拟过程是把作业现场的土建阶段变更以及施工作业用工程机械综合到施工作业模拟仿真过程中，对施工场地、垂直方向运载机械以及巨型工程机械实施模拟仿真研究，用指导现场实际施工作业。此时，BIM5D 技术还能够生成模拟仿真过程的视频进而更为直观地指挥施工场地的工程机械进场及出场活动、统计施工作业工程机械进场及出场时间等数据，生产部门相关工程技术人员基于项目工程实施实际施工状况的模拟过程，可定时举行进度例会，使项目工程管理者以及每个工种更加明确当前的施工作业状况。

4.5.4 系统安全设计

为了保证数据安全，首先需要确定平台的私有化部署，从根源上先保证数据的物理存储属于可管控的状态。其次，在设备边缘层、数据传输层都需要重点关注数据的安全性。

从构建平台的安全保障体系考虑，安全体系框架主要包括物理层、网络层、安全保护层和应用层，如图 4.30 所示。

物理层：主要包括环境安全、设备安全和媒体安全。

网络层：包括网络安全分析、入侵监测和网络监控系统。

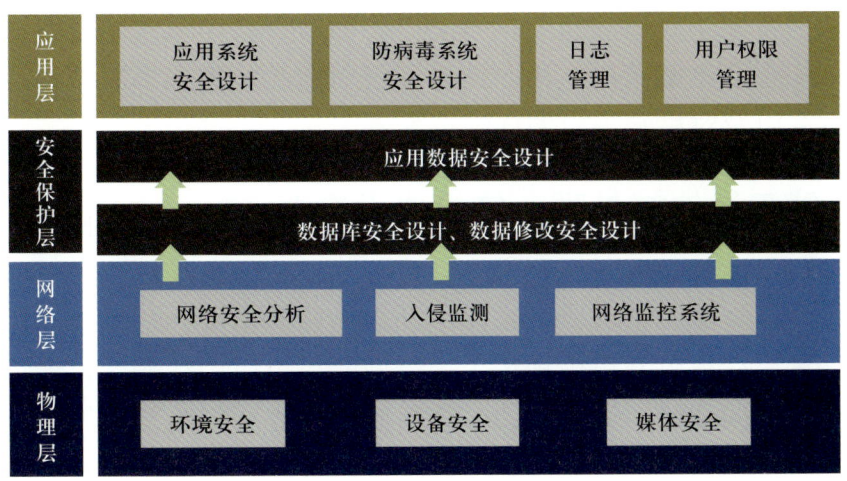

图 4.30　平台安全架构

安全保护层：包括应用数据安全设计和数据库安全设计、数据修改安全设计。

应用层：包括应用系统安全设计、防病毒系统安全设计、日志管理和用户权限管理等内容。云平台的设计，也将采用 SSL、IPSEC 等技术保证通信的安全，通过私有化部署保证数据的存储安全，对云中的所属资产、资源的运行状况，以及相关行为、安全事件、安全预警等进行集中监管，综合分析形成安全报表、整体安全态势报告，使安全风险可视化、风险告警全面化和风险处置专业化，从而实现安全风险集中化管控。

4.6　边缘端数据采集典型配置方案

结合国家管网集团工程现状及相关体系文件，将施工智能化按照工程类型分为两大类：移动场所施工智能化及固定场所施工智能化。具体分类如图 4.31 所示。

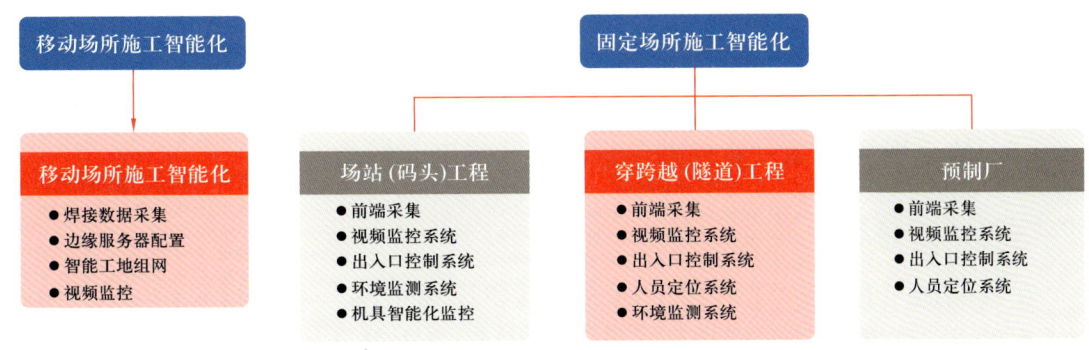

图 4.31　施工智能化典型配置方案

边缘端设备属于具体项目应用范畴，各前端设备由承建单位根据项目要求自行购置，不在此方案范围之内。此方案仅对前端数据采集原则和设备配置提出建议方案，以及对后端平台做详细技术要求。

4.6.1　智能工地边缘处理一体机建设方案

边缘处理一体机是针对现场设备进行数据采集的边缘层设备，接入现场的视频监控系统、智能焊接数据采集系统和环境监测系统。负责现场数据的本地化采集、计算、分析以及提供现场工地管理的简单应用功能，包括焊接数据的查看、焊接数据的统计、设备状态、物料状态、安全行为事件统计等。除此之外，还能并行接入现场的视频流，对现场摄像头所拍摄的视频进行现场安全行为的分析，包括是否佩戴安全帽、是否身着工服等（视实际配置而定）。

4.6.2　线路工程

4.6.2.1　线路工程前端数据采集内容

（1）全自动焊接工况采集范围包含设备编号、焊接工艺、人员编号、焊口编号、预热温度、焊接速度、焊接角度、焊接方向、送丝速度、电压、电流、频率、摆宽、停留、层间温度、保护气流量等。非全自动焊接工况采集范围包含设备编号、焊接工艺、人员编号、焊口编号、电流、电压、送丝速度、预热温度、层间温度。

（2）喷砂除锈设备采集范围包含设备编号、人员编号、焊口编号、主气罐压力。

（3）中频加热设备、红外加热设备采集范围包含设备编号、人员编号、焊口编号、零点温度、六点温度。

（4）特种设备采集范围包含设备编号、人员编号、不同作业状况（如方位、角度、风速、重量、限位、单/双周倾角、长度、高度等）信息、设备供方名录、工程部位信息。

（5）施工现场环境采集范围包含温度、湿度、扬尘。

4.6.2.2　线路智能工地组网建设方案

在线路施工现场搭建智能工地，包括"现场组网"和"视频监视"，通过UPS电源为4G路由器和无线AP供电，4G流量卡装入4G工业路由器放置在施工暖棚内。无线AP单侧有效范围75m左右，安装在板房两侧，实现150m

范围内无线布控。

线路段智能工地需在机组作业面和焊接棚内建设视频监控，配备存储卡进行现场数据存储，作业面监控布控球放置暖棚顶，监控施工作业面画面，焊接棚内摄像头根据实际情况自行调整角度。

4.6.3 站场工程

4.6.3.1 站场工程前端数据采集内容

（1）全自动焊接工况采集范围包含设备编号、焊接工艺、人员编号、焊口编号、预热温度、焊接速度、焊接角度、焊接方向、送丝速度、电压、电流、摆宽、层间温度、保护气流量等。非全自动焊接工况采集范围包含设备编号、焊接工艺、人员编号、焊口编号、电流、电压、送丝速度、预热温度、层间温度。除特殊规定外，对于介质为空气、氮气、污水等非易燃易爆、无毒介质的管道和管径为 DN100 及以下的管道不进行焊接数据采集。

（2）特种设备采集范围包含设备编号、人员编号、不同作业状况（如方位、角度、风速、重量、限位、单/双周倾角、长度、高度等）信息、设备供方名录，工程部位信息。

（3）施工现场环境采集范围包含温度、湿度、扬尘。

4.6.3.2 视频监控系统

站场视频监控前端系统主要负责现场图像采集、录像存储、报警接收和发送、网络传输。

前端监控设备主要包括分布安装在各个区域的鹰眼全景摄像机（高清网络摄像机）和网络硬盘录像机，用于对建筑工地的全天候图像监控、数据采集和安全防范，满足对现场监控可视化、报警方式多样化和历史数据可查化的要求。

工程施工现场部署视频监控系统，对现场整体情况、各关键工序的作业情况实时监控，加强对现场施工的监管，使关键工序的质量行为可追溯、查询，整体提升质量管控水平。

站场施工的视频监视设定三个固定监视和两个机动监视，其中两处固定监视设计为鹰眼摄像机（全景摄像机），分别布置在对角围墙处，鹰眼摄像机布置高度不低于 5m，用于监视场内整体的施工情况，如场地平整、土建施工、建筑施工等；在工艺设备安装过程中，工艺设备区内设置一个固定监视摄像机，同时配套使用布控球套装，用于进行工艺主要设备安装施工的实时监控，摄像机可布置在棚顶，也可根据实际环境和要求进行调整。对于围墙对角鹰眼摄像头无法监视到的地点，或重点质量施工管控点旁站，根据实际管理需要进行移动监控。

站场施工过程中宜为监理人员配置执法记录仪进行移动监控，用于监控围墙对角摄像机无法监视的地点或者重点质量施工管控点旁站。

站场与储气库视频监控系统配置建议清单分别见表 4.5 与表 4.6。

表 4.5 站场配置建议清单

序号	内容	单位	数量	备注
1	鹰眼摄像机	台	2	星光级环型鹰眼：800 万 1/1.8in，镜头 5mm×4，水平 180°、垂直 84°，最低照度 0.002lx，防护等级 IP66，防暴等级支持 IK10
2	全景拼接摄像机支架	套	2	安装支架，柱杆装、铝合金
3	高清网络球形摄像机	台	1	
4	布控球	套	2	
5	执法记录仪	套	2	
6	硬盘录像机（行为分析小超脑）	台	1	8 路 H.265、H.264 混合接入，2 盘位，1 个 HDMI、1 个 VGA，1 个千兆网口，2 个 USB 口，支持智能检索/浓缩播放/车牌检索/人脸检索/视频摘要回放/分时段回放/超高倍速回放/双系统备份
7	监控级硬盘	块	4	8TB IntelliPower 64MB SATA3
8	室内交换机	台	1	16 个 10MB/100MB/1000MB 自适应电口，2 个 100MB/1GB SFP 光口
9	室外交换机	台	2	工业交换机，无风扇设计，4 个 10MB/100MB/1000MB 电口，2 个 1000BASE-X SFP 光口，防护等级 IP40，端口防雷≥8kV，工作温度 -40~85℃
10	室外增强型无线 AP	套	2	最大接入速率 1750Mbit/s，内置全向天线，802.11a/b/g/n/ac 同时工作，胖/瘦模式切换、PoE+ 供电，带 PoE+ 供电模块
11	监控立杆、接线箱等（含安装配件）			
12	安装附件及辅材	批	1	电源插头、光纤转换器等辅材

表 4.6 储气库配置建议清单

序号	内容	单位	数量	备注
1	鹰眼摄像机	台	2	星光级环型鹰眼：800 万 1/1.8in，镜头 5mm×4，水平 180°、垂直 84°，最低照度 0.002lx，防护等级 IP66，防暴等级支持 IK10
2	全景拼接摄像机支架	套	2	安装支架，柱杆装、铝合金
3	高清网络球形摄像机	台	6	
4	布控球	套	2	
5	执法记录仪	套	2	
6	硬盘录像机（行为分析小超脑）	台	1	8 路 H.265、H.264 混合接入，2 盘位，1 个 HDMI、1 个 VGA，1 个千兆网口，2 个 USB 口，支持智能检索/浓缩播放/车牌检索/人脸检索/视频摘要回放/分时段回放/超高倍速回放/双系统备份
7	监控级硬盘	块	4	8TB IntelliPower 64MB SATA3
8	室内交换机	台	1	16 个 10MB/100MB/1000MB 自适应电口，2 个 100MB/1GB SFP 光口
9	室外交换机	台	2	工业交换机，无风扇设计，4 个 10MB/100MB/1000MB 电口，2 个 1000BASE-X SFP 光口，防护等级 IP40，端口防雷≥8kV，工作温度 -40～85℃
10	室外增强型无线 AP	套	2	最大接入速率 1750Mbit/s，内置全向天线，802.11a/b/g/n/ac 同时工作，胖/瘦模式切换、PoE+ 供电，带 PoE+ 供电模块
11	监控立杆、接线箱等（含安装配件）			
12	安装附件及辅材	批	1	电源插头、光纤转换器等辅材

4.6.3.3 出入口控制（车辆）系统

出入口控制（车辆）系统由补光抓拍单元、出入口控制终端、自动道闸单元组成，配置建议清单见表 4.7。

表 4.7 出入口控制（车辆）系统配置建议清单

序号	设备规格及型号	单位	数量	备注
1	出入口控制道闸系统	套	1	
2	卡口系统嵌入式服务器	台	1	
3	车牌识别系统	套	1	
4	系统布线及安装附件	批	1	

4.6.3.4 人员门禁系统

（1）实名制管理：通过身份证读卡器自动读取进场作业人员身份证信息，身份证照片自动储存，自动录入人脸信息作为通行凭证，以防非作业人员进场。

（2）考勤管理：通过门禁管理系统，记录作业人员进场、离场时间，记录作业人员作业时间，每月自动汇总导出。

（3）用工量统计：通过门禁管理系统，按专业统计记录每日作业人数及汇总每日作业人数，每月自动汇总导出。

人员门禁系统配置建议清单见表 4.8。

表 4.8 人员门禁系统配置建议清单

序号	设备规格及型号	单位	数量	备注
1	人脸识别考勤主机（读卡功能）	台	1	
2	门禁考勤管理软件	套	1	
3	管理电脑	台	1	
4	人脸识别设备管理系统	套	1	
5	线材辅材	批	1	

4.6.3.5 环境监测管理系统

环境监测管理系统用于实现对工地的环境进行集中监控。该模块主要提供工地的环境监测设备管理、环境量配置、环境数据监测、数据记录查询等功能，实现通过环境监测设备对温度、湿度、噪声、粉尘、气象数据的监测、收集和报警联动等功能。

环境监测管理系统配置建议清单见表 4.9。

表 4.9　环境监测管理系统配置建议清单

序号	设备规格及型号	单位	数量	备注
1	环境监测系统平台	套	1	
2	安装附件及辅材	批	1	

4.6.4　穿跨越工程

4.6.4.1　定向钻穿越前端数据采集内容

（1）全自动焊接工况采集范围包含设备编号、焊接工艺、人员编号、焊口编号、预热温度、焊接速度、焊接角度、焊接方向、送丝速度、电压、电流、摆宽、层间温度、保护气流量等。非全自动焊接工况采集范围包含设备编号、焊接工艺、人员编号、焊口编号、电流、电压、送丝速度、预热温度、层间温度。

（2）喷砂除锈设备采集范围包含设备编号、人员编号、焊口编号、主气罐压力。

（3）中频加热设备、红外加热设备采集范围包含设备编号、人员编号、焊口编号、零点温度、六点温度。

（4）特种设备采集范围包含设备编号、人员编号、不同作业状况（如方位、角度、风速、重量、限位、单/双周倾角、长度、高度等）信息、设备供方名录、工程部位信息。

（5）施工现场环境采集范围包含空气质量、环境温度、湿度、风速、扬尘、照明。

4.6.4.2　视频监控系统

在定向钻穿越入土点搭建智能工地，包括现场组网和钻机工作区域视频监视、环境监测管理系统、人员自动识别通道系统、出入口控制（车辆）系统。

由机组组长或"三员"（包括施工员、质检员、安全员）负责布置定向钻作业监控。采用外部摄像机监控入土点、出土点定向钻作业，安装于钻机旁板房或操作间房顶上，向下俯视监控钻机定向钻作业，保证可清晰拍摄施工作业过程；采用内部摄像头监控定向钻作业操作间，安装于操作间内，保证可清晰拍摄操作人员操作过程。

定向钻开钻前开始监控,摄像机应 24 小时连续记录作业过程,主要监控施工人员有无佩戴劳保防护用品,现场有无其他质量、安全隐患。

视频监控系统配置建议清单见表 4.10。

表 4.10 视频监控系统配置建议清单

序号	内容	单位	数量	备注
1	高清网络球形摄像机	台	1	支持区域入侵侦测、越界侦测,进入区域侦测和离开区域侦等智能侦测并联动跟踪
2	布控球套装	台	2	分辨率:1080;支持昼夜监控、背光补偿、SD卡存储、3G卡接入、4G卡接入等。物料内含:布控球主机+电池、输入转接线×1、输出转接线×1、GPS定位模块、备用电池1块、金属手提箱
3	三脚支架	套	2	用于临时搭建布控球安装
4	4G 流量卡	台	1	用于视频画面网络传输
5	存储卡			进行视频存储
6	硬盘录像机	台	1	8 路 H.265、H.264 混合接入,2 盘位,1 个 HDMI、1 个 VGA,1 个千兆网口,2 个 USB 口,支持智能检索/浓缩播放/车牌检索/人脸检索/视频摘要回放/分时段回放/超高倍速回放/双系统备份
7	监控级硬盘	块	2	3.5in 4TB IntelliPower 64MB SATA3
8	室内交换机	台	1	16 个 10MB/100MB/1000MB 自适应电口,2 个 100MB/1GB SFP 光口
9	室外交换机	台	2	工业交换机,无风扇设计,4 个 10MB/100MB/1000MB 电口,2 个 1000BASE-X SFP 光口,防护等级 IP40,端口防雷≥8kV,工作温度 -40~85℃
10	室外增强型无线 AP	套	2	最大接入速率 1750Mbit/s,内置全向天线,802.11a/b/g/n/ac 同时工作,胖/瘦模式切换、PoE+供电,带 PoE+供电模块
11	监控立杆、接线箱等(含安装配件)	套	2	
12	辅材	批	1	电源插头、光纤转换器等辅材
13	可移动机柜	台	1	
14	UPS	台	1	含电池,满足现场本方案设备不间断供电 8h 以上
15	发电机	台	1	给 UPS 供电

4.6.5 预制厂

预制厂主要包括门禁控制系统、视频监控及智能行为分析系统、环境监测等部分。另外，预制厂中考虑已有门禁、监控点和焊接数据采集接口等已有设备的接入。

4.6.5.1 预制厂前端数据采集内容

（1）预制生产线上的自动焊机采集内容包含设备编号、焊接工艺、人员编号、焊口编号、环境温度湿度、电流、电压、送丝速度、焊接速度、焊接线能量等。

（2）施工现场环境采集范围包含空气质量、环境温度、湿度、照明。

4.6.5.2 视频监控系统

预制厂视频监控前端系统主要负责现场图像采集、录像存储、报警接收和发送、网络传输。

前端监控设备主要包括分布安装在各个区域的鹰眼全景摄像机、高清网络摄像机和网络硬盘录像机，用于对预制厂的全天候图像监控、数据采集和安全防范，满足对现场监控可视化、报警方式多样化和历史数据可查化的要求。

现场部署视频监控系统，对现场整体情况、各关键工序的作业情况进行实时监控，加强对现场施工的监管，使关键工序的质量行为可追溯、查询，整体提升质量管控水平。

视频监视设定八个固定监视和两个机动监视，其中两处固定监视设计为鹰眼摄像机（全景摄像机），分别布置在对角围墙处，鹰眼摄像机布置高度不低于5m，用于监视整体的施工情况；在施工区域内设置高清网络摄像机，同时配套使用布控球套装，用于进行主要设备安装施工的实时监控，也可根据实际环境和要求进行调整。对于围墙对角鹰眼摄像头无法监视到的地点，或重点质量施工管控点旁站，根据实际管理需要进行移动监控。

站场施工过程中宜为监理人员配置执法记录仪进行移动监控，用于监控围墙对角摄像机无法监视的地点或者重点质量施工管控点旁站。

4.6.5.3 出入口控制（车辆）系统

出入口控制（车辆）系统由补光抓拍单元、出入口控制终端、自动道闸单元组成。

4.6.5.4　人员门禁系统

（1）实名制管理：通过身份证读卡器自动读取进场作业人员身份证信息，身份证照片自动储存，自动录入人脸信息作为通行凭证，以防非作业人员进场。

（2）考勤管理：通过门禁管理系统，记录作业人员进场、离场时间，记录作业人员作业时间，每月自动汇总导出。

（3）用工量统计：通过门禁管理系统，按专业统计记录每日作业人数及汇总每日作业人数，每月自动汇总导出。

4.6.5.5　环境监测管理系统

环境监测管理系统用于实现对工地的环境进行集中监控。该模块主要提供工地的环境监测设备管理、环境量配置、环境数据监测、数据记录查询等功能，实现通过环境监测设备对温度、湿度、噪声、粉尘、气象数据的监测、收集和报警联动等功能。

4.7　施工机械智能化典型案例

4.7.1　储罐、海洋平台及船舶除锈机器人

在储罐维修、新建储罐焊缝除锈、船舶维修、海洋平台等检维修作业中，除漆除锈一般采用空气喷砂作业，存在作业风险大、严重污染空气、损害健康的风险，需处理大量废弃物，环保压力大。

以 280MPa 超高压水除锈机器人为例，该设备为四轮驱动，负载能力 150～200kg，过弧能力强，不易掉落；人员只需在地面上遥控，无高处作业风险；钢板表面完全干燥不返锈，可立即进行喷漆作业；自带污水处理系统，油漆渣自动装袋，水循环再利用；除锈效率为 50～80m^2/h，接近人工效率的 10 倍；环保高效，没有粉尘，恢复完美粗糙表面，涂装质量有保证。整套设备由泵撬、高压软管、除锈机器人三部分组成。

4.7.2　吊装作业高空自动摘钩装置

塔器等高大设备或装置的吊装作业存在人员高空摘钩带来的高处坠落风险。针对吊装作业着力从高空自动摘钩装置方面进行研究、推广。

摘钩装置主要由小型空压机（动力来源）、卸扣驱动气缸（执行功能）、卸扣锁紧装置（锁紧功能）组成，利用小型空压机对 55t 卸扣实现自动摘钩功能，从而避免高处作业风险，同时大大缩短大型吊车吊装工作时间，降低施工成本。

4.7.3 塔吊智能监测系统

针对塔吊使用可能存在的基础不稳定性、塔身倾斜、塔吊作业人员随意变换、塔臂碰撞及吊物伤人的风险，从以下五个方面进行研究、推广。

4.7.3.1 塔吊智能监测系统

在塔吊上设置监测传感设备，监控塔吊运行状态，实现监测现场的塔吊吊物重量、力矩、高度、幅度、回转角度、风速等数据，一旦超过设定的临界值，及时报警。

4.7.3.2 塔吊安全监测控制系统

建立定期必检项，通过输入基础数据、检查人准入等信息，设立检查流程。如果输入数据有超标或某些数据未录入，塔吊就被限制使用。该系统需要进一步研发。

4.7.3.3 人脸识别控制系统

该系统是集人脸、指纹双重认证的身份认证管理系统。将人脸识别机安装在司机室内，通过人脸识别管理塔机，将操作设备的权限与设备控制结合起来，防止未经培训、无证人员随意上岗操作带来安全隐患，倒逼项目对塔吊司机动态管控，督促塔吊司机变更要经过审查方可上岗操作。该系统已成熟。

4.7.3.4 吊装区域声光报警及塔臂防碰撞锁闭系统

吊装区域声光报警：在塔吊吊钩位置设置声光报警装置，吊物在起吊、行进、下落状态时，均发出"有吊物经过，请注意避让"等提示音，清除司机盲区、下方作业人员未及时察觉的隐患。

塔臂防碰撞锁闭系统：输入基础数据（设置限制的数值），在塔吊大臂旋转即将碰到障碍物时进行声光报警，直至锁死。

4.7.3.5 塔吊盲区可视化监控

在塔吊大臂前端、小车安装监控设备，回传至司机室屏幕端，有效防止盲区作业时发生的安全事故。该系统已成熟。

4.7.4 钢丝绳在线检测系统

作业过程中，起重作业使用的钢丝绳存在断丝、弯折等风险隐患，很难用肉眼去察觉，而使用钢丝绳在线检测系统，可以做到及时发现、捕捉钢丝绳安全隐患，保障安全生产。该系统可应用于预制厂的行吊、施工现场的施工电梯、塔吊等相对固定、使用周期长的起重机设备。

钢丝绳在线检测系统充分利用钢丝绳（铁磁性材料）的磁记忆特性，首先通过一套磁记忆规划装置，向钢丝绳施加一个外部磁场，形成一种"记忆磁场"，在钢丝绳材料组织产生断丝、磨损、锈蚀、疲劳等退化时，"记忆磁场"会发生变化，该系统将警示报警直至起重设备停机。此装置采用弱磁检测技术，可连续、不间断地采集差异信息，进行大数据量化分析，实现钢丝绳量化检测。

该系统能及时发现钢丝绳损伤，保障了企业安全生产，清除了因钢丝绳的耗损带来的安全和财产隐患。

4.7.5 吊管机倾斜角度监测报警装置

按照国家规定及《石油工程建设生产设备操作规程汇编（2021版）》的要求：吊管机最大爬坡能力不超过20°。

在实时作业过程中，坡度无法实时准确测量，这就需要研制自动倾斜角度监测报警装置，安装在机身上，当超过限定极限坡度时进行报警，消除以往凭经验进行施工带来的风险。

4.7.6 脚手架智能安全监测系统

脚手架智能安全监测系统应用于大型脚手架及支撑系统在混凝土浇筑、钢梁安装等荷载加大过程中，对诸多重大安全风险点进行实时自动化安全监测。主要监测顶杆失稳、扣件失效、承压过大等引起的支撑轴力、模板沉降、相对位移、支撑体系倾斜等参数变化。系统采用无线自动组网、高频连续采样、实时数据分析及现场声光报警。无线自动化监测系统主要由终端控制仪、综合分析仪、无线倾角计、无线位移计、无线荷重传感器、无线声光报警器和高支模实时监测管理云平台组成。

4.7.7　智能集成试压撬

试压撬装设备包括注水撬块、升压撬块,适合一般地形、山地大落差、严重缺水地区等全地形试压作业。注水撬块采用柴油直驱多级泵,适用于落差不大于400m,注水量为50~350m³/h的管道上水施工;升压撬块采用柴油直驱柱塞泵,满足25MPa以内的管道升压施工。应用AutoPIPE软件进行动态模拟,优选试压控制参数,形成背压控制技术,提高注水、升压、扫水的安全性。

通过试压撬装设备的集成化,实现试压装置整体快速组装、搬运方便,减少安全风险;施工过程操作简捷、安全环保,整体施工效率提高两倍以上。试验时进行压力、温度、流量数据采集,实现实时监控、曲线图显示、历史数据存储等。试压智能检测系统可实现自动开机、自动检测、分段升压、自动保压、自动卸压等功能。该系统能够实现数据异常时的应急处置。压力曲线报表自动生成,出现超压、过载等异常情况,系统自动发出报警信号并停机。

4.7.8　智能语音提示

进入施工区域,员工因安全意识、安全素质差异的影响,往往忽略常规警示牌,对相应风险置之不理。现着重从智能语音提示方面进行研究、推广。

在场站、洞库、长输管道、房建及桥梁等施工项目的危险作业区、临边洞口、安全通道及门禁出入口等处,安装智能语音提示(包括360°红外线人体感应器、语音播放器、常规警示牌),利用人体感应语音技术进行语音提示,通过该技术改变原有的静态安全警示牌画面,实现动态语音提示功能。

4.7.9　移动机械360全景影像及防侵入声光报警

场站、长输管道项目施工作业点多,大量使用挖掘机、装载机、吊车等移动机械,施工、行进时存在视觉盲区,虽张贴了"旋转半径禁止靠近"的警示标识,但人机碰撞风险依然很大。

移动机械设备上加装360全景摄像监控系统、雷达扫描系统、语音报警、警灯提示,在机器左、右两侧共有六个雷达探测头,探测周围施工范围内的安全距离。如挖掘机挖斗的上方配有一个专用于监控挖斗背面施工盲区的摄像头,能通过屏幕视频切换,看到挖斗背面的施工盲区。

4.8 施工虚拟仿真及智能辅助决策技术

将工程建设与仿真模拟相结合，聚焦"安全、质量"，研究施工虚拟仿真技术，深挖数字孪生价值，通过模型构建，实现快速部署虚拟施工场景，在虚拟空间中实现施工过程仿真模拟、高风险作业可视化优化论证等应用，通过可视化方式排查、识别和评估作业风险，可提高工程建设施工质量和效率，降低成本，其在全生命周期建设中的位置如图4.32所示。

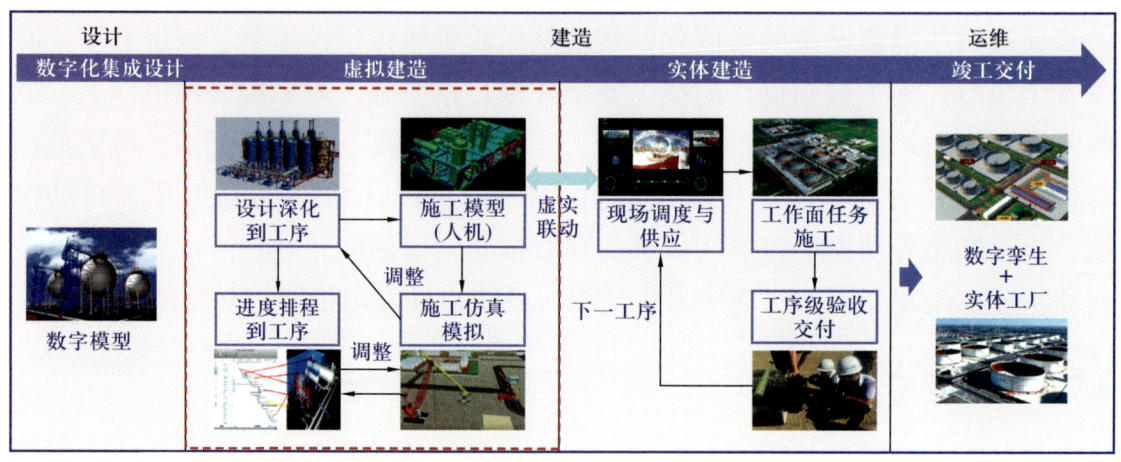

图 4.32 平施工虚拟仿真在全生命周期建设中的位置

智慧管网建设期智能辅助决策技术的研究，从调研智能辅助决策相关技术的发展和应用现状入手，分别分析智能辅助决策相关分析模型和算法等在油气管网工程建设阶段的应用方法和理论。以盾构纠偏智能决策研究为例，对此项技术进行研究初探。

4.8.1 施工要素模型构建技术研究

此技术研究内容包括施工过程中的关键作业人员、机具类别，依托三维软件直接建模、仪器设备测量方式建模等建模技术，实现施工关键要素模型构建。构建施工素材库，主要包括人员作业模型库、大型关键机具模型库。同时，通过对大型关键机具算法的研究，实现可驱动机械臂多关节的旋转控制等机具运行轨迹设定，驱动不同工种人员典型作业肢体动作生成、动作切换和行为约束。在此基础之上，基于工程项目已产生的多格式三维模型，研究工程三维模型处理及其与施工关键要素模型融合的技术。

4.8.2 施工 5D 建造技术

施工 5D 建造是一种基于 BIM 的技术,它通过添加时间和成本两个维度,将工程建设的 3D 几何模型和实体的建造时间、成本等信息封装成五维信息载体。这种技术可以帮助工程建设管理人员更好地规划、设计和监控项目,从而提高项目的质量和施工效率。

4.8.2.1　5D 排程技术

通过对仿真模型进行 WBS 操作及与 Project/P6 等计划管理软件的快速集成,建立仿真模型与进度计划、成本任务项的便捷匹配方案,开展基于"三维模型(3D)+ 施工计划 + 成本"的 5D 排程方案,优化临时设施、大型机具设备的空间位置及进出场顺序,提升资源利用率,降低资源消耗。

4.8.2.2　施工方案仿真验证技术

通过调整仿真精度,对不同的分部分项工程进行详略得当的施工仿真,对重难点专项施工方案精细建模,提高工作效率,消除返工误工,提前排除危险源。针对典型关键施工工艺,通过冲突碰撞检查等仿真模拟反馈,降低安装出错率,制定更加完善的施工方案,节约工程时间及经济成本。

4.8.2.3　施工资源优化配置技术

通过仿真模拟分析施工计划关键路径施工作业的合理性、科学性,评估关键路径所需的人员、机具、原材料及资金方面的资源配置,优先保障关键路径施工资源;随后对非关键路径施工作业进行仿真模拟,采用资源平滑技术,对进度模型中的活动进行调整,使项目资源需求不超过预定限制,优化施工资源配置。

4.8.3　智能辅助决策技术

在工程智能辅助决策原理和方法基础上,本研究以盾构纠偏智能决策研究为例,提供一种工程智能辅助决策可行性方案。

如图 4.33 所示,首先根据监测数据,利用辅助决策系统生成参考方案。同时,利用图 4.34 所示的智能决策模型,可提高辅助决策系统生成方案的合理性与准确性,实现辅助决策系统直接生成最终方案,达到自动操作的目的。

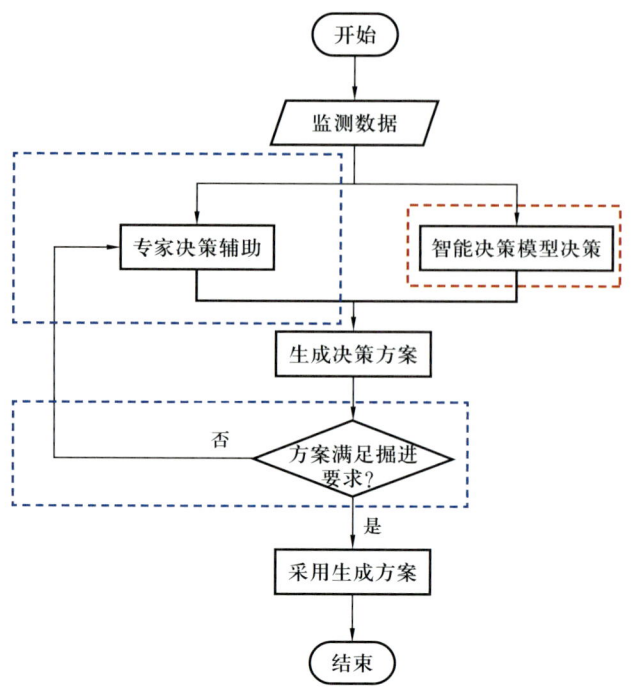

图 4.33　盾构纠偏智能决策流程

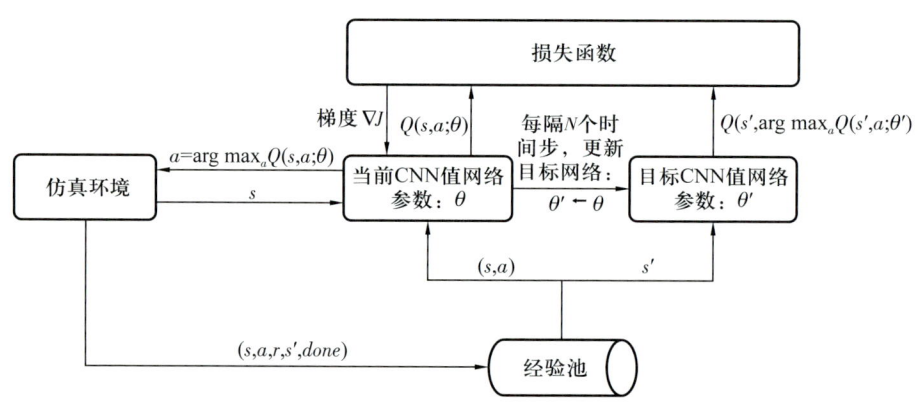

s—状态；a—动作；r—奖励；s'—下一个状态；$done$—下一个状态是否结束；
$Q(s, a; \theta)$—根据当前的状态 s，通过网络计算出在该状态下采取每个动作 a 的 Q；
$a = \mathrm{argmax}_a Q(s, a; \theta)$—选出最大 Q 值的动作。

图 4.34　一种基于 DDQN 的盾构纠偏智能决策模型

当前已经开始盾构辅助决策系统的开发与探索应用，通过搭载超前地质预报、壁后注浆实时检测、防超排智能预警、盾尾间隙自动测量等智能监测设备，实现盾构施工监测全覆盖。

（1）超前地质预报装备。采用主动源地震法，针对复杂地层，超前准确探测盾构设备掘进方向前 100m 范围内的地质结构与潜在风险，为盾构掘进施工方案的动态优化，以及不良地质的提前规避与处置提供精准信息。

（2）壁后注浆实时监测。实时监测盾构隧道壁后的注浆效果，及时调整注浆参数，保证注浆质量。

（3）防超排智能预警。通过实时监测盾构机排土量和土压力等信息，预测可能出现的超挖或塌方等风险，并及时发出预警。

（4）盾尾间隙自动测量。自动测量盾尾与隧道壁之间的间隙，以保证盾构施工质量和安全。

在盾构施工中根据不同土质和覆土深度，配合监测信息的分析，及时调整土压力的设定值，同时要求推进坡度保持相对的平稳，控制一次纠偏量，减少土体的扰动，并为管片拼装创造良好的条件。同时根据推进速度、出土量和地层变形的信息数据，及时调整初始设定的土压平衡值和注浆量，进而达到对轴线和地层变形在最佳状态下的控制。

4.9 本章小结

4.9.1 可行性分析

施工智能化智能管控的建设不仅将加强工程施工质量、保障管道本质安全，还将带动工程项目管理模式创新、助推国家管网集团数字化转型。施工智能化智能管控需形成软硬一体的方案，以提升工程现场智能工地设备的可维护性，通过与先进技术的融合支持工程智能化管理，通过大数据、人工智能等新技术应用，实现进度、质量、资源的在线分析与自动预警，利用人工智能对施工现场进行场景化的模拟和状态预测，通过提升智能感知的手段，实现施工现场全面感知可视，实现绿色安全施工。

围绕油气储运工程项目工程建设管理，建立支撑现场管理、互联协同、智能决策、数据共享的管理机制，实现信息技术与现场管理深度融合的新型施工管控模式。

4.9.2 效益分析

4.9.2.1 社会效益

施工智能化智能管控的实施，可实现焊接数据实时记录，结合焊接工艺规程中焊接工艺参数的要求，实现实时焊接过程管控、历史数据查询等应用，总体提升管道运行的安全性，同时实现焊缝数据及信息的数字化移交。智能工地云平台的建设，打通从一线操作到远程监管的数据链条，形成"端＋云＋大数据"的业务体系，辅助建设施工管理，实现施工现场数字化、在线化、智能化的综合管理，为长期持续的管理及质量提升奠定坚实的基础，可有效提升国家管网集团品牌效益，提升集团公司的社会影响力。

4.9.2.2 安全效益

安全是最大的效益，国外研究表明，一般物力投资获得的效益为投资的3.5倍，而安全投资能获得的效益是其投入的6.7倍，安全措施的作用和效果往往是长效的。施工智能化智能管控的实施，可实现焊接过程的智能管理、施工过程的安全预警，同时为管道完整性管理提供数据基础。本平台的实施将在保护人员安全与健康、避免和减轻财产损失、保障技术功能的利用和发挥、提高产品质量和产量、提高劳动生产率、维护社会稳定和保护环境等方面发挥效力，做到超前预防，防患于未然。

4.9.2.3 质量效益

在高质量发展过程中，坚持以质量效益为中心，是实现高质量转型发展的重要遵循。通过焊接智能管理系统，可实现对焊接过程的有效监控，加强焊接工艺执行的力度，减少或降低焊接管控过程中的不确定性。所以此平台的实施，将提升质量附加值，未来能创造更大的效益。

4.9.2.4 经济效益

施工智能化智能管控的实施，具有较好的经济效益。

BIM结合智能工地工期优化策略，与进度管理结合可优化工期，节省劳动力和机械租赁费用；同时通过质量管控、物料管理、深化设计等，可降低物料损耗，减少现场的碰撞，节省拆改费等费用。

4.9.2.5 附加效益

施工智能化智能管控的实施，将不断带来技术创新，日益积累的大数据资产包含着很多在小数据量时不具备的深度知识和价值，大数据资产分析挖掘将能为国家管网集团带来巨大的经济价值，实现各种高附加值的增值服务。长远看来，焊接智能管理可提高焊接工效，增强创效能力，进一步提升国家管网集团的经济效益和社会效益。

同时，通过数据的全面感知、全要素数字化、全流程线上化，优化并减少流程节点。强化项目合规程序管理和验收全过程管控，结合竣工资料电子化应用，随工程交付同步移交竣工资料，将大幅缩短项目竣工验收周期。

第 5 章
油气管网工程建设一体化集成技术

5.1 概述

5.1.1 发展现状

我国油气管道在多年的发展过程中，已经在设计、施工、工艺、运行、安全等方面形成了相对完备的技术体系，这一技术体系的健全完善是智能化建设的重要基础。同时，我国油气管道经过 20 多年的快速发展，已经在信息化自动化方面取得了长足的进步。从 20 世纪 70 年代安装压力变动器、计量仪表等，到 80 年代 RTU、DCS、PLC 等成为场站标配，再到 90 年代广泛采用 SCADA 系统，自动化技术已经成为长输管道的标准配置。中国石油从 2003 年起，逐步从西气东输冀宁联络线、西部原油成品油管道、兰银输气管道等开始尝试数字管道建设，逐步实现设计、施工的数字化；自主研发了管道生产管理系统（PPS），实现了计划、调度、日指定、计量等业务的网上运作，以及能耗、周转量、批次界面、管输能力等储运专业计算功能，为北京油气管道调控中心这个全国超五万千米油气长输管网的控制中枢运行提供了有力的信息化支撑；建设应用了管道 ERP 系统，覆盖了财务、设备、采购、销售、库存、项目等经营管理业务，并通过与生产系统集成应用打通了生产经营整体业务流程；开发了管道完整性管理系统，实现了管道完整性管理的数据集成与流程贯通，提升了管道风险管控能力与安全管理水平。中国石化分别在原油、成品油、天然气管道业务领域建设应用了一系列信息系统。中国海油在部分长输管道、LNG 终端项目上开展生产运行、设备管理、管道完整性等系统建设应用。

近年来，随着新兴信息技术的发展，欧美发达国家一些领先的管道企业，已经开始尝试智能管道的建设应用。传统企业信息化建设国内与国外有着 10 年以上的代差，而在智能化建设上国内几乎与国外保持了同步，这些年来国内主要的管道运营企业都在开展智能化设计、建设与应用。中国石油的智能管道、智慧管网建设工作，按照"全数字化移交、全智能化运营、全业务覆盖、全生命周期管理"理念完成总体设计，并在中俄东线天然气管道开展了示范建设；中国石化通过在所属的长输管道和厂际管线建设应用标准统一、关系清晰、数据一致、互联互通的智能化管线管理系统，在缺陷发现、隐患报警、减轻事故危害、保障市场供给等方面发挥了作用。

中国海油等企业也在完整性管理、管道保卫、隐患治理、应急响应等方面进行了大量有价值的尝试，充分吸取已有智能化建设的经验教训，通过顶层设计和标准化推动，保证智能油气管网建设的高水平与实用性。

5.1.2 发展趋势

智能管道是在标准统一和数字化管道的基础上，以数据全面统一、感知交互可视、系统融合互联、供应精准匹配、运行智能高效、预测预警可控为特征，通过"端+云+大数据"体系架构集成管道全生命周期数据，提供智能分析和决策支持，用信息化手段实现管道的可视化、网络化、智能化管理，具有全方位感知、综合性预判、一体化管控、自适应优化的能力。

（1）全方位感知：全面精确感知管道本体、环境、设备工况、工艺运行等状态数据。

（2）综合性预判：综合运用统计分析与机理仿真相结合的方式对管网运行趋势进行预判。

（3）一体化管控：控制系统与信息系统数据融合，管理体系与知识网络融合，支持生产经营一体化高效管控。

（4）自适应优化：综合考虑安全及效益管理目标，主动适应生产经营各要素变化，实现全局优化。

为形成智能管道全方位感知、综合性预判、自适应优化、一体化管控的能力，需要从感知、认知、决策三个层面对油气管网经营管理水平进行全面智能化提升，并在此基础上支持各专业领域个性化定制应用，快速适应自然环境、资源市场、资产状况的动态变化。

（1）决策提升：不断充实各领域并实现知识融合，构建及完善知识网络，在此基础上不断梳理优化管理体系，全面支持科学高效的专业决策和综合决策。

（2）认知提升：构建与实体管网高度一致的数据体，实现对运行状况精确映射和准确预测，并利用积累的数据和规则形成专业知识。

（3）感知提升：全面采集实体管网运行数据，覆盖管道本体、周边环境、设备工况、安全环保等领域。

从感知、认知、决策三个方面对油气管网经营管理进行智能化提升，全面应用物联网、数字孪生、运行优化、大数据等技术，形成感知、数据、知识、应用、决策五个层次的总体架构，并通过国家管网集团数字平台进行实现，形成智能管道全方位感知、综合性预判、自适应优化、一体化管控的能力，动态适应外部环境、资源市场、经营管理的变化，支撑支持各专业领域应用和综合决策。

智能管道总体方案，重点在数据层、感知层开展工作。针对建设期应用需求在应用层进行部分功能的完善提升，主要要求如下：

（1）感知层：建立全面监测管道本体、周边自然环境、站场设备、工艺状况的物联网系统，实时监测油气管网运行工况。

（2）数据层：构建及应用智能管道数字孪生体，集成物联网及 SCADA 系统数据，实现静态数据、动态数据的集成和海量数据动态实时加载。

智能管道总体方案包括设计数字化、采办智能化管理、施工智能化管理、生产调度智能化、运营智能化五部分内容。采用信息化功能实施、提升与工程专业设计结合的方式开展建设。全面支撑管道工程全数字化移交，构建数字孪生体，完善总体架构的数据层；优化管道控制系统，提高调度自动化水平；应用物联网技术实现线路和站场全面感知，为运营期全智能化运营、全业务覆盖、全生命周期管理提供感知层支撑。

5.2 需求分析

5.2.1 集成需求

工程建设一体化集成需求主要包括以下内容：

（1）数字化协同设计平台。获取数字化协同设计平台设计进展信息、数字化设计数据（含模型）及非结构化文档、交付数据标准（集）等；可提供施工数据给数字化协同设计平台；能按照交付规定采集相应信息，并交付至工程数字化交付系统；能根据存档要求，获取设计阶段信息，组卷并进行存档；提供满足数字化协同设计平台使用的、统一完善的文档存储及管理服务。

（2）供应链管理系统。获取供应链管理系统采购进展、生产物流、仓储调拨、物资属性等数据及非结构化文档；可提供物资需求计划、设备安装等数据给供应链管理系统。

（3）工程及物料编码管理子系统。获取工程项目编码、组织机构编码、资源编码、工作编码、实体编码、实体分类编码、物资分类编码、文件编码等编码数据；使用编码校验服务。

（4）数据标准管理软件。获取国家管网集团统一的数据元标准。

（5）生产运行管理系统。通过工程建设一体化接口采集油气储运设施基础数据。

（6）资产完整性系统。工程建设一体化将工程建设数据资产交付至工程数字化交付系统，资产完整性系统承接由工程数字化交付系统提供的 PBS、要求移交的数据、文档、模型等；通过工程数字化交付系统获取资产完整性管理系统中的工程项目进度、设备设施及相关属性、投产前检查、影响生产的作业计划等数据及非结构化文档。

（7）企业内网门户。将工作待办、消息提醒推送给企业内网门户，形成国家管网集团统一待办事项。

（8）统一身份认证平台。系统内用户身份信息从统一身份认证平台获取，通过调用统一身份认证平台的接口进行单点登录。

（9）HSE 管控一体化平台。提供项目基本信息、相关评价及验收数据、施工 HSE 数据。

（10）战略一体化平台。获取工程投资计划数据，提供工程投资分析结果数据。

（11）财务管理系统。提供工程建设相关合同及付款情况。

（12）档案管理系统。提供工程竣工资料给档案管理系统。

（13）合同系统。获取合同系统内部流转信息。

5.2.2 体系需求

打造一套标准化、数字化、智能化的体系，通过建设统一业务流程，建立和完善技术标准和数据标准。把项目管理的一些重点指标进行数字化分解和数字化体现。参考行业内当前的智能化水平，以及国家的相关评判标准，分解管网智能化管理的一些指标体系，构建一个智能化建设的成熟度模型，为工程建设团队各方提供一套统一、标准的项目协同管控平台，促进工程项目管理流程的标准化和规范化。

5.2.3 业务需求

对工程数据、信息和作业行为进行全面感知、分析、展示和监控，通过数字化赋能，构建工程建设数字业务，加强资源共享和管理协同，从"人、机、料、法、环"等方面优化管理模式，提升工程建设项目的精细化管理水平，提高工程建设质量，逐步减少现场人力投入，降低工程建设成本，最终实现数据自动感知、业务协同管理、现场可视可控、智能分析预警的工程项目管理模式，全面支撑油气管道、LNG 接收站和储气库工程项目一体化协同管控，推动智慧管网建设。

5.2.3.1 数字化、智能化需求

利用当前云计算、人工智能、物联网、大数据等先进技术，将工程建设过程中采集的数据进一步整理、开发和应用，以数字化赋能方式嵌入到主要施工环节和施工场景中，形成"技术—业务—数据"三者的动态循环，培育新的数字化业务，实现业务优化与变革。这些需求主要包括全要素数据感知、施工现场智能监控、安全状态智能识别、质量验收智能检查、工程量智能测量、不符合项智能预警等。

5.2.3.2 标准化、一体化需求

统一业务流程、技术标准、数据标准，基于国家管网集团数字平台底座，接收设计、采办数据，并与施工、验收数据关联、对齐，同时整合业务数据并与实体挂接，优化升级现有数据模型，借助物联网、大数据、人工智能，打造工程建设数字模型。实现设计、采办、施工、验收数据的全面贯通，通过设计数据驱动采办和施工业务，在施工过程中将相关数据回流给设计和采办，实现业务一体化协同管理。

5.2.3.3 管理决策、分析需求

结合工程建设项目管理需求，根据各类工程建设特点以及不同场景下的知识利用方式，综合考虑管理、技术、科研等不同业务类型知识的关联、整合

与共享，进行知识建模、知识获取、知识存储和知识应用，最终赋能数据科学管理，构建"数智大脑"，统筹全局和海量数据，通过可信、可用的已知数据推演未知的风险，进行预测预警，快速作出决策和执行决策，实现知识高效管理、精准检索、智能推荐，向上指导项目决策，向下指导工程施工，为工程建设项目管理提供创新驱动力。

5.2.3.4 管道工程业务需求

管道工程业务作为线性工程，需结合 GIS 技术，将整个工程进度计划与多方面的因素进行组合，形成一个直观可视的进度计划模型，并整合到进度计划可视化的一张图中。需对线性工程的项目综合进度完成情况、标段完成情况、工序完成情况等进行展示。

5.3 集成系统应用

本研究通过建立工程建设一体化集成平台实现油气管网工程建设一体化集成管控的目标。

工程建设一体化集成平台系统目前已在管道运营东南干线工程进行应用，取得了较好的成效。该系统目前包含驾驶舱、项目管理、工程数字化交付、数据采集等系统功能。为了提高系统站位，提升系统适用性，优化各模块使用效果，在该系统基础上，以数据标准体系为基础，开展管道工程数字孪生体的构建、数字孪生体本体和周边环境的感知数据应用及基于数字孪生体的应用挖掘，推进油气管道向智能管道和智慧管网发展，保障油气管道安全、环保、高效、可靠运行。

智能化管道专业系统集成方案针对的是各项管道运行延伸的需求及当前的管理需求，基于互联网、物联网和地理信息系统（GIS）技术，采集管道运行管理过程中的各种专业参数和数据，接入平台动态更新，利用大数据分析自主排查管道风险隐患，及时发出预警信息，建立预警反馈、跟踪处置、预警消除等管道风险隐患排查整治全过程线上工作机制。

5.3.1 总体思路

以数据标准体系为基础，开展管道工程数字孪生体的构建、数字孪生体本体和周边环境的感知数据应用研究及基于数字孪生体的应用挖掘，推进油气管道向智能管道和智慧管网发展，保障油气管道安全、环保、高效、可靠运行。

在建设期，通过工程建设一体化集成平台以建设期数字孪生模型为核心，通过建设期数据的采集及交互，实现建设期业务平台化管控，同时在工程竣工时实现工程全数字化交付，实现建设期数据与运营期数据的无缝衔接。在运营期，在建设期交付数字孪生体基础上，加载运营期数据，实现运营期管道各系统集成化管理。

以山东管网南干线为例，工程起点为日照岚山区，终点为鄄城县，经过山东省日照、临沂、济宁、菏泽等四个地市，全线设九座站场、22座阀室。工程数字孪生管道建设以设计数据为源头，统筹规划管道建设期、运营期业务需求，构建涵盖勘察设计子系统、工程建设子系统、生产运营子系统的智能决策管理系统，实现工程建设和生产运营的智能化管理。

5.3.2 建设内容

油气管道工程中新建管道工程全数字化移交和在役管道数字化恢复是数字孪生体构建的主要途径，通过对实体管道资产在可研、设计、采购、施工各阶段进行全面数字化，构建数字孪生体雏形。数字孪生体需要借助信息化平台作为载体进行呈现和应用，可以依托数据中心建设，也可以单独建设数字孪生体平台。

智能化管道以设计为源头，统筹规划管道建设期、运营期业务需求，构建涵盖勘察设计子系统、工程建设子系统、生产运营子系统的智能决策管理系统，实现工程建设和生产运营的智能化管理。

工程建设一体化集成平台建设分为四大部分：工程建设项目管理、工程数字化交付、数据采集和智能工地。

智能化管道专业系统集成方案包含数据综合展示驾驶舱、管道运行数据管理子系统、管道安全保护管理子系统、工艺仿真模拟、数据仓库建设等内容。

5.3.2.1 质量管理

5.3.2.1.1 质量管理体系

质量管理体系用于存储公用信息及文件，包含标准规范、程序文件、制度体系（项目部/承包商制度）、质量监督/监检、焊接工艺规程、质量计划、创优计划。可编辑保存和导出Excel格式的工作计划等内容。为工作文件的编辑梳理、存档安全提供了便捷。

5.3.2.1.2　质量检查

质量检查用于存储、查找质量检查过程中产生的检查记录和相应的整改、反馈信息及文件。

5.3.2.1.3　质量巡查（焊口）

质量巡查（焊口）包含问题台账、焊接质量流程确认、质量流程抽检和下沟焊口数据填报四个模块。

（1）问题台账。对本单位问题数据进行整理，业主/监理可对同标段施工数据进行查看。

（2）焊接质量流程确认。可比较直观地体现焊接质量问题在各岗位、各区段的时效统计和用时明细。

（3）质量流程抽检。可查看相应质量流程的数据详情或审批详情。

（4）下沟焊口数据填报。可查看相应下沟焊口的数据或对其进行数据抽检、导出。

5.3.2.1.4　质量检查指导书

质量检查指导书用于上传或查看线路、站场施工期间质量检查方式的指导说明文件。

5.3.2.1.5　检测合格率

通过趋势图的方式展现全线各单位、各焊接方式、各单位所辖机组的焊接合格率。

5.3.2.2　资源管理

5.3.2.2.1　台账统计

台账统计是通过人员、设备和材料的报验信息，以及过程变更、离场、退场的信息，自动汇总人员、设备和材料的台账信息表。

5.3.2.2.2　报验管理

报验管理主要是对各参建单位入场人员、材料、设备进行管理，由承包商或者监理单位提交报验，包括人员、材料、设备的基本信息，对人员、材料、设备的其他信息按照相关管理要求进行周期性的维护。报验单位包括：EPC 服务商、施工图服务商、采购服务商、施工服务商、无损检测服务商、工程监理、水保监理、环境监理。

5.3.2.2.3　考核管理

承包商考核管理是按照不同单位，对安全、质量、进度、设计、采办、费用、廉洁、满意度等各分项考核内容进行汇总，生成综合评分表和年度考核结果。

5.3.2.2.4　施工资源变更

进行设备变更、材料变更等进行管理。

5.3.2.2.5　退场管理

退场管理是由承包商提交设备、人员的退场申请，在已进场设备清单中选择相应设备、人员，提交退场申请。

5.3.2.3　物资管理

物资管理包含收货管理、入库管理、领料申请、出库管理、退库管理、移库管理等内容。

5.3.3　工程建设项目管理

工程建设项目管理主要包括驾驶舱管理、进度管理、质量管理、HSE 管理、监理管理、考勤管理、物资管理、资源管理、无损检测管理等功能，通过二三维可视化技术实现设计、物资、施工等全业务数据及地理信息的统一融合，对设计变更、扫线、焊接、回填等关键点进行地图、专题图、图表展示，实现可视化的工程管理。

制作专题图，展示管线路由、周边敏感区、地区等级、高后果区、管道断面图等。通过空间分析和图层叠加，可视化展示施工进度、质量、安全、设计变更等管控内容。

集成站场专业数据，利用地面开挖、横纵断面分析等技术，实现站场地上地下一体化数据综合展示。与施工计划进度结合，实现站场建设情况追溯和推演。

5.3.3.1 进度管理

5.3.3.1.1 概述

进度计划管理是对项目进行分解规划,逐级分解,下发给具体的实施单位,再通过日报的形式,进行统计汇总,实时监控项目施工进度,对一些工作、进度能够有明确的认知,便于把控。

5.3.3.1.2 统计报表

(1) 日度计划。

① 线路工程。记录系统中项目实施进度,对项目中关于线路的情况进行汇总统计,分析施工中的一些状况,对每日项目进行直观全面的了解,由每日施工单位对每天的工作量进行填报,通过接口获取部分数据,进行统计汇总,可按天监控施工进度。

② 无损检测。查看检测单位填报的无损检测情况,可根据项目、标段、日期筛选出相对应的数据,进行实时监控。

③ 站场检测。对站场的每日情况进行检测,由检测单位填报,进行统计,对站场的情况进行了解。

④ 定向钻。统计定向钻日报进度,记录系统中项目实施进度,对每日项目进行直观全面地了解,由每日施工单位对每天的工作量进行填报、通过接口获取部分数据,此外进行统计汇总,可按天监控施工进度。

⑤ 顶管穿越。统计各个标段对应的顶管数据,可根据项目、标段、日期对单位日实际情况进行查看。

⑥ 大开挖。对各标段每日的大开挖工作情况进行统计查询。

⑦ 工程统计。对线路工程、穿跨越工程等的施工进度进行统计对比,同时有查看剩余工作的统计功能,主要是监控日实际施工进度。

⑧ 焊接对比情况。各单位每日填报的数据与每日采集的数据进行分析对比。

⑨ 焊接断点。对于焊接的情况进行填报统计。

(2) 月度计划。

① 管材到货计划。查看不同类型管材的月度计划。

② 线路施工计划。功能类似查,查看线路不同工序的月度计划。

③ 顶管施工计划。查看顶管施工的月度计划。

④定向钻施工计划。查看定向钻施工的月度计划。

（3）周报。

①施工周报。由施工单位每日填报的工程进度汇总生成每一周的报表。

②检测周报。由检测单位每日填报的工程进度汇总生成每一周的报表。

（4）月报。

①施工月报。由施工单位每日填报的工程进度汇总生成每月的报表。

②检测月报。由检测单位每日填报的工程进度汇总生成每月的报表。

5.3.3.1.3　计划维护

用于填写各区段工序的月计划，统计图分类字段中月计划，用于标识各单位每月的月计划工作量，功能用于与月度计划完成情况、月度计划工序对比、掌握进度偏差。

5.3.3.1.4　实施阶段进度计划

（1）施工日报。填报线路工程、定向钻、栈桥日报。各个施工单位对每日的工作实际情况进行填报。

（2）三穿日报。查看各单位填报的顶管、大开挖数据；功能与施工日报功能类似。

（3）检测日报（线路）。可查看各单位填报提交上来的检测数据，点击详情查看明细。

（4）检测日报（站场）。可查看各单位填报提交上来的检测数据。

（5）月度计划完成情况。进行月度计划工序对比。

（6）进度偏差分析。分析进度偏差产生的原因。

5.3.3.2　HSE 管理

5.3.3.2.1　制度管理

将涉及 HSE 的文档按照管理制度，上传到统一的文档库中进行发布，形成标准体系库，提供给项目的各级单位，包括项目分部、EPC 以及施工单位等，能够实现下载查看等功能，实现文件信息共享。

可通过新增来添加制度管理，表单字段主要有制度名称、制度编号、文件类型等。

数据生成后，可选择导出当页或者全部以生成相关 Excel 文件。

5.3.3.2.2 培训管理

在系统上实现各承包单位以及企业培训信息的表单录入,包括培训的时间、地点、主题以及参会人员等信息,以此建成整个项目的培训资源库,满足各方人员对培训资源的查询、浏览,实现培训资源的分享。

培训资源主要包括承包商培训,企业培训,入场培训,视频教学培训,案例库,试卷库,安全教育申请,技术交底。

5.3.3.2.3 监督检查

通过 HSE 检查情况、统计分析、问题台账,实现 HSE 不符合项、HSE 问题等检查记录的闭环管理。

5.3.3.2.4 方案管理

对管道工程建设过程中,各类 HSE 施工方案、预案、两书一表等审批结果进行记录。具体内容包括安全方案、环保方案、专项施工方案、施工组织设计。

5.3.3.2.5 作业许可证

作业许可证分为一般作业许可证和特殊作业许可证,进行分类管理。

5.3.3.2.6 应急管理

能够实现值班记录信息、电访信息、应急物资的管理。

5.3.3.2.7 风险管理

风险管理包括安全风险管理和环保风险管理。

安全风险管理由施工单位、各个分部识别工程、岗位、业务等风险,上传至系统,便于上级单位统一管理。

环保风险管理由各个分部识别工程、岗位、业务等风险,上传至系统,便于上级单位统一管理。

5.3.3.2.8 作业报备

作业报备分为普通作业报备和下沟焊接报备。

5.3.3.2.9 项目管理助手 APP

HSE 内容已同步到项目管理助手 APP 上,可在 APP 内查看 HSE 相关数据。

5.3.3.3 监理管理

5.3.3.3.1 监理数据处理

对监理数据进行采集、统一管理及汇总展示。

5.3.3.3.2 监理日志统计

统计各区段监理上报的日志数据。

5.3.3.3.3 监理工作记录

监理工作记录包含总监巡视、监理日志、监理周报、监理月报、监理日报等模块。

（1）总监巡视。

总监巡视主要记录总监巡视检查的工作内容、问题等，可上传相应的巡查记录表、方案审查、变更、签证、工程验收等文件。

（2）监理日志。

在监理日志中通过搜索的功能可查找已录入系统的监理日志及导出要查找的或全部的监理日志。

（3）监理日报。

通过监理日报可以新增、查看、导出相应的日报数据。

5.3.3.3.4 旁站管理

主要是通过移动端和PC端的同步采集进行旁站管理，将不同工序的采集内容结构化，进行日常检查情况的管理，并支持记录的直接上传功能。结构化的工序包括连头焊接、返修、防腐补口和管理通用。

旁站连头焊接支持通过项目、管线、标段、记录日期、焊接方向等进行模糊或精确查询。具体包含以下功能：（1）旁站返修；（2）旁站防腐补口；（3）旁站管理通用。

5.3.3.3.5 巡视检查

通过移动端和PC端的同步采集管理，将不同工序的采集内容结构化，进行日常检查情况的管理，并支持记录的直接上传功能。结构化的工序包括组队焊接、管沟开挖、检查通用。

（1）巡视组队焊接。

支持通过项目、管线、标段、记录日期、焊接方向等进行模糊或精确查询。

（2）巡视管沟开挖。

支持通过项目、管线、标段、记录表号等条件进行模糊或准确查询。

（3）巡视检查通用。

添加巡视检查的情况和上传相应的文件，支持通过项目、管线、标段等条件进行模糊或准确查询。

5.3.3.4 考勤管理

5.3.3.4.1 考勤记录

施工、监理、检测关键人员需要每日进行考勤，考勤管理具有自动定位功能，并要求人员上传不少于两张现场拍摄的照片。在PC端可查看每日人员考勤明细，并可查看或导出任意时间段内的人员考勤情况。

系统会依据相关数据自动生成报表，通过报表可以查看被考勤人员的姓名、职务、单位、项目、管线、标段、日期、打卡时间等信息。

5.3.3.4.2 整体统计展示

各参建单位可以通过选择日期查询本单位的应出勤人数、出勤、出勤率、请假情况。

5.3.3.4.3 考勤统计

根据打卡记录自动生成统计内容，主要包括姓名、单位、项目、出勤、标段、缺勤和请假情况。可以根据日期等条件来查询。

5.3.3.4.4 请销假管理

通过此模块来处理人员的请假和审批流程。

5.3.3.4.5 月度考勤

根据打卡记录自动生成统计内容，主要包括姓名、单位、项目、每月、每天的出勤情况。可以根据日期等条件来查询。

5.3.4 工程数字化交付

线路部分：基于地理信息系统搭建线路工程模型，建立设计成果、专项评价成果及地理信息数据的关联关系，实现线路工程的数字化设计，为管道完整性管理提供数据支撑。

站场部分：使用 SmartPlant 站场设计平台开展站场工程设计，建立数字孪生站场精细数据模型，保证设计质量，奠定数字孪生基础。

通过数字孪生体的建设，实现了管道建设全生命周期的数据采集、存储、共享及应用，包括设计数据、采购数据、施工数据、过程管理数据及焊接实时数据，构建完成了长输管道静态数字孪生体。

5.3.4.1 系统概述

工程数据交付平台是利用数字化技术扩展业务能力、提升设计质量、提升项目管理水平的管道工程数字化、可视化管理平台。为管道的科学管理与决策提供信息和技术支持，达到提升管道设计水平、提高管道运行效率、延长管道生命周期的目的。

工程数据交付平台整体分为五大部分：功能区、地图区、结构区、数据区、工具区。

5.3.4.2 地图

地图承载工程数据交付重要的数据展示功能。控制地图平移与层级缩放，获取数据属性与详情。

5.3.4.2.1 地图要素

地图要素默认展示详细设计阶段的部分地图要素。在不同地图层级下展示的要素信息有所不同。

5.3.4.2.2 要素展示

选择对应的阶段可以切换并展示对应阶段默认展示的地图要素。

5.3.4.3 专题图

专题图中对应的专题控制地图可展示专题数据。

5.3.4.4 施工进度

该功能可进行对应施工进度的显示。

5.3.4.5 数据统计

数据统计是通过对项目管线中两个桩之间的数据进行统计分析，通过图表报表的形式展现出统计分析数据。

5.3.4.6 文档管理

通过文档中心实现文档的识别上传、数据关联、管理维护、统计分析等功能。

5.3.4.7 数据管理

数据管理包含了数据的新增、修改、删除、展示、导入导出等功能。

对详细设计阶段中线桩的增改删操作不会对原始数据产生任何更改，而是产生对应的设计变更信息。当前设计变更的信息只临时保存在当前版本中，进行升版操作后会将变更后的信息与原始数据进行合并，并以新版本作为新的原始数据。

5.3.5 数据采集

该功能将施工、采办数据进行采集填报，通过层层审核，实时展示项目整体进度与流程节点。在录入过程中上传现场操作照片，保证施工过程的规范严谨。将采集数据以图表的形式进行展示，直观明了。数据采集界面如图5.1所示。

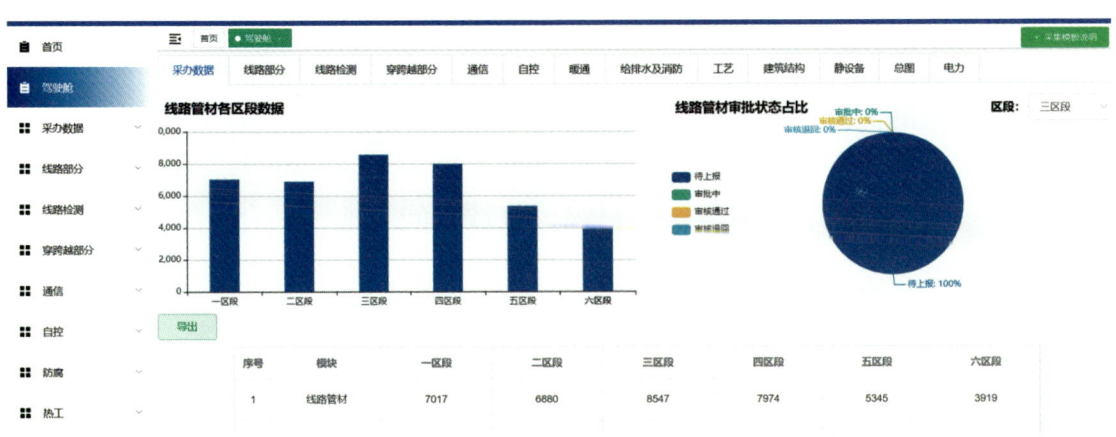

图 5.1 数据采集界面

5.3.5.1 采办数据

采办数据分为三通、线路管材、弯管母管、感应加热管、焊条、焊丝、套管、异径接头、管帽、法兰、地锚、线路标识、配重设施，主要由施工采集单位录入数据，无需上报审核。

5.3.5.2 线路部分

线路部分主要是施工单位将线路相关数据信息同步到系统中，分为焊口、返修口、割口、短接预制等 25 个部分。该系统主要针对每一项内容提供新增、查看、修改、删除、导入导出等功能。

5.3.5.3 穿跨越部分

穿跨越部分主要分为河流大中型定向钻穿越、河流大中型跨越、河流大中型开挖穿越、大中型隧道穿越、地下构筑物穿越、断裂带穿越六个部分。该系统主要针对每一项内容提供新增、查看、修改、删除、导入导出等功能。

5.3.5.4 管道基础信息

管道基础信息模块主要分为中线桩、管线、线路段、站场/阀室、焊接工艺规程、焊接工艺参数六个部分。

5.3.6 智能工地

智能工地云平台围绕工程施工现场的"人、机、料、法、环"等关键要素，从安全、质量、进度、人员等方面，综合运用云计算、微服务、大数据、物联网、移动和智能设备等信息化技术，建立统一的智能化云平台负责全部工地现场数据的汇聚、计算、存储、分析、应用。通过云平台的支撑，为子企业、项目部和施工人员提供应用服务，实现工地现场的标准化、数字化、精细化管理。围绕总部级、企业级、项目级，打造智能工地云平台，助力推动数字孪生建设。

5.3.6.1 实时视频

将各施工现场的视频监控设备接入视频监控管理平台，可在智能工地实时查看现场视频监控状态，实时观看现场视频内容，可直观了解现场施工状况，辅助监管现场施工安全。

5.3.6.2 智能焊接管理

智能焊接管理系统能够实时查看焊接机组工作状态，查看焊机实时焊接参数，对超出参数范围的情况进行预警，并能够进行焊接数据的历史查询。

5.3.6.3 三维站场进度展示

三维进度展示系统主要包括站场开完工时间、站场资源投入、站场形象进度、4D 进度模拟、施工计划管理、单管图管理、实际进度填报等功能。

5.4 本章小结

5.4.1 实现工程建设一体化管控

工程建设一体化是"建运安研"中建设的专业化平台，也是赋能大业务体系的有力抓手，可多维度信息共享、多角色协同作战，并以"大屏可视化＋专家集结"的方式，构建统一的指挥作战中心；系统将承载 3.0 管理工程建设流程，实现业务上线率由原本的 30% 提升到 80% 以上，通过数据去驱动业务，所有流程在线流转、所有业务有留痕、所有程序合法合规、所有操作有迹可查，最终形成业务、数据、管理三者动态循环，逐步优化和完善流程。同时，系统提供数据融合、资源共享、远程协助、智能管控等功能，有效支撑管网建设的数字化集中运营，逐步构建数字化业务体系，促进工程建设业务变革，助力国家管网集团转型。

5.4.2 提升工程建设质量

实现关键工序"人、机、料、法、环"的全要素数字化管理，尤其是围绕焊口相关的质量控制要素，对焊接前、焊接中、焊接后进行全过程质量监控，全面提升工程质量。有如下几个典型的场景化效果：杜绝"黑口"，通过电子标签赋能焊口"身份证"，每道口都进行衔接校验和前后工序关联校验，衔接性校验就是前后焊缝应连接同一根钢管，工序关联校验就是组对、焊接、检测、防腐、竣工测量等应形成一个合规、完整的数据链条；避免焊缝缺层少道，一般缺层少道是很难被无损检测手段发现的，但它确实是影响焊接质量的一个因素，系统会每秒采集一次焊接过程中的电流、电压、送丝速度等工况数据，并实时校对工艺规程要求，出现缺焊、漏焊等情况立即报警；人员/机具合规受控，所有进场人员/机具都要在系统中进行报验全流程管理，并配发二维码证件，关键工序作业前需扫码验证，系统自动核查资源报验情况、资质证件合规情况，确保关键工序"人、机、料"的合法合规；降低返修/割口比率，通过焊前的"人、机、料、法、环"数字化检查、焊中的工况实时监控、焊后的检测/防腐结果归集，可降低返修/割口比率；随着质量有实质性的提高，可降低双百检测和第四方测评比率，甚至取消第四方测评；施工作业全过程质量监控，数据真实、完整、准确，可避免后期运维的开发复检，同时亦可降低工程建设投资成本。

5.4.3　项目工期可控

通过关联计划影响因素，逐层分析设计出图、物资到货、外协手续、施工工效等制约数据，找出进度滞后原因，打破部门之间壁垒，及时暴露真正问题；未来二期系统不断地深入应用，能够进行计划自动分析、智能决策，使计划管理更简单；能够摸清自动焊机数量，结合历史工效，合理分配施工机组，让资源部署更合理，缩短建设周期；能够通过历史数据资产（如复用地质数据、曾经该地区外协手续办理时长、行业的施工设备数量等），盘点新项目工期计划，进行工期预测，并给出合理性建议，使工期制定更精准；同时所有信息在线、透明，第一时间反馈投产准备阶段的各项问题，督促项目及时处理，提高投产及时率。全面提升项目综合管控能力，逐步提升工程建设千米数，并支撑项目群管理能力。

5.4.4　保障施工安全

在工程建设过程中全面落实"工业互联网+安全"生产实践，基于视频监控和智能识别技术，建立管道行业特有的算法和模型，自动识别施工现场人的不安全行为、物的不安全状态和环境的不安全因素，如未佩戴劳保用品、吸烟、设备下站人、钢管上行走、吊装防脱钩挡板缺失、气体含量超标等20余种场景，通过AI智能监管辅助人工监督，让新技术、新工具赋能员工；同时，针对高危作业场景现场设置语音播放器，自动播放安全作业要点，以提醒施工人员，实现施工安全隐患和问题的100%受控，减少后期运维安全事故带来的社会影响，提升国家管网集团社会责任感。

5.4.5　缩短竣工验收周期

结合管网DEC竣工资料标准要求，在系统内固化竣工资料模板，通过数据抽取自动生成电子版竣工资料，并进行在线签章流转，实现竣工资料数字化管理，随工程交付同步移交竣工资料，同时打通与国家管网集团的档案管理系统接口，自动组卷成册并移交到档案管理系统，实现投产后两个月内完成竣工档案验收（建管分公司提出的目标），缩短至少 40% 的竣工验收周期，大幅降低人力成本；同时，竣工资料均由客观数据生成，其资料准确性将不低于 98%，为后续生产运行管理提供真实、完整、可靠的建设期数据，省去后期工程复测费用。

5.4.6 合规受控

外协一直是影响项目工期的最大因素之一，也是项目管理的重点工作。目前来说系统还没有实现外协业务的管控，只进行了单一的结果管理，管理偏被动，只把外协成果文件上传到系统了，信息也分散，外协进展与问题只掌握在少数人员手里，管理者很难高效地全局统筹管理，并且各部门、各层级之间沟通不畅，导致经常出现资金计划难做、付款不及时等情况。二期系统将实现外协从单一结果管理提升到全过程及制约工期的联动管控，打通上下和内外的双通道，所有信息和问题在线透明，并自动推送阻工、手续卡点等问题和付款提醒（即外协到了相关节点，主动推动付款工作），提醒管理者及时决策；同时，将外协进度与项目施工计划联动，预测预警可能制约施工计划的外协节点，全局统筹考虑计划资源的部署安排，将外协影响降到最低，减少沟通成本。在赔补偿方面还将建立各地区的赔补偿标准库，并跨项目不断累积更新，为其他新建项目的外协概算提供参考数据，进一步提高外协概算的精准率。

5.4.7 高质量数据资产

数据是数字化转型的核心之一，目前的数据资产质量还不能达到要求，大部分数据还是由人工手动填报，避免不了人为主观的错报、漏报。二期系统将进行场景化感知设计与实验，通过设备改造、传感器加装、电子标签应用、无人机巡飞、OCR 识别等手段，实现数据自动采集，如无人机可以进行测量数据的采集、设备改造及加装模块可以采集工况数据、电子标签可以采集实体属性数据、OCR 识别可以采集文本数据等。同时，结合系统内置的值域校验、逻辑校验、标准校验、编码校验等质量规则，从源头提高管网数据资产质量，为后续生产运行提供可信、可用的工程数据。后续随着设备的不断改造升级，能够形成一个智能建造生态产业链，带动整个行业同步提升施工与数字化能力。

5.4.8 创新引领

通过系统的实施，一方面，可形成一套完全自主知识产权的、行业可复用的管道线性工程计划管理标准化软件，目前国内还没有一款能够很好适配管道线性工程计划管理的国产化软件；另一方面，可形成一系列拥有专利和知识产权的、管道建设领域的统一算法库和模型库，系统的所有智能化功能都将依托该算法，如进度纠偏、工期预测/预警、焊接质量预判、风险隐患识别、资源部署建议等，全面提高工程智能化水平，同时也将带动整个行业的智能化发展。

第6章
总结与展望

本书通过深入研究，总结形成了以下成果。

6.1 智慧管网建设理论及技术体系架构

在调研高铁、电网、建筑、制造等行业智能工程建设理论及技术体系的基础上，结合油气管网工程建设行业及国家管网集团发展现状，提出了智慧管网工程建设理论及技术体系。在理论体系方面，从体系架构搭建入手，阐述了智慧管网工程建设的概念、内涵特征、理论基础及方法论，并指出整个体系是由技术、数据及标准体系有机融合的整体，最后提出了智慧管网工程建设的总体目标；在技术体系构建方面，通过搭建技术体系框架，总结了技术体系发展的四大领域、七个方向、N项智能应用及支撑平台，为技术体系构建与发展提供了指导。

6.2 油气管网数字化集成设计技术

在充分调研国内外成熟软件的基础上，以数据模型为核心，数字孪生为主线，MBSE为方法论为指导，开展数字化集成设计技术架构、功能架构、集成架构、多专业协同等内容研究，提出数字化集成设计的核心理念和方法。针对模块化设计，深入剖析模块化理论基础，多个角度进行方法的提炼和总结，提出模块化设计的理论基础、总体架构和划分方法、技术体系等，为模块化设计提供理论参考；在智能化设计方面，提出AI、知识图谱及线路智能优化研究架构和方法，从软件层面提出了方向和案例。最终形成油气管网数字化集成设计技术，为持续提升管道设计的数字化、智能化水平提供技术支撑。

6.3　油气管网施工智能化技术

通过对行业内施工智能化建设背景和国内外现状及发展趋势的分析，介绍了施工智能化的必要性，然后结合当前油气储运建设现状分析，确立了施工智能化的建设目标和建设内容，进而提出了施工智能化建设的技术路线、系统架构和功能应用。在此基础之上，针对油气管网建设的典型工程，提出了施工智能化的配置方案、分析了当前典型施工机械智能化案例、对施工虚拟仿真及智能辅助决策技术进行了论述，最后针对系统的可行性和效益做了论述，总结了施工智能化的效率、效益。

6.4　油气管网工程建设一体化集成技术体系

通过分析工程建设期设计、采购、施工等不同阶段的业务需求，以建设期数字孪生体为载体，重点对工程进度、质量、安全等方面的管控进行研究，总结出一体化集成技术的技术路线、技术架构和实现方式。同时，在此基础上选取了典型工程进行实验，在该体系研究基础上完成了数字化交付平台、工程项目一体化管理平台、智能工地等的建设，探索出了实现工程建设一体化集成的一套应用技术和方法。

参 考 文 献

［1］曾平良，许晓慧.坚强智能电网的规划与发展［J］.国家电网，2013，（1）：82-85.
［2］王同军.智能铁路总体架构与发展展望［J］.铁路计算机应用，2018，27（7）：1-8.
［3］王敏，许可嘉.智能制造各层级的内涵及评估要点解析［J］.仪器仪表标准化与计量，2022，（4）：1-3，9.
［4］吴量子，曾识丁，黄倩思，等.关于创新智慧城市研究解析［J］.智能建筑与智慧城市，2023，（12）：26-28.
［5］税碧垣.智慧管网的基本概念与总体建设思路［J］.油气储运，2020，39（12）：1321-1330.
［6］税碧垣，张栋，李莉，等.智慧管网主要特征与建设构想［J］.油气储运，2020，39（5）：500-505.
［7］王同军.中国智能高铁发展战略研究［J］.中国铁路，2019，（1）：9-14.
［8］王同军.中国智能高速铁路体系架构研究及应用［J］.铁道学报，2019，41（11）：1-9.
［9］王同军.中国智能高速铁路2.0的内涵特征、体系架构与实施路径［J］.铁路计算机应用，2022，31（7）：1-9.
［10］宋璇坤，韩柳，鞠黄培，等.中国智能电网技术发展实践综述［J］.电力建设，2016，37（7）：1-11.
［11］鞠平，周孝信，陈维江，等."智能电网+"研究综述［J］.电力自动化设备，2018，38（5）：2-11.
［12］孙宏斌，郭庆来，卫志农.能源战略与能源互联网［J］.全球能源互联网，2020，3（6）：537-538.
［13］李立涅，张勇军，陈泽兴，等.智能电网与能源网融合的模式及其发展前景［J］.电力系统自动化，2016，40（11）：1-9.
［14］王益民.坚强智能电网技术标准体系研究框架［J］.电力系统自动化，2010，34（22）：1-6.
［15］盛大凯，郄鑫，胡君慧，等.研发电网信息模型（GIM）技术，构建智能电网信息共享平台［J］.电力建设，2013，34（8）：1-5.
［16］毛超，彭窑胭.智能建造的理论框架与核心逻辑构建［J］.工程管理学报，2020，34（5）：1-6.
［17］丁烈云.智能建造推动建筑产业变革［J］.低温建筑技术，2019，（6）：83.
［18］毛志兵.智慧建造决定建筑业的未来［J］.建筑，2019，（16）：22-24.
［19］尤志嘉，郑莲琼，冯凌俊.智能建造系统基础理论与体系结构［J］.土木工程与管理学报，2021，38（2）：105-111，118.
［20］周济，李培根，周艳红，等.走向新一代智能制造［J］.Engineering，2018，4（1）：28-47.

［21］刘强．智能制造理论体系架构研究［J］．中国机械工程，2020，31（1）：24-36．
［22］曾广峰．我国智能制造行业发展现状及趋势［J］．质量与认证，2020，（11）：46-47．
［23］魏宏森，曾国屏．系统论——系统科学哲学［M］．北京：清华大学出版社．